GERTRUD PYSALL

Wie wenn Holz auf Wasser schwimmt

GERTRUD PYSALL

Wie wenn Holz auf Wasser schwimmt

MEIN LEBEN MIT PFERDEN

Gertrud Pysall
Wie wenn Holz auf Wasser schwimmt
Mein Leben mit Pferden

1. deutsche Auflage 2017
ISBN 978-3-95582-111-1

© 2017, Narayana Verlag GmbH

Alle Abbildungen im Inhalt und Cover © Gertrud Pysall, Larissa Monke, Franziska Schmitt-Egner und Isabell Schmitt-Egner

Lektorat von Isabell Schmitt-Egner
Layout und Satz: Nicole Laka
Coverlayout: Narayana Verlag

Herausgeber:
Narayana Verlag GmbH, Blumenplatz 2, 79400 Kandern
Tel.: +49 7626 974970-0
E-Mail: info@narayana-verlag.de
www.narayana-verlag.de

Alle Rechte vorbehalten. Ohne schriftliche Genehmigung des Verlags darf kein Teil dieses Buches in irgendeiner Form – mechanisch, elektronisch, fotografisch – reproduziert, vervielfältigt, übersetzt oder gespeichert werden, mit Ausnahme kurzer Passagen für Buchbesprechungen.

„Motiva Training" ist ein eingetragenes Warenzeichen. Sofern eingetragene Warenzeichen, Handelsnamen und Gebrauchsnamen verwendet werden, gelten die entsprechenden Schutzbestimmungen (auch wenn diese nicht als solche gekennzeichnet sind).

Die Empfehlungen dieses Buches wurden von Autor und Verlag nach bestem Wissen erarbeitet und überprüft.
Dennoch kann eine Garantie nicht übernommen werden.
Weder der Autor noch der Verlag können für eventuelle Nachteile oder Schäden, die aus den im Buch gegebenen Hinweisen resultieren, eine Haftung übernehmen.

Inhalt

1	Der Traum vom Reiten
13	Allein mit dem Pferd
21	Die erste Reitstunde
41	Reitstall – der nächste Versuch
53	Erstes eigenes Pferd
63	Pandur
75	Zilly
85	Umzug nach Ellenberg
103	Umzug nach Spenge
129	Dianas Pferde
135	Meine Erfahrungen mit Fohlen
149	Motiva bahnt sich einen Weg
159	Pferde sprechen immer
175	Shettys!
193	Ein Buch entsteht
201	Plötzlich Autorin
207	Mark
237	Franziska
247	Isabell
253	Wie wenn Holz auf Wasser schwimmt
259	Danksagung und Schlussgedanken

Vorwort von Gerhard Selter

Die Verhaltensforscherin Gertrud Pysall hat mit ihren neuen Buch „Wie wenn Holz auf Wasser schwimmt" ein tolles Lese- und Lehrbuch für PferdefreundInnen verfasst. Ein Lesebuch wegen der vielen autobiographisch gefärbten Geschichten, die von Glück und Schmerz von Erfolg und Enttäuschungen im Leben mit Pferden handeln. Und ein Lehrbuch, weil die Autorin als scharfe und kundige Beobachterin des Pferdeverhaltens dem interessierten Leser neue Blickwinkel bei der Begegnung mit diesen besonderen Geschöpfen eröffnet, indem sie den Leser und die Leserin bei ihrer Auseinandersetzung mit dem Wesen der Pferde nicht nur über die Schulter, sondern auch ins Herz schauen lässt.

Das autobiographisch gegliederte Buch lädt ein, mitzuerleben wie Gertrud Pysall, deren Leben schon früh durch die Sehnsucht nach Nähe zu Pferden geprägt war, zur Erforschung der Pferdesprache und zum Dialog mit Pferden im von ihr entwickelten Motiva-Viereck kam.

Dort begegnen sich Pferd und Mensch gleichberechtig. Beide haben Raum sich frei zu bewegen und Zeit sich durch Vokabeln und Rituale zu äußern. Gelingt es dem Menschen, sich authentisch und damit für das feinsinnlich wahrnehmende Pferd glaubhaft mit Hilfe der von Gertrud Pysall erforschten Sprache auszudrücken, so entwickelt sich ein jedes mal einzigartiger, inniger, für beide heilsamer, weil Vertrauen fördernder Dialog. Hier geht es nicht darum, das Pferd zu trainieren oder sein Verhalten zu verändern, sondern um ein echtes Miteinander.

Von meinem Urgroßvater und meinem Großvater, die Fuhrleute mit Pferd und Wagen waren, ist mir ein geduldiger, fürsorglicher Umgang mit Pferden überliefert auch mir ist ein achtsamer, die Bedürfnisse und seelischen Prozesse meiner Pferde respektierender, gewaltfreier Umgang absolut wichtig.

Methoden, die Pferden Angst machen oder sie zu Verhalten zwingen, haben mich daher nie überzeugen können.

Im Sommer 2015 wurde ich zufällig Besitzer eines 2.5 Jahre alten Wildpferdehengstes aus der Herde, die im Naturschutzgebiet Osternienburger Heide in Sachsen-Anhalt lebt. Kurz darauf wurde ich auf das Buch „Was Pferde wollen" aufmerksam. Da hatte ich nun einen nicht auf den Menschen geprägten Muttersprachler der Pferdesprache und ein Buch mit Vokabeln dieser Sprache dazu. Schnell erlebte ich, wie stark dieses Pferd auf einzelne Vokabeln reagierte und seinerseits aktiv wurde. Ich erfuhr auch, dass ich dann nicht weiter wusste. Mir wurde klar, dass ich autodidaktisch nicht weiterkomme.

Heute nach einem Einführungskurs und drei Grundkursen geht der Dialog mit meinem Pferdemuttersprachler voran. Zu unserer beider Freude und gegenseitiger Freundschaft.

Gerhard Selter
Psychotherapeut in Münster/Westfalen
im Dezember 2016

Der Traum vom Reiten

„Heute Nacht habe ich wieder von einem Pferd geträumt", sagte das kleine Mädchen, das neben seiner älteren Schwester im Bett lag.

„Das wird ein Traum bleiben, man kann sich nicht einfach ein Pferd kaufen."

„Ich weiß, aber ich hatte eines und ich konnte es reiten."

Das Mädchen drehte sich von der Seite auf den Rücken, streckte sich, und mit einem verklärten Lächeln meinte sie: „Das war sooo schön, ich würde so gerne mal fühlen, wie das ist, wenn man echt reitet, wenn man auf so einem Pferd sitzt, das geht irgendwo hin und man sitzt da so, macht nichts und es trägt einen einfach umher, irgendwohin, wo es schön ist."

„Das gibt es aber nicht, man kann sich nicht einfach irgendwohin tragen lassen, man muss es lenken und bestimmen, wohin es gehen soll, sonst kann was passieren. Hast du doch bei St. Martin gesehen, wie das Pferd am Feuer getänzelt hat und wir alle erschrocken sind, weil der St. Martin es kaum halten konnte. Reiten ist nicht so einfach, das muss man lernen und das kostet viel Geld."

„Ich weiß, aber trotzdem, ich stelle es mir halt so vor. Feuer ist für Pferde ja auch gefährlich, da hatte es Angst. Ich würde es nicht dahin reiten, wo es Angst hat, nur dahin, wo es schön ist und wir beide sein wollen."

„Träum weiter! Aber jetzt müssen wir aufstehen und uns fertigmachen für die Schule, es ist Zeit."

„Ja, hoffentlich träume ich das noch mal, ich versuch's."

Und dieses kleine Mädchen, von dem meine Geschichte handelt, war ich.

Ich also stand auf und wusch mir am Waschbecken in dem großen Zimmer schnell das Gesicht und putzte meine Zähne. Das Schlafzimmer von uns Mädchen war eines der vielen Zimmer in dem Haus unserer Eltern, einem alten Patrizierhaus.

Große Räume, hohe Stuckdecken und im Stil der fünfziger Jahre eingerichtet: Doppelbett, Schrank, Frisierkommode Tisch und Sessel. Ich öffnete die Balkontür, schaute kurz nach draußen und schon ratterte ein Zug vorbei. Das Haus stand nur wenige Meter von der Bahntrasse weg, im Rheintal, der Verbindung von Mainz und Bonn. Es war laut, aber die Menschen, die da wohnten, hatten sich längst an diese Geräusche gewöhnt.

Mein Elternhaus in der Mainzerstraße in Boppard am Rhein.

Dann stellte ich mich vor den großen Spiegel an der Frisierkommode und löste die Spangen an meinen Zöpfen, bürstete mein Haar, um es dann wieder zu zwei Zöpfen zu flechten.

Viele Mädchen trugen das Haar so, es war einfach und praktisch. Sonntags bekam man manchmal eine besondere Schleife ins Haar und werktags eignete sich die Frisur für alles, was man so machte. Selbst beim Sport oder schwimmen musste man sich um die Haare nicht kümmern, sie waren kein Thema.

Es war wieder ein heißer Sommer und ich freute mich auf die Schulferien. Doch vorher kamen noch ein paar Tage, die musste man halt noch aussitzen. Ich hatte mich gekämmt und zog nun meine Schulkleidung an, die ich gestern Abend sorgsam auf einem Stuhl abgelegt hatte. Ich achtete immer darauf, das ordentlich zu machen, denn die Sachen sollten möglichst eine Woche lang sauber bleiben. Montag war Waschtag, da wusch die Mutter für die ganze Familie die Kleidung und die Wäsche, die in der Woche angefallen war. Es gab keine Waschmaschine, sondern einen großen Kessel aus Kupfer für die Kochwäsche, und große gekachelte Wasserbecken für die Buntwäsche. Da ging es nicht, dass jedes Kind täglich die Kleidung wechselte. Es war so schon sehr viel für eine Frau, all das zu bewältigen. Deshalb wechselten alle Kinder die Schulkleidung gegen Spielkleidung aus, sobald sie aus der Schule nach Hause kamen.

Fertig angezogen ging es nun die Treppe herunter in die große Küche, wo die Mutter schon das Frühstück für alle Kinder bereitet hatte. Es gab wie immer eine große Kanne Kathreiner Malzkaffee und Brot mit Marmelade oder Honig.

Während ich frühstückte, fragte die Mutter: „Wer will ein Schulbrot?" und schmierte jedem ein Pausenbrot mit Käse oder Wurst. Ich holte aus dem Schulranzen das ordentlich gefaltete Butterbrotpapier hervor, um das frische Brot darin einzuwickeln. Auch das Butterbrotpapier wurde mehrmals verwendet, bevor man ein frisches benutzte. Es waren nur noch wenige Tage, bis es endlich in die Sommerferien ging.

Endlich, am Samstag war es dann soweit. Letzter Schultag und sechs Wochen frei. Jetzt hatte man Zeit zu spielen, zu malen oder all die Dinge zu tun, zu denen man während der Schulzeit nicht kam.

An einem heißen Tag sagte die Mutter: „Heute gehen wir alle an den Rhein schwimmen. Ich packe das Mittagessen ein und wir essen dann zusammen dort".

Das war großartig. Jedes Kind zog sein Badezeug an und nahm sich ein Handtuch. Mutter packte den Proviant ein und los ging's. Die Badestelle war nicht weit von zu Hause weg. Man lief nur eine knappe halbe Stunde über den Leinpfad. Der Pfad stammte aus der Zeit, als noch Pferde die Schiffe vom Ufer aus über das Wasser zogen. Er lag höher als der Wasserspiegel und an unterschiedlichen Stellen war die Ufermauer unterbrochen, indem ein schräger Weg zum Ufer führte. Dort hatte man früher die Pferde getränkt. Diese Wege boten sich an, um bequem zum Ufer zu gelangen. An einer schönen Stelle packten alle ihr Handtuch aus und man richtete sich gemütlich zum Baden ein. Was für eine Freude. Ich ging gleich mit den Füßen ins Wasser, um zu melden, ob es heute eher kalt oder warm anmutete.

„Warm!", rief ich. Dann nichts wie rein. Dennoch musste ich vorsichtig und langsam gehen, weil der Untergrund steinig und holprig war und man auch nie wusste, ob vielleicht auch ein großer Stein unter Wasser im Weg lag, an dem man sich empfindlich stoßen konnte.

Das sogenannte warme Wasser war wahrscheinlich doch nur knapp zwanzig Grad und es brauchte Überwindung, sich ganz hineinzustürzen. Doch mit ein wenig Mut klappte es und ich schwamm. Das gefiel mir sehr gut. Ich hatte schon als kleines Kind mit sechs Jahren im Rhein schwimmen gelernt.

Dazu hatte die Mutter ein Korkensäckchen genäht, einen Schlauch, gefüllt mit Flaschenkorken. Es war einfach, in einer Weingegend wie Boppard an Korken heranzukommen und so gut wie kostenlos. Das Korkensäckchen wurde um den Bauch geschnallt und sollte den kleinen Nichtschwimmer soweit über Wasser halten, dass er mit passenden Bewegungen nicht unterging. Meistens klappte es auch ganz gut, allerdings war die Tragfähigkeit nicht vergleichbar mit den heutigen Schwimmhilfen. Ich schwamm zufrieden am Ufer umher, die Strömung des Rheins trieb mich immer wieder ein Stück flussabwärts. Dann ging ich an Land, lief barfuß wieder zurück und ging wieder ins Wasser. Gegen

Mit Mutter und Geschwistern beim Baden im Rhein.

den Strom zurückschwimmen konnte man nicht, dafür war die Strömung einfach zu stark.

Eins meiner Geschwister rief plötzlich: „Ein Dampfer!"

Tatsächlich sah man einen schönen großen Raddampfer flussaufwärts kommen. Bald würde er an der Badestelle vorbeischwimmen. Das war immer sehr schön, ich freute mich, jetzt würden gleich Wellen kommen, und in denen zu schwimmen machte noch mehr Freude als das Schwimmen überhaupt. Ich hörte das große Rad sich mit Macht durch das Wasser schaufeln und konnte den Namen BARBAROSSA lesen. Und da waren sie dann, die großen Wellen, die einen Schwimmer hochheben konnten und ein so verrücktes Schwebegefühl in mir erzeugten.

So könnte reiten sein, dachte ich, *wie auf Wasser schwimmen, ein sanftes, friedliches Gewiegtwerden, zart und kraftvoll, geschmeidig.*

Ich stellte mir vor, wie sich die zwei Körper – Pferd mit Mensch – gemeinsam bewegten; miteinander im gleichen Rhythmus auf und ab.

Wenn das Pferd den Menschen bewegt und dieser sich bewegen lässt, dann wird es so sein. Dann wird man gehoben und gesenkt wie auf den Wellen. Man muss nichts tun, sich tragen lassen, bewegen lassen. Das kann nicht schwer sein. Das werde ich irgendwann ausprobieren, schwor ich mir.

Leider war der Genuss zeitlich sehr begrenzt. Nach wenigen Wellen hatte sich der Rhein wieder beruhigt, Barbarossa fuhr schon weit weg und man hörte nur noch das ruhige Plätschern der Wellen ans Ufer. Ich ging jetzt auch aus dem Wasser raus, wickelte mir ein Handtuch um und ließ mich von der Sonne wärmen,

während ich das Brot verspeiste, das die Mutter eingepackt hatte. Irgendwie schmeckten die Brote hier am Ufer immer besser als zu Hause, so besonders. Nach dem Essen legte ich mich auf das Handtuch, nachdem ich dafür einen einigermaßen glatten Untergrund gesucht hatte und hing meinen Gedanken nach. Ich hatte noch immer die Bilder meines nächtlichen Traumes im Sinn und stellte mir vor, wie ich auf einem Pferd sitze und ganz gemütlich durch die Gegend getragen werde. Dazu brauchte ich keinen Menschen. Ich wollte einfach nur mit mir und dem Pferd alleine sein. Ich hatte niemals das Gefühl, es könnte schwierig werden oder gar gefährlich. Mir schwebte vor, auch durchaus darauf liegen zu können, in tiefer Vertrautheit mit dem Pferd und klarer Verständigung. Ich glaubte einfach an diese Art Zweisamkeit, wer wollte schon behaupten, dass es das nicht geben könne?

Die Sonne wärmte meinen Körper wieder auf und bald schon war eine zweite Schwimmzeit sinnvoll.

Dieses Mal kam die Mutter mit ins Wasser, was ich wie immer sehr genoss. Ich freute mich stets, wenn ich etwas gemeinsam mit meiner Mutter machen konnte. Es wurde gelacht und geschwommen, auf dem Rücken, auf dem Bauch, ans Ufer und zurück. Diese Badestelle war allen bekannt. Man wusste um die gefährlichen Strudel an anderen Stellen des Rheins und konnte hier beruhigt Spaß haben, wo es sicher war. Manchmal schwamm die Mutter mit rheinabwärts bis fast zum Ende des Leinpfades, um dann am Ufer wieder zurück zur Badestelle zu laufen. Auch heute war es so und ich sprach die Mutter an, ob Reiten wohl so ähnlich sei wie Schwimmen. Aber sie meinte, das eher nicht und sagte, sie habe etwas Angst vor den großen Tieren und würde es nicht unbedingt versuchen wollen. Ich aber schon!

Auch dieser Badetag ging irgendwann leider zu Ende und die Familie raffte alles zusammen, um dann nach Hause zu gehen und das Abendbrot zu bereiten. Bald kam Vater nach Hause und er mochte es, wenn dann alle da waren und friedlich zusammen gegessen wurde.

Nach so einem Badetag gab es oft Bananenbrote mit Kakao. Der Kakao wurde von der Mutter gekocht. Dazu nahm sie richtigen dunklen Backkakao und Zucker in einen Topf, vermischte das mit etwas Wasser und kochte unter Rühren den Schokobrei auf. Wenn er gut durchgekocht war, goss sie frische Vollmilch darauf und erhitzte alles. Dieser Kakao schmeckte unvergleichlich und gerade nach solch einem Tag tat er nicht nur dem Körper, sondern auch der Seele gut.

Meistens gingen meine Schwester Hedi und ich zur gleichen Zeit ins Bett. Diese Abendzeit diente dem persönlichen Austausch von uns beiden über unsere Gedanken und Erlebnisse des Tages, der Ärger wie die Freude konnten vermittelt werden und es war uns wichtig, vor dem Einschlafen noch einmal alle wichtigen Dinge besprechen zu können.

Natürlich war ich immer noch mit dem Gedanken an Reiten und Pferde beschäftigt. Der ganze Tag hatte irgendwie unter dem Vorzeichen gestanden.

Ich mit acht Jahren in unserem Garten.

„Meinst du, dass Reiten so ähnlich ist, wie wenn man auf Wellen schwimmt?", fragte ich.

„Das kann ich mir nicht vorstellen, da sitzt man ja und wie gesagt, man muss das Pferd ja lenken und treiben, ich glaube, die laufen gar nicht von alleine."

„Doch bestimmt tun sie das, sie laufen doch auch in der Natur alleine. Da ist doch niemand, der Laufen befiehlt."

„Ja schon, aber sie laufen eben wann und wohin sie wollen, wenn du sie aber reitest, dann willst du ja bestimmen, wohin das Pferd gehen darf. Stell dir vor, es geht einfach mit dir auf eine Straße und ein Auto kommt und zack … Das geht ja nicht."

„Ich würde am liebsten reiten, wo gar keine Straßen sind, irgendwo alleine in der Natur oder am Strand oder im Wald. Hauptsache gemütlich zu zweit wie Freunde. So ähnlich wie Fury und Joe, da ist ja auch nur Prärie und keine Straße."

„Der Jo reitet mit Fury in die Schule und da muss er sehr wohl lenken, sonst kommen die nie an."

„Ich weiß, aber ich meine ja auch das Gefühl, wenn man auf dem Rücken ist, wie es sich anfühlt, also ob es schaukelt oder wackelt oder schwebt, weißt du, wie ich meine?"

Pferdeliebe mit 15 Jahren auf einem Spaziergang.

„Ja ich glaube, ich weiß was du meinst, aber ich kann es mir ja auch nicht vorstellen. Lass uns jetzt schlafen, ich bin müde."

„Ok, Nacht, schlaf gut. Ich versuche jedenfalls noch mal das von heute Nacht weiter zu träumen, das war so schön."

„Ja, mach das, wenn du meinst, ich glaube nicht, dass es geht. Und wenn du erwachsen bist, kannst du ja mal auf einem Pferd sitzen, dann weißt du es."

„Das dauert mir zu lange, ich bin ja erst acht. Also Nacht, schlaf gut."

„Du auch – Nacht."

Am nächsten Morgen zeigte sich, dass das so einfach mit dem Traumwünschen nicht war. Ich hatte nichts geträumt oder zumindest erinnerte ich mich nicht daran, obwohl ich es mir so sehr gewünscht hatte. Das konnte mich aber nicht davon abhalten „Pferd zu spielen". Dazu hatte ich einen alten Autoreifen, der auf der Terrasse am Geländer angebunden wurde. Er war mein Pferd; er wurde gesattelt mit irgendwelchen Decken und mit einer alten dicken Schnur bastelte ich mir Schlaufen, die einen Steigbügelersatz darstellten. Wenn ich auf meinem Pferd saß, dann versank die Welt um mich herum und ich ritt irgendwohin, wo es schön war. Auch wenn die Brüder dieses Spiel als albernes Mädchenzeug abtaten, ließ ich mich nicht beirren und putzte mein Pferd nach dem Reiten und ging mit ihm durch den Garten, indem ich den Reifen neben mir her rollte und darauf achtete, dass er nicht umkippte, auf die Beete der Mutter. Es sollte so echt wie möglich sein. Ich hatte eben das Gefühl, Pferde und ich, das gehört irgendwie zusammen. Ich glaubte an mich und den Auftrag, das richtige Gefühl finden zu sollen, was Mensch und Pferd so aneinander binden kann.

Sonntags war es anders als Werktags. Mutter hatte nach dem Mittagessen Zeit für die Kinder und nicht selten wurde ein Spaziergang angeboten. Der endete manchmal mit Eis essen für alle oder man kehrte irgendwo ein, um gemütlich einen Kuchen zu essen. Am liebsten war mir, wenn das Wanderziel auf dem Kreuzberg lag bei einer Familie von Grapow. Die Frau von Grapow hatten drei oder vier Pferde und auch wenn man die Menschen nicht persönlich kannte, war es doch immer wieder toll, die Pferde zu sehen und zu riechen. Ich ging den langen Weg sehr gerne mit, einen recht steilen Berg hinauf. Ich hatte immer die Hoffnung, dass ich vielleicht auch einmal sehe, wenn jemand reitet oder dass wir einem Reiter begegneten.

Auf dem Berg angekommen, ging man dann zum Stall. Dort standen die Pferde in einem Ständer. Der obere Teil der Stalltür stand meistens offen und so konnte man die Pferde sehen, zwar nur von hinten, aber der Geruch von Pferdefell und Pferdemist verursachte ein Wohlgefühl und so stand ich gerne lange Zeit da und sog alles in mich auf. Irgendwann wollte die Familie leider nach Hause gehen und so machten wir uns wieder auf den Heimweg.

Auf diese Weise vergingen viele Tage der Ferien, mal mit dem Pferdespiel, mal schwimmen oder lesen, Spazierengehen, Freundinnen treffen. Da die aber alle leider keine Pferdefans waren, konnte ich mit ihnen meine speziellen Interessen nicht teilen.

Eines Sonntagmorgens hieß es: „Wir fahren zu Freunden, wer will, kann mitkommen!" Eigentlich hatte ich nicht so recht Lust, aber dann erfuhr ich: „Die Leute haben ein Pony, vielleicht kannst du es sehen und einmal streicheln." Mehr musste man mir nicht sagen, klar war ich dabei, aber sicher, dafür konnte kein Weg zu weit sein.

Während der Autofahrt malte ich mir aus, wie es wohl sein würde, ein Pony zu streicheln, wie es aussehen würde. Keiner wusste etwas darüber, nur dass es das Pony gab.

Endlich war die Fahrt vorbei, aussteigen, freundlich die Leute begrüßen und geduldig warten, bis jemand anbieten würde, ob man das Pony einmal sehen wolle. Die Erwachsenen redeten und man saß ordentlich bei Tisch, bekam Kuchen und Kaffee, beziehungsweise Kakao für die Kinder. Möglicherweise war der Kuchen lecker, das konnte ich nicht beurteilen, weil mir der Sinn nach etwas ganz anderem stand.

Wann sagen sie denn endlich mal was von dem Pony? Die gute Erziehung verbot, ungeduldig zu wirken und danach zu fragen. Das schickte sich nicht und wäre auch von den Eltern nicht gerne gesehen gewesen. Also galt es zu warten. Dann endlich, als alle satt waren, kam dann die ersehnte Frage:

„Wer will denn mal das Pony sehen?" Die Erlösung! Gertrud natürlich! Und das Warten hatte sich gelohnt. Wir gingen also zu einer Art Stall, wo das Pony alleine stand, in einem winzigen Auslauf, der wie ein kleiner betonierter Vorplatz einer Garage anmutete. Ich bewertete das nicht, sondern sah das Pferdchen und dufte es streicheln. Es roch wunderbar und hatte warmes, glattes Fell. Dunkelbraun und friedlich stand es da. Ich konnte es knuddeln und streicheln, mit ihm reden und dabei bewegte es seine Ohren eindeutig zu mir, dem Kind, hin. Das hatte ich bemerkt, das Pferd genoss es, wenn man zu ihm sprach. Dann kam die beste Frage aller Zeiten auf mich zu.

„Willst du einmal drauf sitzen und es reiten?"

„Was ich? Ja gerne, klar, sehr gerne, geht das denn?"

„Ja, Kurt kann dich führen."

Das war ja ganz verrückt! Ich spürte mein kleines Herz bis zum Hals klopfen, Aufregung und Vorfreude und Erwartung. Jetzt würde ich es wissen, wie es ist, wenn man ein Pferd reitet. Jetzt würde für immer das Geheimnis gelüftet werden, wie es sich anfühlte. Die Frage aller Fragen bekam jetzt die Antwort. Es war einfach nicht zu fassen.

Ich wurde vorsichtig von Kurt auf das Pferd gehoben und aufgefordert, mich an der Mähne festzuhalten. Und dann … saß ich da auf einem Pferderücken, warm und weich. Ich nahm ehrfürchtig einen Teil der Mähne in meine kleine warme Hand und los ging's. Das Pony machte den ersten Schritt und dann ging es ruhig und gelassen neben Kurt in dem kleinen Auslauf umher. Ich war selig und sprachlos. Das war ein unbeschreibliches Glücksgefühl. Ich hatte mir ja alles Mögliche vorgestellt, aber so wohlig, so unvollstellbar schön, das hätte ich nicht gedacht!.

Ich fühlte, wie das Pferd mich bewegte, ich saß ganz locker und entspannt da und spürte wie ich sanft von rechts nach links gewiegt wurde und im Einklang mit den Bewegungen des Tieres nicht nur der Körper getragen wurde, sondern auch die Seele zu schweben schien. Das war es, was ich meinte, das war Glück, so fühlte es sich an. Ein Feuerwerk der Gefühle und Freude, voller Ehrfurcht vor dem Pferd.

Wie schön es mich trägt, dachte ich. Ich schloss die Augen und war selig. *Das dürfte niemals enden, so will ich mich fühlen immer und immer.*

So ging es einige Runden, bis Kurt diese emotionale Stimmung mit dem Satz sprengte:

„So, das reicht, sonst wird es dir sicher langweilig."

„Nein, das wird es mir nie", sagte ich, aber die anderen wollten wieder hineingehen und somit war es entschieden. Das Pony sollte in den Stall zurück und die Menschen ins Haus. Ich war noch so voller Eindrücke. Ich verabschiedete mich von dem Pony und legte mein kleines Gesicht dicht an seinen Kopf, bedankte mich in Gedanken für das Glücksgefühl und auch dafür, dass ich es jetzt wusste.

Ich war nun wissend.

Reiten kenne ich jetzt, ich weiß jetzt, wie es sich anfühlt, wenn das Pferd einen Menschen trägt, dachte ich. Und ich entschied, es ist nicht so viel anders, wie wenn Holz auf Wasser schwimmt, oder wenn die Wellen der Raddampfer mich im Wasser heben und senken. *Jawohl, ich bin jetzt nicht mehr klein und unwissend. Ich kann mitreden, weil ich es erlebt habe.*

Nachdem alle sich verabschiedet hatten, wurde die Heimreise angetreten und ich hatte genug zu tun, mir meine Gedanken zu sortieren. Nach dem Erlebnis, was durch gar nichts in der Welt überboten werden konnte, entschied ich mich, vom ersten verdienten Geld Reitstunden zu nehmen und bis dahin den Traum vom Reiten zu hüten und im Herzen zu bewahren wie ein wertvolles Gut, das niemand mir nehmen konnte.

✲✲✲

Das Leben hatte sich durch diese Erfahrung grundlegend geändert. Die Frage, wie es wohl sein würde, auf einem Pferd zu reiten, war beantwortet. Dieses Glücksgefühl, diese Sehnsucht, wurde mitgenommen ins Leben und fortan schmiedete ich Pläne, wie ich es möglich machen könnte, Reiten zu lernen und vielleicht sogar irgendwann ein Pferd, MEIN Pferd, zu besitzen. Das ist mit acht Jahren ja nicht so einfach. Aber ich fand es realistisch, jetzt schon alles so zu bedenken, dass dem nichts im Weg stand, wenn es dann soweit sein würde.

𝓔s gingen Jahre ins Land, bis sich eine andere Reitgelegenheit ergab. In einem kleinen Dorf in der Eifel in der Nähe von Daun wohnten eine Tante, die Schwester des Vaters, und ein Onkel mit ihrem Sohn. Sie betrieben eine kleine Landwirtschaft, vier Kühe, zwei Schweine und ein paar Hühner. Das reichte für den bescheidenen Eigenbedarf. Zu der Zeit wäre es unbezahlbarer Luxus gewesen, sich einen Traktor zu kaufen. Es gab keinen im ganzen Dorf. Aber es wurde ein Ackerpferd für die Feldarbeit angeschafft. So konnten sie die Kühe entlasten, die sonst zu zweit den Pflug oder Heuwagen ziehen mussten, auch wenn sie tragend waren. Also ein Fortschritt, den meine Eltern sich natürlich auch ansehen wollten. Es war das erste Pferd in der Familie, eine Attraktion. Der Sonntagsausflug hatte damit sein Ziel und ich ließ es mir nicht zweimal sagen, mitzufahren, obwohl ich ansonsten wegen einiger unschöner Erlebnisse dort keine gute Beziehung zu der Verwandtschaft hatte. In dem Fall ignorierte ich diese Gefühle und war dabei. Die Fahrt war nicht weit, ungefähr achtzig Kilometer. Von Boppard aus ging es erst einmal den Berg hinauf in den Hunsrück durch die unvergleichlichen Hunsrückwälder und dann wieder ins Moseltal nach Brodenbach. Die Serpentinen schlängelten sich in sehr engen Haarnadelkurven bergab. Die Mosel, viel kleiner als der Rhein, lag malerisch in die enge Schlucht eingebettet, ein paar Ruderboote glitten flussabwärts über das Wasser, vorbei an Schwänen, die angstfrei den Schiffen nachschauten. Sie kannten das längst, dass Menschen sie in diesen schwimmenden Schalen passierten. Das Moseltal, wo an Werktagen alles geschäftig belebt ist, präsentierte sich an diesem Sonntagmorgen beschaulich und fast verschlafen. Ich sah aus dem Fenster und ließ die Stimmung auf mich wirken, während ich den Gedanken ihren Lauf ließ. Wir überquerten den Fluss und dann ging es wieder bergauf in die Eifel. Ich kannte den Weg, früher hatte ich öfter die Ferien bei diesen Verwandten verbracht. Auch ohne Pferd war ein Lieblingsort der Stall gewesen, wo ich gerne die Kühe besuchte und sie bürstete und mit ihnen sprach. Das wurde von der Tante und dem Onkel immer belächelt. In dem Dorf hielt sich niemand länger im Stall auf, als die Arbeit es nötig machte.

„Was willst du denn immer bei den Kühen, das ist doch nichts für ein Stadtkind und außerdem stinkst du dann nach Kuh und Stall".

„Ich finde nicht, dass das stinkt. Ich liebe Tiere und die Kühe kennen mich schon", hatte ich geantwortet.

Es gab die schwarze Lotta und die helle Bella. Sie standen im Stall nebeneinander und gingen auch gemeinsam am Heuwagen, sie schienen sich zu mögen, vielleicht waren sie Freundinnen. Die Kühe waren zu der Zeit für die Bauern zwar auch Milchlieferanten, aber sie mussten eben zusätzlich arbeiten, den Traktor ersetzen. Wenn ein Bauer eine Kuh hatte, die zuverlässig vor dem Pflug lief und gut anzuspannen ging, dann behielt er sie viele Jahre. Dadurch waren sie mir vertraut und ich hatte sie liebgewonnen. Da kam mir die Geschichte in den Sinn, die Vater immer wieder gerne zum Besten gab.

Nach dem Krieg, als viele Bauern keine Kühe mehr im Stall hatten, fing sein Vater, also mein Großvater, an, den Bauernhof wieder aufzubauen. Dafür brauchte er als allererstes eine Kuh, die vor dem Wagen und dem Pflug lief, damit er die Felder bestellen konnte. Also ging er samstags auf den Viehmarkt, um eine bezahlbare Kuh zu erstehen. Er hatte nur wenig Geld und hoffte ein Tier zu finden, das seinen Anforderungen entsprach. Wie alle Käufer betrachte er sich das Angebot und fand eine Kuh, die zum Verkauf stand, die recht gut genährt aussah und kräftig wirkte. Der Verkäufer beteuerte, sie sei brav und gesund, gebe Milch und arbeite gut. Sie war so günstig im Preis, dass man misstrauisch werden konnte. Aber wegen des wenigen Geldes, was zur Verfügung stand, wurde mit Handschlag der Handel gemacht und die Kuh gehörte nun meinem Großvater. Er ging stolz mit ihr nach Hause und das Tier lief artig mit. Zuhause wurde er bewundert von allen Nachbarn, zumal als sie den Preis hörten, welch ein Schnäppchen ihr Kumpel da wohl gemacht hatte. Mein Großvater war auch wirklich sehr zufrieden, die Kuh gab Milch, ließ sich gut melken und alles war bestens.

Dann kam der Tag im Frühjahr, wo das Feld bestellt werden musste. Also nahm er den Pflug aus dem Winterschlaf heraus und die Kuh und schirrte sie an. Und los ging es auf das Feld. Das waren noch die Zeiten vor der Flurbereinigung und alle Bauern hatten ihre Grundstücke irgendwo außerhalb der Dörfer weit verstreut. Man musste teilweise eine Stunde und länger gehen, um zu einem Feld zu kommen. Deswegen bekamen die Bauern von ihren Frauen auch das Mittagessen in einem „Henkelmann" mit aufs Feld, weil es sich nicht lohnte, beziehungsweise zu weit war, nach Hause zu kommen. Da auch keiner der Bauern eine Armbanduhr hatte, wurden für alle Leute in diesen katholischen Dörfern zweimal täglich die Kirchenglocken geläutet: mittags um Punkt zwölf (der Engel des Herrn) und um achtzehn Uhr (Feierabendglocken).

Mein Großvater ging also zufrieden auf sein Feld. Über eine Stunde brauchte er für den Weg, weil die Kuh ja fest angeschirrt war und den Pflug auch schon auf dem Hinweg zum Feld ziehen musste. Dort angekommen legte er seinen Proviantbeutel zur Seite und fing an, das Feld umzupflügen. Das ging fabelhaft. Das brave Tier zog den Pflug kräftig und ließ sich gut lenken und wenden. Es blieb stehen, wenn es musste und zog an, wenn es sollte. Insgeheim war mein Großvater stolz und froh mit diesem Kauf. Nach einiger Zeit, er hatte allmählich auch schon Hunger, dachte er, nach dem Stand der Sonne müsste es bald Mittag sein. Er war gerade am Ende einer Furche angelangt, hielt die Kuh an und ging zu seinem Mittagessen, was er sich mitgebracht hatte, um eine kurze Essenspause einzulegen. Da erschallten auch schon die Glocken im Dorf und der Bauer biss in sein Pausenbrot. In dem Moment hörte er ein Klirren und sah nur noch, wie die Kuh sich umdrehte und schnurstracks mit ihrem Geschirr und dem Pflug nach Hause ging. Der Bauer rief und schimpfte und rannte hinterher. Je mehr er schrie und lief, desto schneller wurde die Kuh und weg war sie, unmöglich sie einzuholen. Der Bauer trat gegen eine Ackerscholle, fluchte leise vor sich hin, packte sein Essen wieder ein und ging hinterher. Lange vor ihm kam die Kuh zu Hause an und stand schon im Stall, allerdings nur so weit wie sie kam, mit angeschirrtem Pflug. Der stand noch draußen und sie war in der Stallgasse. Der verärgerte Bauer schirrte sie aus und stellte sie auf ihren Platz und überlegte, was da wohl vor sich gegangen war. Am nächsten Tag das gleiche Spiel. Er ging wieder zum gleichen Acker, um ihn fertig zu pflügen. Die Zeit drängte, denn mit solcher Handarbeit brauchten die Bauern im Frühjahr jeden Tag, um alle Grundstücke für die neue Saat vorzubereiten. Die Kuh stellte sich brav und war sich keiner Schuld bewusst. Sie zog und arbeitete strebsam genau bis zur Mittagszeit. Die Glocken läuteten, der Bauer war mitten in einer Furche, da drehte das Tier sich vehement um und ging nach Hause, es war nicht zu halten, es war einfach nichts zu machen. Verärgert stellte der Bauer fest, dass da ein Programm abläuft und überlegte sich am nächsten Tag ein anderes Grundstück zu bearbeiten, wo es am Waldrand Bäume gab, da würde er die Kuh kurz vor den Glocken anbinden und dann könne er, wenn sie sich beruhigt hatte, weiter arbeiten. Der Plan war gut, er klappte aber nicht. Sie wurde angebunden, hörte die Glocken und gebärdete sich wild, um nach Hause zu gehen. Der Bauer wartete bis sie sich beruhigt hatte, aß inzwischen sein Mittagessen und löste die Anbindung danach, um weiter zu arbeiten. Endlich frei ging das Tier nach Hause, egal, was der Bauer wollte. Es war verhext. Jetzt wusste mein Großvater, warum die Kuh so günstig war und es blieb ihm nichts anders übrig, als sie wieder zum Markt zu bringen und genauso wie sein Vorgänger gute Miene zu bösem Spiel zu machen und sie gegen eine Kuh einzutauschen, die einfach auf dem Acker blieb, zu jeder Zeit, Glocken hin oder her.

Ich musste wieder an den Onkel denken, den ich nicht mehr mochte. Früher haben sich Erwachsene manchmal böse Scherze mit Kindern erlaubt, ohne zu überlegen, was das für eine Kinderseele bedeutete. Dieser Onkel sagte eines Tages: „Es gibt ein neues Kälbchen im Stall. Das kannst du haben, wenn du willst, du hast Kühe ja so gerne." Das konnte ich kaum glauben aber er sagte das so überzeugt, ich ging mit ihm in den Stall und da stand ein blondes Kalb mit gelocktem Fell und sehr, sehr niedlich. Ich war zu jung, um die Tragweite zu erkennen und natürlich auch zu froh, ein eigenes Kalb geschenkt zu bekommen. Ich nahm das vermeintliche Geschenk an und verkündete stolz, ein eigenes Kalb zu haben. Mein

Einwand, was ich denn nach den Ferien machen könnte, wenn ich ja wieder zur Schule müsse und nach Hause fuhr, war schnell niedergeschlagen. Der Onkel meinte, das ließe sich alles regeln, das Kalb könne gebracht werden und zu Hause finde sich ein Weg. Ich dachte nicht groß weiter und vertraute dem Mann, dass er es schon wissen würde, wenn er das sagte.

Erwachsene wissen ja meistens, wie man was macht, also wird es schon einen Weg geben, dachte ich. Es war ein tolles Gefühl mit meinem Kalb. Es war sehr zahm und ich konnte es streicheln und bürsten und sogar ein bisschen auf der Wiese mit ihm gehen. Manchmal bockte es auch wild umher, aber auch kleine Stücke gemeinsamen Weges waren drin. Es wuchs und es nahte auch mein Ende der Ferien. An einem Morgen sagte der Onkel: „Jetzt ist es soweit, das Kalb muss jetzt zu dem Mann gebracht werden, der es dann zu dir bringt. Willst du das machen?"

Klar wollte ich das, ich erklärte dem Kalb, dass das jetzt so sein müsse, und wir uns dann wiedersehen würden. Es kam artig mit durch das ganze Dorf und ich führte es froh und nichtsahnend bis zum Ziel.

Dort angekommen kam uns ein Mann mit gestreiftem Kittel entgegen und er nahm mir das Kalb ab. Ich verstand das nicht, wurde misstrauisch und er führte es ins Schlachthaus. Ich stand hilflos daneben, schrie HALT! Und erlebte, wie es an den Füßen hochgezogen und getötet wurde. Ich stand unter Schock, mir wurde schwindelig und übel, und wie aus der Ferne hörte ich die beiden Männer lachen, die das wahnsinnig lustig fanden, wie naiv Kinder doch sind und alles glauben, was man sagt.

Das Kalb blutete aus dem Hals und mir blutete das Herz. Ich konnte nicht sprechen, ich war gelähmt, seelisch und körperlich. Ich wusste nicht, ob das jetzt real war oder ein Alptraum. Ich saß auf dem Boden und spürte nichts mehr. Alles war fremd und irreal. Entfernt, nicht diese Welt.

Ich weiß nicht mehr, wie lange ich dort saß, bis irgendwann der Onkel kam, mich vom Boden hochnahm und sagte: „So, jetzt müssen wir nach Hause gehen, es gibt bald Essen." Ich wehrte mich nicht, ich ging neben ihm her und erinnere den Weg nicht. Meine Beine gingen einfach, ich war wie ein Automat, wie etwas Programmiertes. Leer. Geschockt. Nicht mehr zurechnungsfähig.

Zu Hause ging ich alleine in die Wiese, wo ich mit dem Kalb vorher gespielt hatte und setzte mich schweigend hin. Ich streichelte mit den Händchen das Gras, was von dem Kalb berührt worden war. So saß ich lange Zeit stumm, stoisch, wie tot. Der Kopf war leer.

Niemand nahm davon Notiz oder schaute nach mir. Kälber zu schlachten war etwas ganz Normales.

Irgendwann nach langer Zeit auf der Wiese spürte ich, wie Bilder in mir entstanden, das Kalb, wie es spielte und das Kalb, wie es hing. Und plötzlich konnte ich weinen, schluchzen, wimmern, mich auf den Boden legen und mit den Tränen die Orte berühren, wo es gelaufen war. Ich konnte trauern und Wut haben und konnte anfangen zu verarbeiten.

Es hat lange gedauert, bis ich irgendwie damit fertig wurde, die Bilder haben sich bis heute nicht verloren und die Gefühle auch nicht.

Das Erlebnis hat mich unauslöschlich geprägt. Ich hatte viel gelernt, über Erwachsene, wie sie Kinder einschätzen, dass sie nicht grundsätzlich glaubwürdig sind, grausam sein können und dass sie Tiere und Kinder nicht verstehen. Ich hatte viele Jahre damit zu tun, diese Erinnerungen in mein Leben zu integrieren, nicht depressiv zu werden und dennoch an den Menschen schlechthin zu glauben und an mich.

Diese Gedanken hatten mich auf der Autofahrt zu dem Stall begleitet, den ich jetzt wieder betreten würde. Obwohl es schon etliche Jahre her war, kam es mir kurz vor und sicherlich nicht harmloser oder gar ausgelöscht. Ich konnte jetzt nur besser damit umgehen, reifer und älter geworden, wie ich war. Ungezählte Stunden hatte ich darüber nachgedacht und damit innerlich gearbeitet und vieles verstanden.

Jetzt wollte ich dem Leben entgegensehen, ganz bewusst. Es war mein Weg, den ich da ging, und den ich mit aller Entschlossenheit der Jugend ernsthaft und wertschätzend dem Tier gegenüber beschreiten würde. Ich wollte dem Pferd in diesem Stall die Gefühle entgegenbringen, die es verdient hatte und keine Altlasten auf es abladen. Ich wollte die schönen Gefühle und Erfahrungen von meinem Ponyerlebnis wiederholen und überprüfen. Fühlen, riechen, berühren froh sein.

***

Das Auto meines Vaters hielt auf dem Hof des Hauses an, wir waren da. Alle stiegen aus und wir wurden von Tante, Onkel und Sohn begrüßt, die uns bereits erwartet hatten und ins Haus baten. Ich begrüßte höflich, wie es laut unserer Erziehung zu erwarten war, und um mich von dem Onkel zu distanzieren, blieb ich gleich draußen und wollte das Pferd sehen.

Der Sohn zeigte es mir.

„Das ist Hertha", sagte er und öffnete die Stalltür. Da stand sie, die dicke Hertha, kräftig und wohlgemut, wie es schien. Ich fand sie riesig und mächtig. Nicht, dass ich Angst hatte, aber es war schon eine imposante Größe und es gab keine Chance mit meinen Händen bis auf den Rücken hinauf zu langen.

„Oh, die ist aber groß", meinte ich. „Kannst du sie mal aus dem Stall rausholen?"

„Klar, kein Problem, willst du sie mal reiten?"

„Sicher, aber wie denn, habt ihr einen Reitplatz gebaut?"

„Nein, das ist ja ein Ackerpferd, ein Kaltblut, eigentlich nicht so gut zum Reiten gemacht, aber die Hertha ist so brav, die kann man einfach reiten und lenken."

„Wie macht man das denn?"

„Die versteht alles, du brauchst nur am Zügel zeigen, wo du hinwillst, dann macht sie das." Hertha war ein wohlerzogenes Ackerpferd und kannte natürlich die Navigation durch das Gebiss im Maul, es saß ja auch beim Pflügen keiner drauf, sie wurde nur durch die Zügel dirigiert.

„Willst du es mal probieren?"

„Ja, aber wohin soll ich denn?"

„Ich reite mal eine Runde mit, dann zeige ich dir den Weg."

Er legte dem Pferd ein Kopfgeschirr an, Gebiss ins Maul, nahm die Zügel nach hinten und schwang sich drauf. Das sah recht gekonnt aus, ich hätte das nicht nachmachen können. „Komm, ich helfe dir hoch, gib mir die Hand." Das tat ich und er zog mich hoch hinter sich. Dort konnte ich gut sitzen und hielt mich an ihm fest, als es losging.

Und schon spürte ich die ersten kräftigen Schritte Herthas. Das war aber was! Wie ein großes Urtier stapfte sie die Dorfstraße entlang. Es war Sonntag, es kam kein Auto und die Straße lag ruhig vor uns. Hertha ging munteren Schrittes. *Womm, womm, womm*, klangen ihre Hufe auf dem Untergrund. Ich fühlte es bis in meinen Körper vibrieren, wenn der Huf auf den Boden aufsetzte. Anders als bei dem Pony, aber schön, sehr schön. Sie kannte tatsächlich den Weg, den sie gehen durfte. Ohne dass da viel gelenkt wurde, schlug Hertha irgendwann einen Weg nach links ein und dann bald wieder links. Ich kannte den Weg, den war ich früher manchmal mit den Kühen gegangen, wenn sie von der Weide nach Hause geholt wurden. Er führte kurz vor dem Hof durch einen Bach, an dem hielten wir immer an und ließen die Kühe saufen, bis sie satt waren, und dann ging es die letzten Meter nach Hause in den Stall. Auch Hertha musste durch diesen Bach. Im Sommer war er nur knietief, also kein Ding für sie und sie hatte auch keinen Durst. Sie stapfte ungebremst durch das Wasser und weiter bis vor die Stalltür, wo wir ja gestartet waren. Ein deutliches „Brrrr!", brachte sie zum Stehen und fertig war der Ausritt.

„Schade", sagte ich, „das hat mir gut gefallen, muss ich schon absteigen?"

„Nein, aber ich habe keine Lust mehr, ich will ins Haus zu den anderen. Du kannst, wenn du willst, noch weiter reiten."

„Ja gut, gerne", sagte ich und spürte zeitgleich ein gemischtes Gefühl von Vorfreude und Bedenken: Ganz alleine mit Hertha sein zu können und andererseits eben genau das: Ganz *alleine* mit Hertha zu sein, die ich nicht kannte und die ich vielleicht doch nicht wirklich manövrieren könnte, wenn was schief ging. Zu spät, ich hatte es schon gesagt, nicht lange nachgedacht und gezögert, ich versuchte es.

Wahrscheinlich geht es einfach auch.

In dem Moment, als ich dann wirklich alleine auf diesem Ross saß, bekam es von dem Jungen noch einen Klapps auf den Hintern mit der Aufforderung zu gehen und dann marschierte Hertha wieder los, wie zuvor, als wir noch zu zweit da saßen.

Es war wie in einem Märchen. Es hätte auch ein Drache sein können, ich saß fast im Spagat auf einem warmen breiten Rücken, der gemütlich schaukelnd lostapfte. Hertha war beschlagen und ich hörte jetzt auch zusätzlich zu dem freundlichen Womm-Womm auch das Metall auf der Straße, wie sie die Hufe hinsetzte. Es klang wie ein zauberhafter Rhythmus der Sicherheit, es war gewaltig, ich saß hoch oben in der Welt, ein Fabelwesen trug mich sicher hindurch. Mir konnte nichts passieren, ich war glücklich, zufrieden, begeistert.

Auch das ist Reiten, dachte ich, ähnlich und doch ganz anders. Diese Kraft, die Stärke und Gelassenheit hatte ich bei dem Pony so nicht wahrgenommen. Das hatte sich wie ein sanftes Wiegen und federleichtes Getragenwerden angefühlt. Hier war es pulsierend, kraftvoll, energetisch. Ich konnte mir vorstellen, niemand kann an mich heranreichen, man geht durch dick und dünn, tief auf die Kraft und Zuverlässigkeit des Pferdes vertrauend. Ein Wohlbehagen umarmte mich und ich war bezaubert, mehr als nur begeistert. Es gab keine Worte dafür, alles hätte das wahre Erleben verharmlost und nicht auf den Punkt gebracht. Herrlich, himmlisch, toll, super – nein, das reichte alles nicht!

DAS war … **Reiten**.

Eine phänomenale Erfahrung, eine Erweiterung des Lebensraumes. Ich wusste plötzlich etwas, was vorher ein Traumbild, eine Erwartung oder eine Vorstellung war. Ich hatte sogar den Vergleich von zwei ganz unterschiedlichen Tieren, groß und kraftvoll, klein und zart. Ich konnte die Gemeinsamkeiten spüren und die Unterschiede und beides war die Faszination schlechthin für mich.

Ich war mit der geduldigen Hertha mehrere Runden gestapft, bis man uns auf dem Hof abfing und mich aufforderte, herunterzuklettern. Dankbar für dieses Erlebnis versuchte ich noch ihren dicken Hals zu umarmen und drückte ihr einen Kuss auf die Nüstern. Auch sie waren groß und fühlten sich wie Samt an. Ihr Maul passte nicht in meine Hand, sie wirkte wie eine gute Riesenmutter, wohlwollend und verständnisvoll.

Wenn ich nur wüsste, was sie jetzt denkt, ob ihr das auch gefallen hat, so ein Sonntagsspaziergang mit mir, oder ob sie lieber im Stall gestanden hätte? Was denken Pferde eigentlich? Was fühlen sie? Was wollen sie? Wollen sie geritten werden? Diese Gedanken „Was Pferde wollen" sollten mich mein ganzes Leben begleiten. Das wusste ich zu dem Zeitpunkt aber noch nicht.

Die erste Reitstunde

Bis zu meinem nächsten Erlebnis mit Pferden sollten jetzt einige Jahre vergehen. Das Interesse an Pferden und grundsätzlich an Verhaltensbiologie wuchs. Ich kaufte und besorgte mir Bücher über Verhaltensforschung bei Primaten, las Bücher von Horst Stern über Pferde und alles was ich bekommen konnte über Naturvölker, ihr Leben mit der Natur, den Kindern und den Tieren.

Mich faszinierten Theorien von Prägezeiten und immer mehr fing ich an, Brücken zu schlagen zwischen Mensch und Tier. Was bedeuten Prägezeiten bei höheren Säugern, hat der Mensch auch ähnlich wie die Primaten vergleichbare Entwicklungszeiten? Diese Gedanken motivierten mich, als Beruf Geburtshilfe zu erlernen. Ich wollte so gerne von Anbeginn dabei sein, wenn das neue Leben begrüßt wird und stellte mir vor, bei entsprechender Ausbildung, viel für Mütter und Kinder tun zu können. Ich bewarb mich in Mainz in der Hebammenschule, die mich nicht annahm, mit der Begründung ich sei zu schmächtig, zu dünn und instabil. Früher hatte man anscheinend noch das Bild von der Hebamme, der stämmigen Frau, die mit kräftigen Armen das Kind auf die Welt holte.

Sehr enttäuscht trat ich dennoch ein Praktikum im Krankenhaus an und entschied den Weg zu gehen, Krankenschwester zu werden. Auch so konnte man Kontakt zu Säuglingen oder Müttern bekommen. Es war zwar eine Notlösung, aber ich konnte unmittelbar starten und wollte sehen, was sich daraus machen ließ.

Schlussendlich entschloss ich mich, nach dem Praktikum die Ausbildung als Krankenschwester erst einmal zu beginnen und dann auf mich zukommen zu lassen, was sich ergeben würde. Nach wenigen Wochen bekam ich mein erstes, wenn auch kleines Gehalt.

Inzwischen hatte ich meine Freundin Sigrid kennengelernt, die bereits als Schulassistentin tätig war. Ich erinnerte mich an meinen Vorsatz vor etlichen Jahren und erzählte ihr, dass ich mir vorgenommen hatte, von meinem ersten Geld Reitstunden zu nehmen. Sie war nicht begeistert, meinte, dass Pferde ihr eigentlich nichts sagen. Ich erzählte ihr euphorisch und malerisch, wie toll das sei, wie es sich anfühlte, wie gemütlich, und dass sie sicherlich sehr viel Freude haben würde. Man stelle sich das nicht so schön vor, wie es dann wirklich sei.

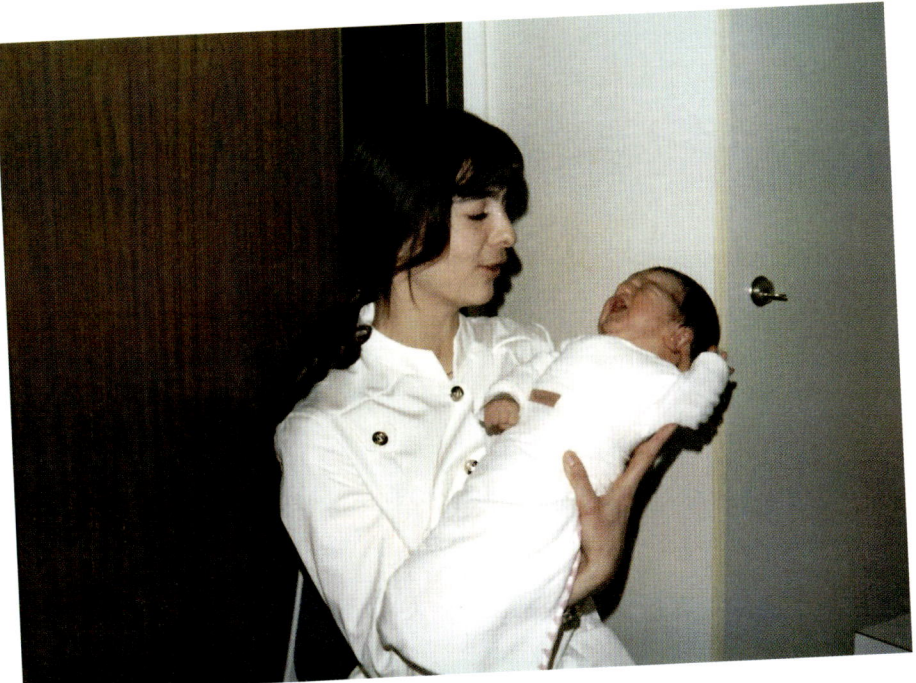

Die kleine Maria Gracia, zum ersten Mal habe ich eine Geburt miterlebt.

Unter den Umständen sagte sie mir zu, sie sei dabei und wir suchten den Reitstall des Ortes auf, um uns anzumelden. An dem Tag war da niemand anzutreffen. Es gab einen Stall mit Doppeltüren und die obere Hälfte stand offen, wie in Boppard bei den Sonntagsspaziergängen auch. Die Pferde schauten mit den Köpfen heraus und ich sprach sie an und ging recht dicht heran. Da legten sie die Ohren an und signalisierten, dass ich das nicht machen sollte, dass sie alles andere als froh darüber waren, mich zu sehen. Ich war erschrocken und enttäuscht. Dennoch ließ ich mich nicht davon abbringen an einem anderen Tag, der nicht Ruhetag war, noch einen Versuch zu starten und es klappte dann auch. Wir trafen auf den Reitlehrer des Vereins, nicht mehr ganz jung und eher unsportlich von Gestalt. Beim Näherkommen rochen wir eine Alkoholfahne. Er fragte uns, was wir wollten, und wir sagten, dass wir reiten lernen wollten und dazu gerne einen Termin vereinbaren würden.

Wir bekamen den Termin für eine Einzelstunde am nächsten Mittwochmorgen. Ganz verrückt! Ich hatte gerade meine erste Reitstunde gebucht. Jetzt war der Zeitpunkt gekommen, den ich vor langer Zeit mit acht Jahren als viel zu weit weg erlebt hatte. Das zu weit weg, war jetzt da. Die Jahre waren vergangen und das Schicksal hatte mich viel erleben lassen. Jetzt kam der bedeutende Schritt in meinem Leben, ich fing an reiten zu lernen und ich wusste auch, das muss jetzt ja nicht mehr enden. Ich werde immer Geld verdienen und ich werde immer Reitstunden bezahlen können. Davon ging ich fest aus und somit war es ein Anfang von einer langen geplanten Zeit als Reiterin.

***

In der Nacht auf Mittwoch schlief ich wenig. Schon beim abendlichen Einschlafen war ich aufgeregt. Ich hatte mir eigens dafür eine Reithose gekauft und eine Reitkappe. Bis dahin hatte ich gar nicht gewusst, dass die Kappe ein Sturzhelm ist. Ich wollte alles richtig machen und professionell aussehen.

Endlich war es dann soweit, nach dem Frühstück umziehen und dann zum Reitstall fahren. Sigrid und ich hatten jede eine halbe Longenstunde gebucht. Wir kamen an dem Stall an und gingen Richtung Reithalle. Da stand „unser" Reitpferd schon fertig gestylt in der Mitte. Es war ein recht großer, kräftiger Wallach, dunkelbraun mit Sattel und ausgebunden.

Ich fing an und ging also hin zu dem Pferd, um es zu begrüßen, was der Reitlehrer für überflüssig befand.

„Das ist *Dominant*, dann steig mal auf. Den linken Fuß in den Steigbügel setzen und dann mit Schwung hoch." Zum Glück war ich nicht unsportlich. Der Steigbügel hing sehr hoch und als mein Fuß darin stand, hatte ich schon Probleme mit der Hand den Sattel oben zu erreichen, um einen Halt zu finden, an dem ich mich etwas hochziehen konnte. Beim zweiten Anlauf klappte es, nachdem ich wusste, wieviel Schwung ich brauchte. Man musste mir zu Gute halten, dass ich wahnsinnig aufgeregt war.

Der Reitlehrer hakte seine Longe am Kopfzeug ein, nahm eine lange Longierpeitsche in die Hand und das Pferd ging los im Schritt nach außen auf die Zirkellinie. Ich ließ mich gemütlich tragen und wollte gerade meine Erinnerungen hochleben lassen, da wurde ich unwirsch angesprochen: „Hey, gerade sitzen, Kopf hoch, Brust raus, Hacken tief und treiben." Ich wusste nicht, was treiben genau war und musste mir sagen lassen, dass ich im Wechsel mit dem rechten und linken Fuß an den Pferdebauch drücken sollte.

„In welchem Wechsel?", fragte ich.

„So wie es passt, mach schon, sonst läuft der Bock ja nicht." Ich versuchte vorsichtig irgendwie an den Bauch zu drücken und wechselte rechts und links ab. Ich hatte keine Ahnung, ob das jetzt gut war und warum das Pferd davon läuft.

„Das machst du falsch, so wird das nichts". Es knallte plötzlich die Peitsche und das Pferd machte einen Satz nach vorne und ich erschrak. Es gab einen heftigen Ruck in meinem Rücken, es hatte mich erst nach hinten geschleudert dann kurz nach vorne und unter mir lief das Pferd schneller. „So jetzt mal vorrran. Terrrapp!", klang es aus dem Mund des Reitlehrers und Dominant trabte in großen schwungvollen Schritten im Kreis.

Ach herrje, was ist denn das?

Ich hoppelte hin und her und plumpste immer wieder rhythmisch in den Sattel, nachdem ich vom Schwung hochgehoben worden war. So ging es viele Runden, ich hatte Bedenken runterzufallen, ich merkte, wie ich rutschte und griff automatisch an den Sattel, um mich zu halten und zurechtzurücken. Es fing an wehzutun, meine Beine scheuerten am Oberschenkel an dem Sattelzeug und ich hoppelte und hoppelte. Das war anstrengend und während ich noch versuchte für all das ein Lösung zu finden, schnalzte der Reitlehrer und rief: „Gaaalopp!" Die Peitsche knallte einmal und sofort sprang das Pferd in den Galopp. Es gab wieder so einen kleinen Ruck und dann änderte sich der Rhythmus. Dominant galoppierte ruhig im Kreis und das war ein Takt, in den ich mich gut einfinden konnte, nachdem der erste Schreck überwunden war. Das gefiel mir besser. Obwohl es relativ schnell war, fühlte ich mich dabei nicht so unsicher und auch bequemer. Es zog mich fast ein wenig in den Sattel und der regelmäßige Rhythmus fiel mir leichter anzunehmen. Zwischendurch hatte ich Zeit, mal an die Fersen zu denken, die ich künstlich feste nach unten drücken sollte, wenn ich nicht daran dachte, kamen sie einfach automatisch hoch und die Zehenspitzen nach unten.

Nach einem kräftigen und gedehnten „HAAALT!" des Lehrers kam er zu dem Pferd heran, sagte nicht viel, und wendete das Tier, damit es andersherum laufen sollte. Jetzt ging alles noch mal wie eben nur eben ein Richtungswechsel. Der Schritt war angstfrei von mir, aber ich musste wieder „das mit den Beinen drücken" machen. Der Trab tat inzwischen echt weh und der Galopp entspannte den Trab wieder ein bisschen. Nach insgesamt dreißig Minuten war Schluss. Dominant musste stehenbleiben und ich absitzen. Ich sollte mich vorne aufstützen und schwungvoll das rechte Bein über das Pferd heben und heruntergrätschen. Das konnte ich, aber unten ging ich in die Knie, meine Schenkel zitterten und waren kurz kraftlos. Das war nur ein Moment, aber der war mir peinlich vor dem Reitlehrer. Das hatte ich so nicht erwartet.

Jetzt war Sigrid dran und ich stellte mich in eine Ecke der Reithalle, um auf sie zu warten. Erst jetzt hatte ich Zeit nachzudenken und meine Gefühle zu sortieren. Da stand ich nun, die legendäre erste Reitstunde lag hinter mir. Wie legendär war sie denn nun gewesen? Irgendwie nicht. Ich musste zugeben, es war kein Vergleich mit den Erfahrungen, die ich bereits gemacht hatte und dennoch war es ja reiten? Das mit dem sanften, wie wenn Holz auf Wasser schwimmt, kam nicht vor. Das Gefühl hatte sich nicht eingestellt. Ich hatte gar keine Zeit gehabt, im Schritt zu fühlen, weil ich angestrengt damit beschäftigt gewesen war, mit meinen Beinen an das Pferd zu drücken. Das war eine so unübliche Bewegung, sie hatte mich Kraft gekostet und Konzentration. Das galt auch für die Fersen, die ich nach unten drücken musste. Alles war eher wie eine sportliche Ertüchtigung und hatte mit meinem Gefühl, sich wunderbar einfühlsam tragen zu lassen, gar nichts mehr zu tun. Tja, da stand ich nun und war aufgeregt, irgendwie auch enttäuscht und sah Sigrid zu, die mit den gleichen Schwierigkeiten kämpfte.

Ich spürte, ich wollte diese Enttäuschung nicht so akzeptieren. Das konnte es nicht gewesen sein, ich hatte es doch auch schon anders erlebt und jetzt das? Ich entschied, das seien die Anfangsschwierigkeiten, man muss Reiten anscheinend doch erst lernen, wie Hedi bereits gesagt hatte und wenn man es dann kann, nach einigen Reitstunden, wird sich wieder das Gefühl einstellen, welches ich erinnerte. Es war real von mir erlebt und keine Einbildung. Also wird es auch wiederholbar sein. Es waren ja zwei verschiedene Pferde und es hatte auf beiden geklappt.

Also wird es gehen und das ist die Lösung.

Es ging mir wieder besser, und als Sigrid auch fertig war, vereinbarten wir gleich die nächste Reitstunde. Aufgeben ist nicht! Kommt Zeit – kommt Rat – kommt Reiten.

Wir fuhren anschließend noch in die Stadt und beide hatten wir Laufprobleme und am nächsten Tag mächtigen Muskelkater. Obwohl wir nur je eine halbe Stunde auf dem Pferd waren, taten uns alle Knochen und Sehnen weh, wir hatten nicht gedacht, dass sowas möglich sein würde, wenn man doch nur auf dem Tier gesessen hat.

Dieser Longenstunde folgten noch zwei mit identischem Ablauf und dann kam die Vierte. An dem Tag sagte der Reitlehrer, macht er es mal anders, damit wir locker werden.

Ich saß wieder auf Dominant, das Aufsteigen ging jetzt schon gut. Er kam herbei, nahm meinen Fuß aus dem Steigbügel und band am Knöchel ein breites Band fest. Das führte er unter dem Bauch des Pferdes durch und auf der anderen Seite zog er kräftig an dem Band und auch an meinem Bein und wickelte das Band auch dort um meinen Knöchel. Ich war auf das Pferd gebunden und hatte der Sache sprachlos zugesehen. Jetzt gab er dem Pferd eine Klapps auf das Hinterteil und rief:

„Los!" Das klappte, Dominant ging los und ich meinte:

„Ich habe Angst, was ist, wenn der jetzt abhaut?"

„Nichts ist dann, du kannst ja nicht runterfallen, du musst sowieso obenbleiben!"

Ich hatte keine Zügel und war auf Gedeih und Verderb dem Pärchen – Reitlehrer und Pferd – ausgeliefert. Diese Zeit erschien mir schrecklich, ich war dankbar, als das Pferd von ihm angehalten wurde. Auf diese Art hatte ich drei Gangarten draufgesessen und ich merkte, ich entfernte mich immer mehr von dem Gefühl, von dem ich angenommen hatte, es sei Reiten.

Frustriert und unsicher saßen Sigrid und ich eines Abends in dem Reiterstübchen des Vereins und sahen anderen Menschen beim Reiten zu. Da ritt ein Mädchen auf seinem Pferd, es war privat, also keines der Schulpferde. Das Pferd ging im Schritt am langen hingegebenen Zügel und das Mädchen saß zufrieden darauf. Sie trieb das Pferd nicht, es lief einfach so mit ihr. Ich fragte jemand, wer das denn sei.

„Das ist Püppi", hieß es und genau das, was Püppi da machte, das wollte ich auch. Das war das, was ich mir vorgestellt hatte. Einer der Männer in der Reiterstube erklärte, dass sie ihr eigenes Pferd hat, weil die Schulpferde so nicht seien. Die Privatpferde seien eben zufriedener und einfacher zu reiten.

Hieß das jetzt für mich, ich brauchte ein Privatpferd? Vielleicht. Der Weg dahin war ja von mir sowieso schon seit Jahren geplant.

Also es blieb dabei, ich musste reiten lernen und dann später irgendwann würde es das Privatpferd geben. Bis dahin üben und üben und den Mut nicht verlieren. Ich war wieder motiviert und buchte eine Gruppenstunde im selben Verein. Pünktlich zur Stunde erschien ich da und mein Pferd stand schon in der Bahn, weil es vorher bereits eine Stunde unter einem anderen Schüler gelaufen war. Ich saß auf und jetzt kam das Kommando des Reitlehrers, alle sollen sich mit ihren Pferden auf den Hufschlag begeben. Ich drückte mit meinen Schenkeln an den Bauch des Pferdes, damit es gehen soll, das tat es aber nicht. Ich drückte noch einmal und wieder und immer wieder. Nichts geschah. Alle gingen schon am Rand entlang um mich herum, ich stand immer noch peinlich in der Mitte und kam und kam nicht vom Fleck. Da wurde mir eine Gerte gereicht, mit der sollte ich jetzt draufschlagen. Ich tippte das Pferd mit der Gerte an, schlechten Gewissens, weil ich schon dachte, es versteht mich nicht. Das Pferd lief nicht. Der Reitlehrer rief ungeduldig, wie lange das noch dauert, ob ich dann endlich auch mal soweit sei. Nein war ich nicht, ich konnte das Pferd wirklich keinen Millimeter bewegen und es zeigte, dass es nicht gehen wollte. Inzwischen wurde ich komplett ignoriert und der Reitunterricht fand ohne mich statt, um mich herum. Das war so schrecklich und so peinlich, dass ich es kaum aushalten konnte. Ich versuchte es noch mal, aber sinnlos. Das Pferd hatte gemerkt, wie unentschlossen und unsicher ich inzwischen war, wir hatten so zusammen keine Chance mehr.

Normalerweise würde ein guter Reitlehrer dem Schüler helfen, auf den Hufschlag zu kommen, das Pferd einfach hinführen und das würde dann schon dem Herdentrieb folgend irgendwie mitlaufen. Diese Hilfestellung gewährte man mir aber nicht. Ich merkte, ich würde gleich weinen und bevor ich mich dieser Blamage aussetzte, stieg ich ab und brachte das Pferd in den Stall und beendete meine bereits bezahlte Reitstunde unverrichteter Dinge.

Ich sattelte das Pferd in seinem Ständer ab, band es an und wollte einfach gehen. Es stellte aber sein Hinterteil quer und ich kam nicht an ihm vorbei in die Stallgasse. Also tauchte ich unter seinem Kopf durch und wollte an der anderen Seite vorbeigehen und raus. Da drehte es sich und sperrte mich wieder ein. Das machte es unaufhörlich und fing an, nach mir zu schnappen. Jetzt bekam ich Angst und rief nach jemandem. Ein leicht behinderter Stalljunge kam mir zu Hilfe und meinte, ob ich ihm denn wohl keine Möhren gegeben habe. Hatte ich nicht. Er sagte, dass man das bei diesem Pferd aber muss, sonst macht es so, es lässt den Reiter erst gehen, wenn der seinen Tribut bezahlt hat.

Ok, das wusste ich jetzt auch, ein völlig misslungener Abend und ich ging mit Tränen in den Augen nach Hause.

Was war aus meinem Reiten geworden? Was war aus meinem Traum geworden? So hatte ich es mir nicht vorgestellt. Ich hatte jetzt ungefähr zwanzig Reitstunden genommen und konnte genau gar nichts. Nicht mal im Schritt alleine zum Hufschlag gehen. Welch ein Frust. Welch eine niederschmetternde Enttäuschung.

Erst mal reite ich nicht mehr, entschloss ich mich.

Kurz darauf erfuhr ich aus der Zeitung, dass dieser Reitverein bankrott sei.

Naja, dachte ich, *ich kann mir fast vorstellen warum.*

***

Wie das Leben manchmal so spielt, wechselte ich sowieso das Krankenhaus, um meine Ausbildung als Krankenschwester zu beenden. Ich zog nach Andernach am Rhein und dort lernte und arbeitete ich in der Landesnervenklinik. Es war oft ein harter, langer Arbeitstag, aber man bekam damals, obwohl man noch in der Ausbildung war, ein Gehalt. Das kam mir sehr entgegen, denn reiten wollte ich doch wieder und dazu brauchte ich Geld. Ich suchte dort den Reitverein auf, meldete mich an und startete neu.

Es war zwar ein neuer Stall, neue Leute, neue andere Pferde, aber kein neuer Lehrstil. Im Prinzip blieb die Art und Weise gleich und nach ca. zwanzig Stunden verließ ich voller Enttäuschung auch diesen Stall. Was nun?

Ich erinnerte mich an die Pferde von Boppard Kreuzberg, die von Frau Grapow. Ich wusste von meiner Mutter, es gibt sie noch und mutig rief ich dort einmal an und fragte, ob ich bei ihr Reitstunden bekommen könnte.

Sie kannte mich vom Sehen und ich erzählte ihr kurz von meinen Versuchen, reiten zu lernen, der Enttäuschung in den beiden Reitställen, und stellte es mir

Wir reiten aus:
Sigrid, meine Freundin, auf Madonna. Ich auf Liesel. Hedi, meine Schwester, auf Zigeuner.

Ausritt bei Grapows.

bei ihr familiärer und besser vor. Nachdem ich ihr mitteilte, bereits ca. vierzig Stunden genommen zu haben sagte sie: „Dann können Sie sicher genug, dass wir schon ins Gelände gehen können."

„Was, das wäre ja ganz verrückt. Das würde mich riesig freuen, meinen Sie das geht wirklich?"

„Ich schaue mir das bei Ihnen vorher an, aber ich glaube schon."

Wir verabredeten uns für den nächsten Sonntag und ich traf sie aufgeregt und froh bei den Pferden. Ich bekam die Liesel und sie ritt die Madonna, eine weiße Stute. Sie ließ mich vorreiten und einmal leichttraben und sagte: „Das schaffen Sie. Sie sitzen gar nicht schlecht."

Hervorragend, das ist ja was, dachte ich.

Sie kannte sich in den Wegen gut aus und wählte eine kleine Geländestrecke durch den Wald. Es war wunderbar. Das Pferd lief, sie ritt voran und ich konnte einfach und leicht hinterher. Ganz anders als in der Reithalle, wo ich mit Drücken und Verkrampfungen nicht von der Stelle kam und schweißgebadet und unfroh die Reitstunde beendete. Das war toll, durch den Wald bei frischer Luft angstfrei zu reiten und ich wurde gelobt. Endlich fühlte ich mich nicht mehr nur wie ein unbegabtes Mädchen, was dennoch reiten will, sondern bekam die berechtigte Zuversicht, doch reiten lernen zu können. Jetzt konnte ich wieder aufatmen. Ich war doch nicht nur eine Reitniete.

Der Ausritt war sehr, sehr schön, der Wald oberhalb des Rheintals ist ja legendär, große alte Buchen und Eichen wechseln sich mit Nadelbäumen ab und in kleinen Tälern plätschern Bäche. Wenn sich irgendwo Fuchs und Hase gute Nacht sagen,

Vor dem Ausritt mit Zigeuner wird die Trense von mir richtig verschnallt.

dann hier. Die Böden sind wie gepolstert, man kann beinahe lautlos reiten und alles fühlt sich so richtig an. Als gehören die Pferde mit uns Reitern dahin, alles fügt sich zu etwas Natürlichem zusammen, atmet gemeinsam die Ruhe ein und teilt die ungestörte Natur mit allen Geräuschen und Gerüchen wie ein großes Ganzes. Es passte einfach!

Nach dem Ritt sattelten wir die Pferde ab und ich bedankte mich frohen Herzens bei der Frau von Grapow. Sie erklärte mir noch liebevoll, ich solle den Mut nicht verlieren, Reiten sei nicht leicht und in der Natur möchten die Pferde auch selbst lieber laufen als in der Reithalle, wo es für so ein Fluchttier auch keinen logischen Sinn ergibt, immer in der Runde zu gehen. Ich soll Geduld haben mit mir und den Pferden und einfach weiter üben. Sie bot mir an, wann immer ich Zeit habe, anzurufen und wenn es ginge, eine Stunde zu vereinbaren. Das wollte ich machen und fuhr beschwingt nach Andernach zurück.

Dennoch hatte ich keine Lust mehr in dem Reitverein zu reiten und dachte, es gibt ja noch mehr, ich versuche es in Neuwied. Das war nur einmal über den Rhein zu fahren und da sollte ein großer Verein sein. Also gesagt, getan, Sigrid und ich buchten dort eine Reitstunde. Das war aber leider auch nicht die Lösung. Der Verein war groß und unterschied im Unterricht aber genau zwischen Privatpferden und Schulpferden. Die Schulpferde standen eng in Ständern und die Privatpferde hatten mehr Platz und Boxen. Die Betreuung war mittelmäßig und der Reitunterricht nicht gut. Teilweise waren wir mit mehreren Schülern in einem kleinen abgetrennten Teil der Reithalle eingeengt und wurden so in einer Enge unterrichtet, wo niemand sich richtig bewegen konnte, während die Privatleute den größeren Platz für wenige Pferde bekamen.

So konnte man auch nichts Wesentliches dazulernen und vor allem war es so, dass Sigrid und ich bei unserem schweren Job in der Nervenklinik durch das Reiten auch ein wenig Abstand zum Alltag und entspannen wollten. Das ging aber nicht, weil es stressig war und eng und irgendwie auch ungerecht. Man fühlte sich eher

Bachus und ich beim Springtraining.

Vor dem Reiten kontrolliere und reinige ich die Hufe von Bachus.

Bachus lauscht aufmerksam meinen Reithilfen.

als Störenfried denn als respektierter Reitkunde. Also blieben wir hier auch nur kurz. Nach wenigen Wochen hatten wir genug davon und dachten zusammen darüber nach, wie es weitergehen sollte. Drei Reitställe hatten wir getestet und alle konnten sich die Hand reichen, was den Lehrstil und die Qualität des Unterrichts betraf. Unterschiedliche Menschen und Tiere, ähnliche Prinzipien.

Für Sigrid war es im Grunde auch nicht so wichtig, reiten zu lernen, sie tat es eigentlich, weil ich es wollte und sie Lust hatte, mit mir zusammen ein Hobby zu teilen. So saßen wir eines Tages unzufrieden darüber umher und sprachen über einen gemeinsamen Urlaub. Da kam uns die Idee, einen Reiterurlaub buchen zu können. Wir marschierten in ein Reisebüro, Internet gab es ja noch lange nicht, besorgten uns Prospekte und entschieden uns für den Reiterhof Schlippe in Oberstaufen.

Familie Schlippe war sehr nett, sie betrieben einen Reiterhof und boten für ortsansässige Menschen einen Einstellplatz für deren Privatpferd an. Wir bekamen eine behagliche Unterkunft, ein Bauernzimmer mit Betten, sowie Tisch und Stuhl, gemütlich eingerichtet. Das Bad lag außerhalb, das machte uns nichts aus. Es war abenteuerlich, nachts durch eine Scheune zur Toilette zu gehen. Wir hatten Zimmer mit Frühstück gebucht und jeden Tag eine Reitstunde. Familie Schlippe bediente keinen laufenden Reitbetrieb und deswegen durften wir dort auf deren

Scheich, ein Araberwallach, und ich beim Reiten.

Nach getaner Arbeit tut eine kühle Abwaschung gut.

Privatpferden reiten. Diese Tiere waren nicht abgestumpft, wie wir es von den Schulpferden kannten, und wirkten zufriedener.

Es machte mir sehr große Freude, dort Privatunterricht zu bekommen und auf guten Pferden endlich reiten zu lernen.

Wir bekamen täglich eine Reitstunde, entweder von Franz, dem Hausherrn, oder von seiner Tochter Elisabeth, die freundlich Mausi genannt wurde. Nach einigen Tagen kannten wir uns schon ganz gut aus und wir durften uns die Pferde auch noch einmal am Nachmittag nehmen und alleine reiten, um zu üben, was wir morgens gezeigt bekommen hatten. Es machte mir riesigen Spaß, es war fast schon ein bisschen wie ein eigenes Pferd haben.

Mit dem munteren Trakenerwallach Juri verstand ich mich gut beim Reiten.

Außer zu reiten unternahmen wir fast nichts in dem Urlaub; die Nähe der Pferde zu genießen, tat einfach gut. Manchmal durften wir mitmisten oder die Pferde waschen, wenn es sehr heiß war.

Hin und wieder gingen wir baden am großen Alpsee. Der See liegt etwa 15 km von Oberstaufen entfernt bei Immenstadt. Ich konnte schwimmen oder auf der Luftmatratze vor mich hin schaukeln und träumen. Es war ein herrlicher Urlaub und wir nahmen uns fest vor, wiederzukommen.

Diesen Vorsatz haben wir gewissenhafter umgesetzt, als wir zu dem Zeitpunkt ahnten. Wir fuhren sehr oft nach Oberstaufen und es wurde so eine Art zweite Heimat fürs Reiten.

In der Nervenklinik hatten wir damals Dienstpläne, die uns ermöglichten, unsere Dienstzeiten und freie Tage so aneinander zu hängen, dass wir mehrmals im Jahr eine Woche freimachen konnten und die Zeit verbrachten wir nicht selten in Oberstaufen. Familie Schlippe und wir wurden sehr vertraut miteinander und beide Seiten freuten sich auf das Wiedersehen.

Der Schlippe Hof liegt sehr hoch an einem Berg und wir fragten uns, ob man dort auch ausreiten könne. Also stellten wir Franz die Frage, ob es wohl möglich sei, einmal einen kleinen Ausritt in die Almwiesen zu machen. Er sagte zu und wir vereinbarten einen kleinen Morgenritt mit Frühstückspicknick und zurück. Das fanden wir klasse und weil es Sommer war und heiß, meinte er, wir sollten uns um fünf Uhr treffen, einen kurzen Kaffee trinken und losreiten. Das fanden wir toll und waren dabei.

Etwas müde, aber hochmotiviert, saßen wir bald morgens beim Kaffee am Tisch und dann wurde gesattelt und wir starteten ins Abenteuer. Zu dem Zeitpunkt ahnten wir nicht mal im Ansatz, *welches* Abenteuer da vor uns lag. Unbedarft und zuversichtlich ritten wir los.

Franz ritt auf Scheich, einem Araberwallach, Sigrid auf Bachus, einem großen Warmblut, und ich hatte den schwarzen Juri, einen Trakehner.

Die morgendliche Sommerkühle war schön, der Ritt an sich ungewohnt. Es ging logischerweise steil bergauf über die Almwiesen. Manchmal musste man absteigen, ein Gatter öffnen, durchreiten, Gatter schließen und weiter ging's. Die Landschaft war herrlich, alles ruhig und grün, teilweise weideten Kühe um uns herum, die aber kein Problem mit den Pferden hatten. Franz hatte eine Karte dabei. Er meinte, er sei länger nicht hier gewesen und wir würden zu einer Käsealm reiten. Dort bekämen wir dann auch die Brotzeit mit frischem Almkäse und könnten einmal schauen, wie der Käse gemacht wird. Wir fanden das alles gut, wir waren offen für seine Organisation und ritten munter hinter ihm her, egal wohin.

Wir waren etwa um fünf in der Frühe losgeritten und es wurde sechs und sieben Uhr – keine Alm in Sicht. Sigrid und ich, wir folgten Franz, der uns den Weg vorgab, sahen uns teilweise schulterzuckend an und fragten uns, wann die Alm wohl auftauchen würde. Wir hatten inzwischen auch Appetit auf ein deftiges Frühstück und freuten uns auf die Mahlzeit. Nach den zwei Stunden reiten am Stück und bergauf hätten ein fester Boden unter den Füßen, ein paar Dehnübungen und Schritte nicht geschadet. Wir wollten aber nicht undankbar sein oder auffallen und deswegen sagten wir nichts und folgten unserem Reitscout. Der allerdings drehte sich nicht um, und ritt unbeirrt weiter bergauf. Und so schlängelten wir drei uns unaufhörlich durch die Almwiesen.

Ich überschlug im Kopf unsere voraussichtliche Reitzeit, denn wir waren immer noch nicht da und der Rückweg stand schließlich auch noch an. Für so einen Ausflug waren wir gar nicht ausgerüstet, hatten kein Geld, kein Taschentuch dabei und auch keine Jacken oder Getränke, eben nichts. Es gab kaum eine Gelegenheit für uns beiden Frauen, einmal heimlich miteinander zu reden, wir konnten nur Blicke austauschen, kannten uns aber so lange und so gut, dass wir auch so wussten, was wir meinen. Es ging weiter und weiter. Allmählich wurde es heiß, die Knochen taten weh und die Sitzflächen auch, so waren wir das nicht gewöhnt. Man sitzt auch anders, wenn man ständig schräg oder bergauf reitet, und diese teilweise ungewohnte Haltung fühlte sich inzwischen nicht mehr nur toll an. Es reduzierte sich langsam der Genuss an der Landschaft zugunsten des Körpergefühls, welches allmählich auch in Schmerz überging. Inzwischen war es acht Uhr. Drei Stunden pausenlos im Sattel und kein Ende in Sicht. Hin und wieder nahm ich mal die Füße aus den Steigbügeln, turnte mit den Fußgelenken, streckte die Beine aus, um sie dann wieder angewinkelt in die Bügel zu platzieren. Irgendwann meinte Franz, sich zu uns umdrehend:

„Na könnt ihr noch?"

„Na klar, kein Problem!"

Die leichte Provokation in seinem Tonfall war nicht zu überhören und wir waren uns einig, keine weibliche Schwäche zu zeigen. Franz war ein herzensguter Mann und mochte uns wirklich sehr, aber dennoch war er ein Mann, dem es auch Freude bereitete, uns an unsere Grenzen zu bringen und dabei zu zeigen, dass er es draufhatte. Wir verstanden uns als junge, dynamische und emanzipierte Frauen und ließen uns die Strapazen nicht anmerken. So ging der Ritt weiter, bis wir kurz nach neun Uhr in einer Senke ein Holzhaus sahen. Das erste Zeichen von Zivilisation seit Stunden – und wie wir richtig vermuteten, handelte es sich um die Almhütte, die Käserei.

Dem Himmel sei Dank, dachte ich. *Jetzt nur so absteigen, dass es nicht wie nach der ersten Reitstunde in Idar-Oberstein aussieht und ich in mich sacke.*

Ich wartete den Moment ab, wo Franz selbst abstieg, Sigrid auch und als die Situation passte, nahmen wir den rechten Fuß aus dem Bügel und hielten uns am Sattel fest, um langsam und sicher mit dem rechten Fuß auf dem Boden zu landen, und dann den linken Fuß auch aus dem Steigbügel auf die Erde zu stellen. Das sportliche Heruntergrätschen verkniffen wir uns an dieser Stelle.

Wir standen wieder auf festem Boden! Wie schön. Etwas turnen, sich bewegen – und dann gingen wir auf die freundliche Frau zu, die aus ihrem Haus kam, um uns zu begrüßen. Wir konnten schon wieder lächeln und taten es auch.

Von Mobilfunk ahnte man damals noch nicht mal was, also war sie völlig überrascht von unserem Besuch. Sie war nicht darauf eingestellt, wir waren nicht angemeldet, aber sie richtete auf die Bitte von Franz dennoch eine kleine Brotzeit für uns her. Sigrid und ich meinten, wir würden gerne auch im Stehen essen. In Wirklichkeit wollten wir unserer Hinterfront etwas Ruhe gönnen. Aber nachdem wir Franz ins Gesicht gesehen hatten, setzten wir uns doch und bekamen einen leckeren Almkäse und einen Brotkanten mit einem Glas frischer Milch. Es schmeckte uns gut, versöhnte uns mit der Strapaze bis hierhin und bewerteten unser Abenteuer nun etwas gnädiger. Wer erlebte so was schon?

Danach zeigte die freundliche Inhaberin uns noch die Käserei, wir durften ihre Toilette benutzen und dann war es Zeit, sich zu verabschieden. Die Pause hatte uns gut getan, die Bewegung und das Essen ebenso. Es ging auf zehn Uhr zu und wir waren uns bewusst, dass vier Stunden Hinweg auch vier Stunden Rückweg bedeuteten. Aber unsere Müdigkeit zeigten wir natürlich nicht, machten die Pferde wieder startklar, saßen auf und Franz ritt wieder voraus. Die ersten fünf Minuten schien alles okay, bis uns dämmerte, dass er immer noch bergauf ritt.

Jetzt war es doch an der Zeit zu fragen, wie das kommt, ob wir einen ganz anderen Heimweg nehmen als den Hinweg?

„Wir sind ganz nah an dem Naturfreundehaus, da wollte ich immer schon mal hin und ich zeige euch eine wunderbare Aussicht, da werdet ihr euch freuen!"

An dieser Stelle hätten wir sicherlich intervenieren können, taten es aber nicht, und gestärkt durch die Pause, hatten wir dann keine Einwände ihm zu folgen. Wenn wir den weiteren Verlauf des Tages hätten erahnen können, hätte das anders ausgesehen, aber so …

Es ging also weiter bergauf und bergab auf schmalen Trampelpfaden der Almwiesen. Manchmal lag dort grobes Gestein oder Geröll, da musste man schauen, wohin das Pferd trat. Also ritten wir langsam mit Bedacht auf den Boden achtend. Es wurde wärmer und es zog sich der Weg unendlich hin, bis wir gegen Mittag auf einem Gipfel das Naturfreundehaus sehen konnten. Es war Sonntag, und als wir dort ankamen, wimmelte es von Touristen, die irgendwie mit Lift oder einfacher hierhin gekommen waren. Es gab Toiletten, die allerdings nur mit Münzeinwurf funktionierten, und wir hatten ja wie gesagt gar nichts dabei, nicht mal 50 Pfennige für ein Klo. Eben GAR nichts. Das hieß auch, es gab nichts zu trinken. Für uns nicht und auch für die Pferde nichts.

Wir spitzten Franz an, der ja eher einen Draht zu den Einheimischen dort hatte, für die Pferde einen Eimer Wasser zu organisieren. Wenigstens klappte das, aber wir Menschen gingen leer aus. Ich beneidete Juri ein wenig, wie er das kalte Nass genüssliche in sich einschlürfte, aber gönnte es ihm auch. Dann gingen wir zum Aussichtspunkt, den Franz uns angekündigt hatte. Dort standen wir, die Pferde zu Fuß an der Hand führend, und schauten ins Tal. Der Blick war wirklich grandios – aber auch erschreckend. Jetzt erkannten wir, wo wir uns befanden. Es war das Naturfreundehaus hoch oben über dem großen Alpsee bei Immenstadt. Den kannten wir ja gut von unseren Schwimmnachmittagen und der lag 15 km weit weg von Oberstaufen. Alleine diese Stecke zu bewältigen war in unserem Zustand eine schreckliche Vorstellung, aber wir waren ja noch bei weitem nicht an dem See, sondern in unsäglicher Höhe weit über ihm. Ein scheinbar ewiger Abstieg lag zwischen uns und dem Ufer des Sees. Wir bewunderten den Ausblick ordnungsgemäß und dann legten wir uns auf den Rücken ins Gras, hielten die Zügel unserer Pferde in der Hand und schauten in den wolkenlosen Himmel, der schön war, aber auch die Sonne auf uns brennen ließ. Wir hatten Durst und wussten nicht, ob das jetzt nur noch zum Lachen war oder zum Weinen.

Es war so eine Situation im Leben, die du nur meisterst, weil du einfach keine Wahl hast. Ich habe früher oft zu meiner Mutter gesagt: „Ich hätte das im Krieg so nicht geschafft wie du, mit Kindern unter dem Arm unter Sirenenalarm in Bunker rennen, nichts essen und trinken, und ohne den Ausgang zu kennen weiter machen."

Daraufhin sagte sie: „Doch das hättest du, alle schafften das, wir konnten nicht wählen, es war entschieden, was zu tun war. Das Leben hatte es entschieden."

Ich will die Situationen natürlich nicht miteinander vergleichen aber dennoch erinnerte es mich daran, als ich im Gras lag und dachte: „Das Leben hat es entschieden, aber ich auch. Wir oder ich haben nichts gesagt, wir haben uns hierhin manövrieren lassen und irgendwie wollten wir es scheinbar auch. Jetzt ist es entschieden, wir müssen von diesem Berg runter und dann von Immenstadt nach Oberstaufen, mehr ist es nicht. Wir sind gesund, haben Hunger und sind müde, aber auch nur das. Was soll's, wir machen das jetzt."

Zuversichtlich und ohne Groll, eher mit einem Lächeln über das Leben und seine kleinen Unbilden, führten wir behutsam die Pferde bergab. Das war bei dem steilen Abgang sicherer und wir wollten sie auch nicht so sehr belasten, sie waren genau wie auch wir solche Strapazen nicht gewöhnt. Normalerweise wurden sie nur oder vorwiegend in der Reithalle geritten, solche Ritte kamen in ihrem Alltag eigentlich nicht vor. Deswegen schien es uns allen tierfreundlicher zu sein, sie nicht zu reiten sondern vorsichtig diesen steilen Berg hinunterzuführen.

Ich weiß nicht, wie viele Kilometer das waren oder sind, aber es dauerte bis fast achtzehn Uhr, bis wir die Straße erreichten. Auf diesem langen Weg hatte ich viel Zeit nachzudenken. Ich dachte an meinen Wunsch zu reiten, das Gefühl, wie wenn Holz auf Wasser schwimmt, zu erleben und bestätigen zu wollen. Jetzt als wir so nebeneinander hergingen, erlebte ich etwas ganz anderes. Juri und ich gingen zusammen und er merkte sehr genau, dass wir beide *miteinander* gehen mussten. Teilweise waren die Wege sehr schmal, man konnte nicht nebeneinander bleiben. Dann ging ich vor und er gab sich alle Mühe, nicht in mich hineinzurutschen oder mir in die Hacken zu treten. Jeder von uns beiden gab auf den anderen Acht und nahm Rücksicht. Wir meisterten zusammen ein Projekt, diesen Abstieg. Wir taten etwas Gemeinsames. War das nicht genauso, wie wenn Holz auf Wasser schwimmt? Da faszinierte ja auch die gemeinsame Aktion, dieses sich gegenseitig anvertrauen, sich miteinander durch das Leben bewegen. Das hier war doch sehr ähnlich. Ich musste nicht auf dem Pferd sitzen, um sich ihm nah zu fühlen. Ich hatte viel Freude daran, wie es jetzt war. Ich genoss plötzlich den Abstieg, der objektiv beschwerlich war unter den genannten Umständen. Er ließ mich eine Erfahrung machen, die ich anders nicht gemacht hätte.

Franz hatte inzwischen zugegeben, sich verlaufen zu haben, den Weg nicht zu kennen. Das machte nichts. Es war so, wie es war, und so war es gut.

Dieses Erlebnis, diese Erkenntnis war mir sehr viel wert. Die Verständigung mit dem Pferd durch andere Kanäle, ohne Reithilfen, einfach so durch die Gedanken; und diese Nähe zu erleben, war keinesfalls weniger faszinierend. Ich war dem Schicksal oder auch Franz oder dem Pferd dankbar für dieses neue Wissen, für das Erlebnis der Verständigung durch Gedanken und der Ebene der Gefühle und Intuition. Ich war in meiner Begegnung mit Pferden einen großen Schritt weitergekommen und glücklich und zufrieden.

Als wir dann auf der Straße angekommen waren, müde und hungrig, meinte Franz, dass er die Leute aus einem Lokal in der Nähe gut kenne und wir dort auch kurz die Pferde „parken" könnten. Der Himmel hatte sich zugezogen und es fing an zu gewittern. Da soll man ja sowieso nicht auf dem Pferd sitzen und so zelebrierten wir eine wohlverdiente Rast. Von der Gaststube aus rief er auch zu Hause an, um seine Frau zu beruhigen, die sich bereits Sorgen gemacht hatte. Niemand hatte damit gerechnet, dass wir nach kurzem Morgenritt nicht wieder nach Hause zurückkehren würden. Heutzutage mit Handy wäre das anders gewesen, aber damals war man auf das Festnetz in Haushalten angewiesen oder auf Münzfernsprecher, wofür man, wie das Wort schon sagt, auch Münzen gebraucht hätte, die wir ja auch nicht bei uns trugen. Franz kannte die Wirtin und konnte mit ihr verhandeln, dass alles, was wir jetzt verspeisten, am nächsten Tag von ihm bezahlt würde. So konnten wir ein leckeres Abendessen bestellen und vor allem: trinken! Wie gut das tat!

Wir redeten wenig beim Essen, jeder stillte Hunger und Durst und das Gewitter beruhigte sich auch bald. Gestärkt und motiviert machten wir uns auf zum Endspurt, etwa 15 km Landstraße. Wir hatten Stunden nicht auf den Pferden gesessen und trabten deswegen große Strecken des Weges auf glattem, ebenen Boden. So kamen wir irgendwann in Oberstaufen an und die allerletzte Etappe hoch auf den Stießberg führten wir die Pferde wieder. Das ist der letzte sehr steile Anstieg vor dem Schlippe Hof. Es war gegen 23.00 Uhr, als wir dort eintrafen. Die Ehefrau von Franz war nicht ganz glücklich mit uns dreien, aber beruhigt, uns alle wieder heile zu Hause zu haben. Wir halfen die Pferde zu versorgen und verabschiedeten uns dann in unser Zimmer. Beim Nachtgruß meinte Franz:

„Na, wollt ihr morgen reiten?"

„Klar, wie immer", sagten wir und alle schmunzelten.

Jedenfalls hatten wir auch in den Augen von Franz die Feuertaufe bestanden. Die Mädchen vom Rhein waren keine Frischlinge mehr, wir ernteten schon gewissen Respekt vor dieser Leistung. Auch wir waren mit Recht stolz und wussten um die Einmaligkeit dieses Erlebnisses. Das konnte man nicht wiederholen oder toppen, so wie es eingefädelt und entstanden war, präsentierte es sich als ein Teil des Lebens, ungeplant und spontan, und deswegen auch so verrückt und einzigartig. Es wurde an Schlippes Stammtisch hin und wieder zum Besten gegeben und wir waren stolz auf unser „Heldentum", was uns den ehrlichen Respekt der Oberstaufener Reiterwelt eingebracht hatte.

Anschließend waren wir noch öfter in unseren Urlauben bei Schlippes, ohne aber solch ein Event zu wiederholen. Dennoch lachten wir immer wieder zusammen darüber, wie wir das gemeistert hatten.

Parallel dazu hatten wir zu Hause jetzt das Problem, einen Reitstall zu finden, in dem wir unser Gelerntes umsetzen konnten. Wir probierten einen neuen Stall aus in Waldesch hinter Koblenz. Das waren zwar ca. 30 km zu fahren, aber wenn man dort gut reiten könnte, würde es sich lohnen. Es gab eine sehr große Halle, sie war sechzig Meter lang und auch einen Außenplatz.

Inzwischen hatten wir ja schon Übung darin, Reitställe zu wechseln. Es ist immer ein wenig befremdlich, in einen neuen Stall zu kommen, wo man weder die Pferde noch die Menschen oder die Gepflogenheiten kennt. Wir waren offen für das Neue und voller Hoffnung, dass alles sich zum Guten wenden würde, weil wir ja inzwischen darauf vertrauen konnten, genug reiten zu können, um uns dort nicht zu blamieren.

Man musste sich hier mit allen Teilnehmern einer Reitstunde aufstellen und der Reitlehrer teilte einem dann das Pferd zu, das man reiten durfte oder sollte. So bekamen wir dann den Namen eines Pferdes gesagt und jetzt mussten wir uns auf die Suche machen, dieses Tier zu finden. Der Stall hatte mehre Pferdegruppen in unterschiedlichen Ställen. Wir fragten also jemanden, der sich allerdings auch nicht auskannte. Aber dann fanden wir einen Stallknecht, der uns zu unseren Pferden führte. Da standen sie, alles große Warmblüter, an einer Stange angebunden und zwischen ihnen hing an einer Kette ein Baumstamm, der jeweils ein Pferd vom anderen Pferde trennte. Der baumelte hin und her und es war eng.

Mir war es ein wenig unheimlich, in diese Enge hineinzugehen und das Pferd zu bürsten, man konnte sich kaum drehen. Aber ich zog es durch, ließ mir den Sattel zeigen und irgendwann ging ich mit meinem gesattelten Pferd in die Reithalle.

Weil diese groß war, schien es nicht schlimm zu sein, dass sich zwölf Schulpferde dort bewegen sollten. Jeder saß auf und der Reitlehrer gab das Kommando, dass jetzt alle linke Hand im Schritt losgehen sollten. Ich dachte noch mal an meine Reitstunde in Idar-Oberstein zurück, wo ich in der Situation so hilflos in der Mitte gestanden hatte und nichts ging. Diese Zeiten waren überstanden, zum Glück. Ich hatte innerlich inzwischen fest die Strategie:

Ich halte durch, lerne, so viel es geht und irgendwann kommt mir das dann bei meinem Pferd zugute, *wann auch immer*.

Mein Anspruch an das Gefühl, zu reiten, war realistisch angepasst an das, was einem in Reitställen geboten wurde. Pferdegeruch, Pferdekörper, getragen werden und aber im Gegenzug auch Anstrengung und Kondition, sich durchsetzen, angeschrien werden. Gefühle hatten hier wenig Raum. Es war ein Sport, eine Ertüchtigung und Disziplin. Die Haltung auf dem Pferd bewahren, gerade sitzen, die Hacken tief, die Waden fest, den Kopf gerade halten, die Hände ruhig und dabei die Reithilfen korrekt geben, das unterschied sich schon deutlich von meinen Vorstellungen. Dennoch machte es zeitweise auch Freude, ich hatte längst nicht mehr den Anspruch, es müsse so sein, wie wenn Holz auf Wasser schwimmt. Das hatte man mir abgewöhnt.

Es vergingen viele Wochen und wir ritten mehr oder weniger regelmäßig in diesem Reitstall. Die Pferde wechselten und es war nicht unstressig, dort zu reiten. Jede Stunde fiel mindestens einer runter, manchmal auch mehre Schüler, wenn es unter den Pferden zu Turbulenzen kam. Zu dem Reiterlebnis gesellte sich auch immer mehr die Furcht, selbst schwerer zu stürzen, was sich dann in der Erleichterung ausdrückte, falls man nach der Stunde sagen konnte: Alles gut gegangen, – oben geblieben, keiner ist gestürzt.

Diese Pferde zu reiten war wirklich anstrengend. Man merkte ihnen an, dass sie keine Lust hatten geritten zu werden. Manchmal husteten sie auch oder liefen nicht klar. Wir erfuhren, das sind Pferde, die dort von einem Pferdehändler untergestellt wurden, und bis zu ihrem Verkauf verdienten sie ihr täglich Brot durch ihre Arbeit und wurden durch die Reitschüler bewegt. Das war ein praktischer Deal für den Händler und den Reitstallbetreiber. Der musste sich keine teuren eigenen Pferde anschaffen und der Händler musste seine nicht füttern und betreuen. Für die Pferde war es nicht das Beste und für uns Schüler auch nicht. Man lernte die Pferde kaum kennen, dann wechselten sie wieder.

Eines Tages wurden die Pferde wieder vor der Stunde verteilt und da sagte der Reitlehrer zu mir: „Du bekommst heute den Max". Den kannte ich nicht, es war ein großer brauner Wallach. Ich fragte andere Mitreiter: „Wie ist der denn so? Kennt den jemand?"

„Den bekommt nicht jeder", hieß es da. Was das heißen sollte, wusste ich nicht, aber ich ging zuversichtlich mit dem Großen in die Halle. Ich saß auf und tippte ihn ganz leicht mit dem Schenkel an und er schritt sofort los. Ganz einfach war das. Ich staunte und versuchte das Gleiche noch mal. Ich nahm vorsichtig die Zügel an, hielt ihn an und ging wieder los, alles mit leisesten Hilfen.

Jetzt erschall die Stimme des Reitlehrers, jeder auf seinen Platz und die Stunde begann. Es war völlig klar, Max kannte alles und er machte sofort alles, was ich wollte und zum ersten Mal seit vielen Jahren spürte ich noch einmal annähernd das Gefühl von reiten, wie ich es früher erträumt hatte. Einfach, geschmeidig, kraftvoll und leicht, alles in einem. Er lief, er trug mich sanft widerstandslos, wir verstanden uns auf Anhieb. Es war die beste Reitstunde meines Lebens. Ich vergaß alles, was um mich herum war. Ich war irgendwie angekommen in der Reiterwelt, dachte ich. Ich verglich das mit einem Dialog unter Menschen. Wenn man mit einem anderen reden will und der aber nur einsilbig oder gar nicht antwortet, dann kommt eben kein flüssiges Gespräch zustande, egal wie man sich bemüht und auch egal wie interessant die eigenen Ideen vorgebracht werden, es entwickelt sich nur dann eine Gemeinsamkeit, wenn BEIDE mitmachen. Hier war es so. Max machte mit, er antwortete auf meine Reiterhilfen willig und spontan. Es bedurfte keinem Druck, keinem Nachdruck mit Gerte oder Sporen. Er wollte und ich auch. Wie sich das anfühlte, hatte ich nicht mal in dieser beinahe perfekten Art in Oberstaufen erlebt. Es war bis zu dem Tag einmalig. Es war wunderbar und kam mir auch wie ein Wunder vor. In der Reitstunde wurden viele Anforderungen gestellt, es war eine sogenannte Fortgeschrittenen-Stunde und wir, also Max und ich, konnten einfach alles so machen, wie es gefordert wurde. Es machte mir einen großen Spaß. Viel zu schnell ging die Zeit herum, die Stunde war zu Ende und alle brachten ihr Pferd in den Stall zurück. Ich schwebte! Es hatte mich ein Glücksgefühl ergriffen, weil alles so schön war und auch, weil ich jetzt wusste, es geht doch! Es gibt dieses Reiten, dieses Gefühl der Verbindung zwischen zwei Lebewesen. Es gibt – *wie wenn Holz auf Wasser schwimmt.*

Ich konnte mich nur schwer von Max verabschieden und mein Eindruck war, ich war viel begeisterter von ihm als er von mir. Er war freundlich zu mir, aber er wusste wahrscheinlich nicht, zu welchem Glücksmoment er mir verholfen hatte und was es für mich bedeutete, diese Erfahrung mit ihm gemacht zu haben.

Nach der Reitstunde machten wir einen nächsten Termin aus und mussten in die Reiterstube. Da wurde ich angesprochen, ich hätte ja den Max so gut geritten. Ich sagte: „Das ist ja auch keine Kunst, er läuft ja einfach." Der Mann meinte daraufhin: „Nee, eben nicht."

Das verstehe, wer will, dachte ich. Ich wusste ja, wie einfach es gewesen war. Eine Woche später war die nächste Reitstunde, auf die ich mich erstmals wieder richtig gefreut hatte. Ich wollte das natürlich gerne wiederholen.

Wenn die Pferde vor der Stunde zugeteilt wurden, fragte der Reitlehrer manchmal: „Wen hattest du letztes Mal?", um einem dann ein anderes Pferd zu geben. Er versuchte zu vermeiden, einen Schüler zweimal auf das gleiche Pferd zu setzen, warum auch immer. Als ich gefragt wurde und „Max" sagte, meinte er: „Gut dann nimmst du den noch mal!" Juchuhh, das hatte ich mir gewünscht, ich durfte noch mal Max reiten, ein guter Abend.

Und so war es auch. Es wiederholte sich alles, die Sanftheit, die Kraft, die Geschmeidigkeit. Das Gefühl in der letzten Reitstunde war kein Zufall gewesen. Es blieb dabei, Reiten konnte wirklich das sein, was ich mir ersehnt hatte. Ich hatte es ja schon fast als Utopie abgeschrieben, hatte diese Erinnerung als unlösbar eingestuft und irgendwie ernüchtert mit dem vorliebgenommen, was ich in den Reitställen erfahren musste. Jetzt wusste ich, man muss sich nicht damit zufrieden geben, es geht auch anders. Meine Suche nach der Richtigkeit ist berechtigt. Diese Erkenntnis war wesentlich für die nächsten Zeiten.

***

Die darauf folgende Stunde in diesem Reitstall war dann wieder ernüchternd. Auf die Frage: „Welches Pferd hattest du letztes Mal", antwortete ich mit „Max" und dann sagte er: „Dann nimmst du heute Loretto".

Ich wusste, welches Pferd das war, ich hatte ihn unter einem anderen Reiter gesehen und wusste, das lief nicht gut. Ich sattelte ihn und saß auf und gab die Anreithilfe und Loretto lief, aber zäh. Ich gab mir alle Mühe und hatte sogar in der Reitstunde den Eindruck, die Erfahrung mit Max, die Zuversicht das Richtige entdeckt zu haben, nutze mir. Ich war sicherer und entspannter, dennoch war es kein Vergleich. Loretto lief irgendwie sein Programm ab, er gab sich Mühe, hatte aber ein anderes Gangwerk, er lief schwerfälliger und zäh. Ich hatte Mühe zu treiben und innerlich eigentlich keine Lust dazu.

Wenn sich die Gelegenheit bot, schaute ich Max zu, auf dem eine andere Frau saß. Aus meiner Perspektive sah es nicht besonders gelungen aus und ich musste mir eingestehen, dass ich eifersüchtig war und auch ein wenig froh, dass es bei mir besser gelaufen war mit Max. Das machte mir die Hoffnung, der Reitlehrer würde vielleicht ein Einsehen haben und mich wieder Max reiten lassen. Ich wusste, ihn zu fragen gibt keinen Sinn, dann hatte man verwirkt, dann bekam man sicherlich ein ganz anderes Pferd. Er mochte gar nicht, wenn die Schüler mit vermeintlichen Ansprüchen auftauchten und ein bestimmtes Pferd bestellten.

Nach der Stunde ging ich neben der Frau mit Max her und fragte, wie sie ihn fand. Sie antwortete: „Geht so, ich habe schon bessere Stunden gehabt, der ist schwer zu reiten." Das erinnerte mich an den Mann in der Reiterstube, der auch meinte, einfach sei der Max nicht. Ich fand es komisch, aber auch ganz gut, und hatte nur die Hoffnung auf die nächste Stunde.

Die allerdings kam erst nach ein paar Wochen, weil wir wegen unserer Dienstpläne und Nachtwachen abends nicht reiten gehen konnten. Als wir dann wieder die nächste Reitstunde hatten und die Pferde verteilt wurden, war Max nicht dabei. Er war nicht mehr da, anscheinend hatte ihn jemand gekauft. Ich wusste ja, dass diese Pferde hier nur übergangsweise standen, hatte aber nicht damit gerechnet, dass es so schnell gehen konnte. Ich bekam wieder Loretto oder den Herkules, aber Max war eben weg.

Nach der Erfahrung mit ihm und dem Bewusstsein, wie reiten sich anfühlen kann und wie es auf den anderen Schulpferden war, hatte ich weniger Motivation, reiten zu gehen. Irgendwie war mir der Spaß vergangen. Ich wollte nicht mit den Pferden kämpfen und sie gegen ihren Willen zwingen, mich zu tragen, mit mir zu galoppieren oder das einzulösen, was in der Stunde gefordert wurde. Es fühlte sich falsch an und Sigrid und ich hatten immer öfter Abende, an denen wir keine Lust hatten, zum Reitstall zu fahren und irgendwann ließen wir es sein.

Manchmal riefen wir bei Frau von Grapow an und fragten, ob wir die Pferde für einen Ausritt leihen konnten. Sie hatte inzwischen mehr von unseren Reitkünsten

Kurze Rast nach dem Ritt im Hunsrück, bevor der Heimweg angetreten wird.

Sonntagsausflug von Hedi und mir zu dem Jagdhaus unserer Eltern. Hedi auf Muchacho und ich auf Goldjunge.

Zum ersten Mal in ihrem Leben saß meine Mutter auf einem Pferd. Sie wollte auch einmal wissen, wie sich das anfühlte. Sie hatte große Freude daran.

gesehen und vertraute uns ihre Pferde an, auch ohne uns persönlich zu begleiten. Das war immer recht schön. Wir konnten dann nach Boppard fahren, meine Eltern besuchen und einen schönen Ausritt unternehmen.

Inzwischen hatte auch meine Schwester Hedi reiten gelernt und wenn es einzurichten war, ritten wir auch gerne zu dritt.

Meine Eltern hatten sich inzwischen im Hunsrück ein kleines ehemaliges Jagdhaus gekauft. Da lag malerisch mitten in Feldern und Wäldern und bot sich als Ausflugsziel zu Pferd förmlich an. An einem Sonntag waren meine Eltern mit der jüngeren Schwester Beate schon mit dem Auto vorgefahren, während Hedi und ich uns den Weg durch die Wälder suchten, von Boppard in den Hunsrück und bis zu dem Haus.

Wir ritten durch die Ehrbachklamm, ein wunderschönes Tal, und erlebten einen herrlichen Tag zu Pferde. Ein bisschen erinnerte es an den magischen Ausritt mit Franz, der mir immer wieder ein Lächeln aufs Gesicht zauberte. Nur dieses Mal hatte ich selbst die Fäden in der Hand, kannte Zeit und Ziel und es gab keine schwierigen Überraschungen. Angekommen an dem Haus machten wir eine Pause, sattelten die Pferde ab und genossen den schönen Tag. Selbst meine Mutter traute sich einmal aufs Pferd.

Obwohl sie ja gewissermaßen Angst oder Bedenken gehabt hatte, wollte sie es einmal ausprobieren. Es gefiel ihr gut, wenngleich sie auch meinte, auf ihre alten Tage nicht mehr zur Reiterin zu werden.

Am späten Nachmittag sattelten wir Muchacho und Goldjunge wieder, so hießen die beiden und suchten erfolgreich unseren Heimweg mit Wanderkarte und Gefühl. Es war ein schöner und erlebnisreicher Tag gewesen, als wir dankbar die Pferde wohlbehalten wieder in Boppard abgaben.

Nachdem die Reitställe uns gar nicht mehr befriedigten, wir aber dennoch Freude am Reiten hatten, suchten wir nach einer Alternative, um unser Hobby zu leben. In unseren Jahresurlauben hatten wir, Sigrid, Hedi und ich, teilweise zusammen mit Beate, schon einiges von der Welt angesehen und planten jetzt einen Reiterurlaub in Irland. Man konnte dort Pferde an einer Ausgangsstation leihen und mit ihnen eine Rundreise machen. Das hatten wir vor.

Wir buchten also für uns vier Frauen eine Komplettreise mit Flug und Transfer zu dem Pferdeverleih. Das klappte gut und am ersten Tag bekamen wir von den Besitzern jede ein Pferd zugeteilt, nachdem sie sich über unsere Reiterfahrungen erkundigt hatten. Das ging sehr leger zu und wir kannten eh keines der Tiere, also war es uns im Grunde egal, wen wir bekamen. Ich sollte einen irischen Hunter reiten, ein Stute, fünfjährig, mit Namen Jessica. Sie gefiel mir gut, ein mittelgroßer Schimmel und ich dachte, wir könnten Freunde werden. Der Mann ritt mit uns eine kleine Runde aus und dann meinte er, am nächsten Tag dürften wir einen Tagesritt in der Gegend machen und am übernächsten Tag dann zu unserem Rundritt aufbrechen. Das war uns recht. Nach dem Frühstück am nächsten Tag fragten wir, wo denn der Strand sei. Wir hatten uns in den Kopf gesetzt, einmal wie in der Werbung mit unseren Pferden durch das Wasser reiten; am Strand galoppieren, dass das Wasser spritzt. Er erklärte uns den Weg zum Strand, es waren nur wenige Kilometer. Wir machten uns auf und fanden auch den Weg dorthin.

Bald standen wir oben auf einer Art Düne und sahen unter uns das Meer liegen, blau und schön. Das war's, das sollte es sein. Jetzt setzen wir den Plan in die Tat um und dem Galopp durch das Wasser stand nichts mehr im Weg. Ich ritt vorne als erstes Pferd und wollte einfach jetzt die kleine Düne herunterreiten und zum Ufer hin. Meine Jessica aber ging nicht. Ich wusste ja, ich kann reiten, also gab ich die Hilfe noch einmal energischer, aber nichts. Keinen Meter ging sie und ich spürte, wie sie unter dem Sattel strammer wurde.

„Ich kriege sie nicht vorwärts", sagte ich zur Gruppe.

„Lass mich mal", meinte Sigrid.

Ihr Pferd, ein dunkelbraunes Warmblut, Blossom, war bisher gehorsam gelaufen, aber sie bekam es auch keinen Meter vorwärts. Meine beiden Schwestern, die weniger Reiterfahrung hatten als wir beide, versuchten es auch – umsonst. Keines der Pferde bewegte sich. Komisch. Es war unverständlich und ein wenig ärgerlich.

Ich stieg ab und sagte: „Ich führe sie ans Ufer, dann kann man wieder aufsitzen und reiten." Das aber war auch ein nicht umsetzbarer Plan. Ich saß ab, konnte Jessica auch wenige Meter den Hügel herunterführen und als ich wieder aufsaß, um ans Ufer zu reiten, machte sie auf dem Absatz kehrt und rannte den Berg wieder hoch. Also ein Schlag ins Wasser. Frustriert verzichteten wir notgedrungen auf den Event und machten uns auf den Heimweg. Dort fragte uns der Pferdeverleiher, ob es schön gewesen war, ob wir zurechtkamen und wie wir das Meer gefunden hätten. Wir erzählten, wie es uns ergangen war, und auch über die Enttäuschung, nicht durch das Wasser galoppieren zu können. Er meinte:

„Schlaue Pferde, da ist überall Treibsand. Das ist sehr gefährlich. Ich dachte, ihr wollt das Meer nur anschauen, sonst hätte ich euch gewarnt."

War ja noch mal gut gegangen. Etwas leichtfertig fanden wir den Pferdebesitzer dennoch. Aber den Pferden waren wir dankbar, sie hatten uns vor irgendetwas bewahrt, was wir nicht hatten ahnen können. Und wie es ist, im Treibsand festzustecken, wollten wir auch nicht ausprobieren. Am nächsten Morgen bekamen wir Satteltaschen von den Leuten und eine Reitkarte und eine Adressenliste von Übernachtungsstellen. Es war ein Rundritt vorgesehen, der Tagesabschnitte zwischen 20 km und 60 km vorsah. Am Abend sollten wir immer ein bestimmtes Domizil aufsuchen. Dort wurden wir erwartet, es gab Hafer und Unterkunft für die Pferde und für uns Essen und Zimmer. Es klappte gut, nur die Reitwege entpuppten sich als Enttäuschung. Viele waren asphaltiert, es gab wenige Naturwege, die musste man mühsam suchen. Auf schmalen Randstreifen konnte man auch mal gut traben oder galoppieren, aber den größten Teil der Wege gingen wir im Schritttempo. Unsere Koffer aus Deutschland hatten wir in der Reiterpension gelassen und nur das Nötigste in den Satteltaschen verstaut. Das war schon abenteuerlich und spannend zu sehen, wo man jeden Abend landete, neue Menschen kennenzulernen und in deren Häusern zusammen mit ihnen zu wohnen. Wir erlebten ärmliche Unterkünfte, wo die ganze Familie in einem Zimmer hauste, und ebenso auch herrschaftliche Häuser mit anspruchsvollen Bädern und Grünanlagen. Wir passierten meistens kleinere Orte, waren einmal auch kurz in Dublin und unsere braven Pferde machten alles artig mit. Ich gewann Jessica sehr lieb, sie wuchs mir ans Herz, und sie war sehr weich und schön zu reiten. Ich genoss den bequemen Gang von ihr und fühlte mich auf ihrem Rücken sehr wohl. Wir beide waren uns einig, das Gefühl, wie wenn Holz auf Wasser schwimmt, konnte ich weite Strecken genießen. Inzwischen wusste ich ja, dass es das gibt, ich suchte es nicht mehr, hatte es gefunden und mit diesem Pferd auch wieder erleben können. Nur in Reitstunden von Reitschulen war es so gut wie unmöglich in diesen Zustand zu kommen mit einem Pferd.

Als die zwei Wochen Rundritt zu Ende und wir wieder am Ausgangspunkt wohlbehalten angekommen waren, sagte ich dem Stallbetreiber, wie toll ich Jessica fand und dass es mir schwerfalle, mich zu verabschieden. Er meinte, ich könne sie kaufen. 5000 DM plus Überfahrt und Zoll und sowas. Ich hätte mir das finanziell leisten können und überlegte wirklich, ob ich das tun sollte. Ich stellte mir vor, wie sie hier auf der grünen Insel ihr Gras weidete, und Luft und Licht satt hatte, während sie in Deutschland in einem Stall im Ständer warten musste, bis ich abends Zeit hatte und zu ihr kam, um dann in einer Halle zu reiten. Die wenigste

Zeit in ihrem zukünftigen Leben würde sie mit mir draußen sein können und im Wald und Feld reiten, und eine Wiese hatte ich auch nicht.

Für sie und aus Liebe zu ihr ließ ich sie schweren Herzens da und verabschiedete mich herzlich von ihr. Sie hatte solch ein Leben in einem deutschen Reitstall nicht verdient, ich wollte sie auf der Wiese wissen und war ihr zutiefst dankbar, mir so eine schöne Zeit gegönnt zu haben, mich so freundlich durch die Welt zu tragen. Einmal mehr zu fühlen, wie die tiefe Verbindung zwischen Mensch und Pferd wirklich sein kann, eine warme Nähe ohne Druck ohne Ungerechtigkeit und voller Vertrauen und Freundschaft. Das war 1975 im Sommer. Wir reisten wieder ab, nach Hause, und ließen das Reiten in Reitschulen sein.

***

Die Zeiten änderten sich. Ich hatte in der Zwischenzeit in der Klinik mein Staatsexamen gemacht und arbeitete in der Akutpsychiatrie. Unabhängig vom Reiten bestimmten diese Erfahrungen einen großen Teil meiner Lebenseinstellung.

Mir begegneten sehr kranke Menschen, die verzweifelt waren, nicht mehr leben wollten oder die sich auf ihre Weise von der Realität dieses Lebens verabschiedet hatten. Sie lebten in ihren schizophrenen Welten und mussten irgendwie mit ihrem Dasein auf einer geschlossenen psychiatrischen Station klarkommen. Es gab dramatische Schicksale.

Mein Eindruck war, neben der Routinearbeit, die alltäglich verrichtet werden musste, dass man diesen Menschen nicht wirklich helfen konnte. Viele blieben eine Weile, gingen nach Hause und kamen nach einigen Wochen oder Monaten wieder mit der gleichen Symptomatik. Es waren ewige Kreisläufe, die ich als sehr frustrierend empfand. Meine Idee von einer anderen Umgangsweise nahm immer mehr Raum ein. Ich wollte verstehen, was da in den Menschen vor sich ging, was wirklich Schizophrenie, Depression, Autismus für den Betroffenen bedeutet. Ich wollte reden und Kontakt haben mit den Einzelnen. Das war aber bei dem Ablauf auf solchen Stationen mit dreißig Betten und dem Personalschlüssel auch fast utopisch.

Es gab Tage, da war ich selbst mit eingeschlossen in Räumen mit zwanzig Betten und vielen aufgeregten und lauten Frauen, die traurig oder aggressiv waren, die rauswollten und dennoch bleiben mussten.

Ich spürte, ich kann das nicht mein Leben lang aushalten. Ich wollte revolutionieren, wie viele junge Menschen, alles besser machen, anders umgehen mit der Lage. Das konnte ich in meiner Situation aber streichen und so machte der Gedanke sich breit, ich musste, um mehr Einfluss nehmen zu können, mehr Macht haben. Also entschloss ich mich, in der Hierarchie aufzusteigen und Pflegedienstleitung zu werden. Dazu musste ich auf die Krankenpflegehochschule nach Frankfurt. Sigrid dachte ähnlich wie ich, und so bewarben wir uns dort, wurden angenommen und noch im gleichen Herbst zogen wir in Andernach aus und begannen unser Leben in Frankfurt.

Abschied von Jessica. Wir hatten eine gute Zeit miteinander und jetzt ging es zurück nach Deutschland.

Während der Zeit auf der Hochschule waren die Tage völlig ausgefüllt und Reiten kein Thema mehr. Es gefiel mir, so viel neues Wissen erwerben zu können, viel über Management und Organisation zu lernen. Aber besonders spannend waren die Schulungen speziell für Führungskräfte, was mir Jahre später noch nutzen sollte.

∗∗∗

In Frankfurt lernte ich dann auch meinen ersten Mann kennen. Wir haben geheiratet, das erste Kind Isabell wurde geboren und nach erfolgreichem Staatsexamen wurde ich Dozentin in der Frankfurter Krankenpflege-Hochschule. Aber nach einem erfolgreichen Jahr für mich dort, bekam mein Mann eine Stelle an der TU in Berlin und wir zogen schweren Herzens um in die Hauptstadt. Dort sollten wir vier Jahre bleiben. Ich hatte eine intensive Zeit vor mir, in der ich ausschließlich Mutter war, und bekam noch zwei Kinder.

Als Isabell knapp zweieinhalb Jahre alt war, wurde das nächste Mädchen geboren, Diana, und nach weiteren drei Jahren mein Sohn Daniel. Wir wohnten in einer Altbauwohnung in Berlin Tiergarten. Die Zimmerhöhe von vier Metern machte es möglich, eine Etage in das Kinderzimmer einzuziehen, die ich als reine Spielfläche einrichtete. Das gefiel den Kindern, denn sie hatten Stoffbären, Puppen und Polster dort, mit denen sie kreativ einrichten und gestalten konnten, wie sie es für den Tag zum Spielen brauchten. Auf diese zwölf Quadratmeter Spielfläche führte eine richtige Treppe. Die Kinder nannten diesen Zusatzspielbereich „Metage". Manchmal machten sie dort Picknick, es wurde gesungen, gestaltet und geplant, ein Paradies für die Kreativität.

Hin und wieder gab es Sinn, die Metage zusammen mit den Kindern aufzuräumen, zu staubsaugen, und alles auf Anfang zu setzen. An solch einem Tag rief Diana plötzlich:

„Hier liegt ein Pfennig!" Sie war etwa dreieinhalb Jahre alt, kam zu mir und in ihrer kleinen Hand lag ein Kupferpfennig. Stolz blickte sie auf ihren Fund und sagte mit entschlossenem Gesichtchen: „So, den will ich behalten und damit fange ich an, für ein eigenes Pferd zu sparen." Ich bestätigte sie darin und es zauberte mir ein Lächeln ins Gesicht. Ich sah mich dort stehen, die gleiche Entschlossenheit hatte ich früher gehabt, als ich dachte: *Vom ersten eigenen Geld nehme ich Reitstunden.*

Die Zeiten hatten sich geändert. Sie wollte nicht nur Reitstunden, sie wollte ein eigenes Pferd, das wäre zu meiner Zeit zu unrealistisch gewesen. Aber heutzutage hielt ich es auch gut für möglich und bestärkte sie in dem Entschluss, fest daran zu glauben und sich darauf zu freuen. Wir hatten damals keine Sitzgarnitur im üblichen Sinn im Wohnzimmer, sondern einzelne Polsterelemente, die man beliebig umbauen und gestalten konnte. Die wurden beinahe täglich von den Kindern „gesattelt und geritten". Sie stellten die Teile aufrecht hin, schlangen Schnüre als Zügel herum und bestiegen die etwas wackeligen Teile, um gnadenlos die Polsterpferde durchs Wohnzimmer zu traben, immer und immer wieder.

Erstes eigenes Pferd

Als die Zeit an der TU abgelaufen war, kauften wir ein Haus im Hunsrück. Nach etlichen Jahren in Großstädten zog es mich aufs Land, wo ich wieder einfach vor die Tür gehen konnte, frische Luft zum Atmen hatte und die Kinder unbeschwert im Garten spielen konnten.

Sigrid blieb in Frankfurt. Ich lernte in dem Dorf Lötzbeuren, unserem neuen Zuhause, eine Frau kennen, die Schafe hielt und mit ihnen öfter mal durch das Dorf zog. Es stellte sich heraus, sie war die Frau des Pfarrers, und ich sprach sie an, ob wir mal einen Kaffee zusammen trinken wollten.

Sie hieß Gunda, sagte zu, und ich freute mich sehr, wieder jemanden zu haben, mit dem ich reden konnte. Sehr schnell baute sich eine wunderbare Freundschaft auf.

Sie hatte ein Pferd, einen Isländer. Das war natürlich besonders spannend für mich und bald schon überlegten wir gemeinsam, ob ich mir nicht meinen Traum vom eigenen Pferd jetzt erfüllen könnte. Die Kinder waren aus dem Säuglingsalter heraus, mein Mann arbeitete außerhalb in Frankfurt am Main oder Saarbrücken und ich saß auf dem Land mit den Kindern. Da bot es sich förmlich an, ein Pferd für mich zu suchen.

Ich hatte null Ahnung, wie man das macht. Internet gab es keines, ich hatte auch kein Auto zur Verfügung. Gunda erzählte, dass ganz in der Nähe ein Ferienhof sei, und die Pferde aus dem Urlaubsbetrieb teilweise auch zum Verkauf stünden. Wir packten die Kinder an einem schönen Tag in ihr Auto und fuhren wenige Kilometer dort hin.

Da standen etliche Pferde auf einer Weide, fast alles Stuten, manche mit Fohlen bei Fuß und auch ein Hengst dabei, der die Stuten wohl decken sollte, wenn sie rossig waren. Der Besitzer war leicht zu finden, ein großer rundlicher Mann. Er hatte tatsächlich Pferde zu verkaufen und zeigte sie uns. Da stand eine Stute, dunkelbraun und mittelgroß. Sie hatte kein Fohlen und war für 2500 DM zu haben. Ich fand sie sehr schön und freundlich und wurde mir recht schnell mit dem Mann einig, dass ich Hella, so hieß sie, kaufen möchte. Ich bat ihn, sie anzuliefern, weil ich natürlich auch keinen Hänger hatte. Das war kein Problem. Wir hatten zu unserem Haus gehörig eine große Scheune und Platz für ein Pferd, aber wir entschieden

Hella, mein erstes eigenes Pferd.

uns, mein Pferd und das von Gunda zusammen in einen von ihr gemieteten kleinen Offenstall zu stellen. So war keines der Pferde alleine und wir konnten uns die Versorgung der Tiere aufteilen. Es war im Grunde eine kleine Hütte auf einer Wiese, wo die beiden Pferde selbständig rein und raus gehen konnten, so wie sie wollten. Von einem Bauern des Dorfes bekamen wir Heu, was er noch lose in seiner Scheune liegen hatte und was sowieso weg sollte, weil er den Platz brauchte. Also schien alles auf den ersten Blick ganz leicht und einfach zu sein.

Nachdem Hella sich einige Tage eingelebt hatte, wollte ich sie natürlich auch reiten. Sie war ja mein Reitpferd. Gunda hütete meine Kinder und so sattelte ich mein Pferd, den Sattel und Trense hatte ich mitgekauft. Ich war guter Dinge, kannte mich in der Landschaft aus und wollte eine kleine Runde spazieren reiten.

Ich saß auf und ritt Hella die Dorfstraße hinunter. Das war ein schönes Gefühl, sie war sehr weich zu sitzen und ich hatte Freude daran, endlich auf *meinem* Pferd unterwegs sein zu können. Es fühlte sich ungewohnt, aber gut an. Wir ritten an einigen Häusern vorbei, sie ging ordentlichen Schritt. Nach dem letzten Haus des Dorfes kam noch der Friedhof und dann öffneten sich nur noch Landschaft, Felder und Wälder. Von meinen Spaziergängen mit den Hunden kannte ich die Gegend gut genug, um zu wissen, wohin ich wollte und wo man gut reiten konnte. Doch es kam völlig anders, als ich dachte. Gerade als wir die Friedhofsmauer hinter uns hatten, machte Hella auf dem Absatz kehrt und galoppierte zügig die Dorfstraße hoch zurück bis zu unserem Haus. Ich versuchte auf sie einzuwirken, was überhaupt nicht ging. Natürlich war ich sehr erschrocken, auf diese Kehrtwendung war ich nicht eingestellt und auch nicht darauf, sie nicht lenken oder anhalten zu können. Ich stand nun vor unserem Gartenzaun und sortierte meine Gedanken.

Was mache ich jetzt? Absteigen und Pferd in den Stall bringen, schien mir auch falsch zu sein. *Also nein, ich versuche es einfach noch mal.* Es war ja nichts passiert und so sollte mein erster Ausritt mit ihr nicht enden.

Also drehte ich um und das Ganze von vorne. Ich ritt also wieder die Dorfstraße herunter, und nahm mir fest vor, Hella an der Wendung zu hindern. Sie gar nicht erst drehen zu lassen. Kurz nach dem letzten Haus bei der Friedhofsmauer nahm ich die Zügel bewusst kurz, hielt sie fest in der Hand und trieb das Pferd absichtlich ein wenig, um ihm ganz klar zu machen, „wer hier das Sagen hat." Und wer das war, stellte sich auch sofort heraus.

Hella drehte sich um, so schnell konnte man nicht schauen, und weg war sie, gestreckter Galopp nach Hause. Na prima.

Da standen wir ein zweites Mal vor dem Gartenzaun. Jetzt war es mir zusätzlich peinlich, weil man mich im Dorf auch dabei gesehen hatte und ich sowieso als Zugereiste nicht den besten Ruf genoss. Ich ärgerte mich auch sehr über diese ganze Geschichte und war enttäuscht. So hatte ich mir das nicht vorgestellt. Wieso ging das Pferd nicht mit mir mit? Was gefiel ihr nicht an dem Ausritt mit mir? Oder was hatte sie an mir auszusetzen? Es ging ihr doch gut, sie lebte im Offenstall und hatte einen Pferdefreund, sie musste wenig arbeiten und wurde geliebt und versorgt.

Ich beendete für den Tag meine Versuche, zumal meine Stimmung unter dem Nullpunkt war und ich die Lust verloren hatte. Ich brachte Hella in den Stall und überlegte mit Gunda, was zu tun sei. Gunda meinte, sie kenne das Phänomen von solchen Touristenpferden. Sie gehen normalerweise in einer Gruppe ins Gelände. Einer reitet voraus, alle folgen dem ersten Pferd, weil die Touristen meistens gar nicht reiten können und die Pferde gewohnt sind auf das Führpferd zu achten und weiter nichts. Sie nehmen gar keine Notiz von dem Reiter und seinen Hilfen, die ja meistens auch keine wirklichen Hilfen sind. Das konnte die Erklärung sein. Unser Plan war jetzt, entweder wir reiten zusammen aus, oder ich führe Hella an der Hand aus dem Dorf, damit sie lernt, mitzugehen und nicht nach eigenem Dafürhalten zu laufen, wohin sie will. Das taten wir auch, aber ich muss zugeben, meine Traumvorstellungen vom eigenen Pferd mussten stark korrigiert werden. Die Versorgung der beiden Pferde wurde schwieriger. Es war Winter, das Futter war schwierig zu den Pferden zu transportieren. Es lag lose in der Scheune eines Bauern und wir hatten keinen Wagen oder ähnliches für den Transport. Also griffen wir nach dem Naheliegenden, wir nahmen jede einen großen Bettbezug und stopften ihn vor Ort voll Heu und schafften den prallen Bezug dann in den Stall. So konnte man den Transfer für einige Tage gestalten aber zeitgleich wurden wir auch im Dorf belächelt. Klar sahen wir komisch aus, mit schwerem Bettbezug auf den

Schultern durch den Schnee zum Stall stapfend. Aber es bot sich auch kein Bauer an, uns zu helfen und wir hatten unseren Stolz. Wir wollten es alleine schaffen.

Das Wasser musste auch dorthin transportiert werden, und so ergab es sich, doch noch einmal über praktischere Handhabungen nachzudenken. Es reifte der Entschluss, in unsere Scheune am Haus umzuziehen und lieber die Pferde auf eine Weide zu führen, als alles andere zu den Pferden zu tragen. So machten wir uns daran, die Scheune zum Stall umzubauen. Das war nicht schwer und bald hatten wir beide Tiere bei mir am Haus. Das war leichter, jetzt transportierten wir das Heu nach der gleichen Methode, aber viel kürzere Wege. Der Winter gestaltete sich insgesamt schwierig. Hella hatte mehrmals nicht definierte Schwitzanfälle. Der Tierarzt wusste nicht was das sein könnte und es stellte sich dann auch heraus, dass sie tragend war. Der Hengst hatte sie also doch noch gedeckt, ehe sie an mich verkauft worden war.

Damit stand ich vor einer völlig neuen Herausforderung. Ich wusste nicht, was das nun für mich bedeuten sollte im Umgang mit Hella. Sollte oder durfte man sie reiten, oder war es besser sie zu schonen und nur zu versorgen und womit musste man sie versorgen? Ich wusste auch nicht den ungefähren Geburtstermin, also alles geheimnisvoll. Der Verkäufer meinte, sie könne irgendwann gedeckt sein, weil sie ja den Hengst deswegen in der Herde hielten. Also weiß man darüber nichts.

Es war schon Frühjahr und zu vermuten, dass Hella in wenigen Wochen ihr Fohlen bekommen würde. Also entschied ich mich gegen reiten und ging mit ihr nur spazieren zusammen mit Gunda und ihrem Pferd, damit sie sich nicht aufregte und nichts passierte. Wir hatten eine zusätzliche Weide gepachtet, außerhalb des Dorfes. Sie lag malerisch in einem schönen Tal und dort konnte Hella galoppieren, bergauf und bergab, ein kleiner Bach schlängelte sich durch die Wiese, sodass auch immer frisches Trinkwasser zur Verfügung stand. Abends holten wir die Pferde nach Hause und morgens brachten wir sie wieder zur Wiese. Dadurch hatten sie einen Spaziergang und Auslauf auch. Es war eine gute Lösung bis zur Niederkunft. Wir hatten inzwischen den Tierarzt gewechselt, weil wir mit dem bisherigen nicht zufrieden waren. Gundas Pferd hatte eines Morgens im Stall gelegen mit einer schweren Kolik. Der Tierarzt kam erst sehr spät und spritzte nur Schmerzmittel und verschwand wieder. Wir hatten wenig bis keine Ahnung, was man hier machen muss und hüteten den ganzen Tag den kranken Wallach. Es wurde nicht besser, er wälzte sich vor Schmerzen und der Tierarzt kam nicht, meinte, man könne nichts machen, und als er nach ungezählten Anrufen gegen Abend wieder auftauchte, lag der Wallach schon im Sterben. Heutzutage weiß ich, dass man viel mehr hätte machen können. Damals waren wir auf die Hilfe von Fachleuten angewiesen und diese Hilfe haben wir nicht bekommen. Das Pferd hat das mit seinem Leben bezahlt und wir wollten diesen Tierarzt nicht konsultieren.

Der neue Tierarzt wurde uns empfohlen, er wohnte an der Mosel in Traben-Trarbach, fast 20 km weg. Das war es uns wert und er beriet uns besser. Er meinte, wir sollen auf „Harztropfen" achten. Das sind kleine, an der Luft getrocknete Tropfen

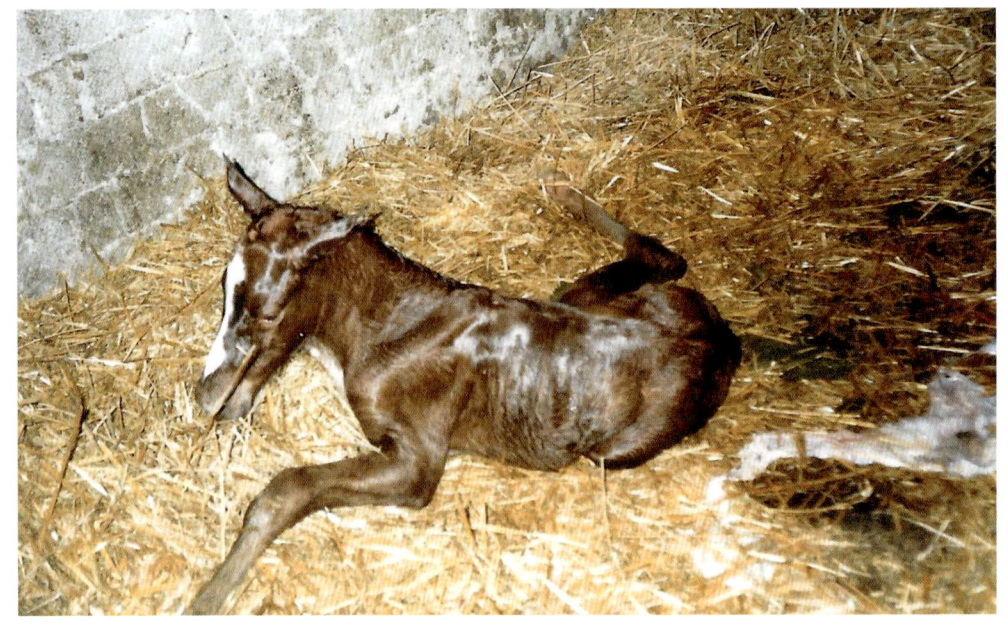

Antares ist gerade geboren.

Ausruhen im Gras während die Mutter weidet.

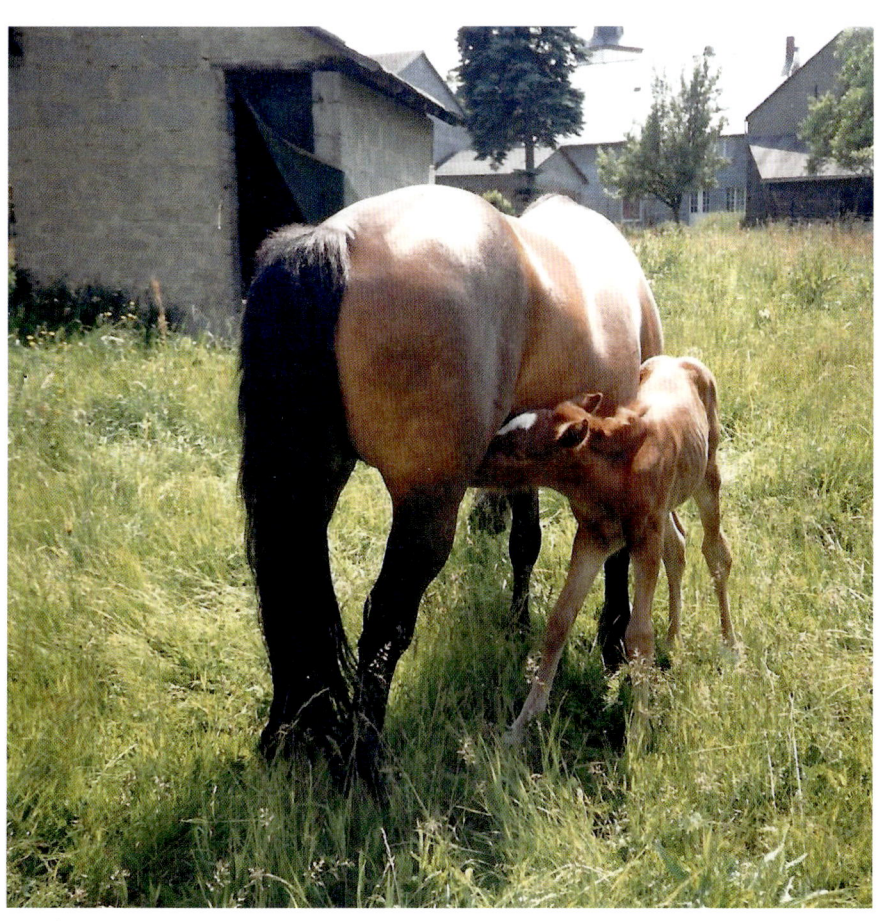

Nach dem Schlafen eine warme Mahlzeit am Euter der Mutter Hella.

an den Zitzen der Stute. Wenn das Euter prall ist und die Geburt bevorsteht, treten sie aus, trocknen und sehen Harz ein wenig ähnlich. Gerade wenn man den Decktermin nicht kennt, ist es besonders hilfreich, jetzt zu wissen, dass es bald soweit ist. Wir bewachten Hella auch in der Nacht; und an einem Dienstagabend, als die Kinder im Bett waren, ging ich noch mal in den Stall. Gunda war auch da und ein kleines, schwaches Stalllicht erhellte die Scheune soweit, dass man gerade nicht im Stockdunklen stand. Wir hörten, wie Hella sich legte und aufstand und wieder legte. Ganz still, um nicht zu stören, saßen wir auf einem Balken gegenüber der Box. Aufgeregt warteten wir dort, was jetzt passieren würde. Wir hatten keine Ahnung von Fohlengeburten, was man tun und lassen sollte, außer man sollte nicht stören. So war es uns gesagt worden. Also störten wir nicht.

Plötzlich hörten wir ein Geräusch, das klang, als wenn jemand einen Eimer Wasser mit Schwung ausschüttet.

Wusch … das war das Fruchtwasser und mit diesem Schwall kam auch ein Teil des Fohlens auf die Welt. Jetzt blieben wir nicht mehr ruhig sitzen, sondern schlichen uns an das Boxenfenster, um zuzusehen, wie das Kleine geboren wird. Es ging sehr schnell und unproblematisch. Nach wenigen kräftigen Wehen lag der junge Hengst im frischen Stroh. Hella stand sofort auf und leckte ihr frischgeborenes Kind ab. Sie kümmerte sich liebevoll um den Kleinen und wir waren stolze Besitzer eines Fohlens.

Wir gaben ihm den Namen Yamus und zogen ihn auf. Ab dem Tag war Reiten sowieso kein Thema mehr. Ich führte Hella zur Weide und frühzeitig brachten wir Yamus bei, am Halfter mitzulaufen, weil alle Weiden nicht am Haus lagen und irgendwelche Dorfstraßen und Wege bewältigt werden mussten. Weil alles so harmonisch und einfach schien und Gunda kein Pferd mehr hatte, ließen wir Hella kurzentschlossen von dem gleichen Hengst noch einmal decken. Es war im Angebot beim Pferdekauf mit drin und wir entschieden uns das Angebot anzunehmen. Also hatte ich fortan eine tragende Stute mit Fohlen bei Fuß. Mit Gunda zusammen war es auch kein Problem, das alles zu bewältigen. Wir hatten viel Freude daran und die Zeiten mit den Pferden nahmen einen wesentlichen Teil in meinem Leben ein.

Wir beiden Frauen konnten im Stall über alles reden, lernten uns sehr gut kennen und vertrauten uns auch schwierige persönliche Dinge an. Wir waren beide nicht zufrieden und glücklich in unserer Ehe, hatten Sorgen und konnten uns darüber austauschen. Es war gut für mich, solch eine Freundin in der Nähe zu haben. Unter der Woche war ich mit den Kindern alleine, mein Mann kam erst zum Wochenende zurück und ich brauchte eine Vertraute an meiner Seite beim Leben in diesem Dorf. Erst mit der Zeit realisierte ich, dass es sehr kompliziert bis unmöglich war, von diesen Dorfbewohnern akzeptiert zu werden. Es gab Anfeindungen und Ablehnungen, die den unbeschwerten Lebensalltag sehr behinderten. Natürlich waren nicht alle so, aber in solch einer Situation reicht es schon, wenn eine Minderheit sich gegen einen stellt. Es waren Kleinigkeiten, die gegen mich sprachen: Meine Art Kinder zu erziehen, den Garten zu gestalten und zu guter Letzt auch Pferde zu halten als Frau. Da war ich die Einzige und dem ein oder anderen ein Dorn im Auge.

Inzwischen hatte Hella ihr zweites Fohlen, wieder ein schöner Fuchshengst, Antares.

Das erste Fohlen, Yamus, hatten wir mit neun Monaten an eine gute Bekannte verkauft.

Eines Tages kam dann Gunda zu mir, sie hatte sich entschieden, aus eben diesen privaten Gründen wegzuziehen. Der Gedanke war nicht ganz neu. Es hatte sich im Grunde schon angebahnt, dass sie so nicht weiterhin leben wollte. Trotzdem war das wie ein Donnerschlag für mich. Ich konnte mir aktuell gar nicht vorstellen, ohne sie zu sein. Was wäre jetzt mit den täglichen Stallgesprächen, was mit der gemeinsamen Pferdehaltung? Über mir klappte erst einmal alles zusammen. Ich war erschüttert, traurig und ratlos, während ich ihren Entschluss nachvollziehen konnte. Natürlich musste sie den Weg gehen, der für sie am besten schien, aber unabhängig davon, sah ich keine Lösung für mich und mein Leben mit den Pferden. Ich wusste, das kann ich nicht alleine stemmen, ich wollte das auch nicht. So wie jetzt alles organisiert war, brauchte es die Zweitperson. Und die war dann irgendwann weg.

Ich hatte ja auch drei Kinder zu versorgen und rechnete immer mehr damit, dass ich das alleine hinkriegen musste, ohne familiäre Hilfe. Die Kinder sollten nicht darunter leiden und ich hatte erfahren, wie langwierig zum Beispiel eine Kolikbetreuung sein kann. Mir wuchs das über den Kopf, Pferde am Haus zu halten, ist nicht nur romantisch, es ist auch eine riesige Verantwortung und viel Organisation und Arbeit. Ich würde diese Verantwortung nicht alleine tragen können. Das hatte das Leben mich gelehrt.

Wir beratschlagten miteinander, wie wir vor ihrem Verlassen des Dorfes eine Lösung finden könnten. Ich wusste außerdem, es würde auch langfristig mit Hella nicht einfach gehen, dass ich sie alleine reite. Außerdem ließ mir die Versorgung der Tiere und des Haushaltes auch keine Reitzeiten. Alle Freizeit ging mit der Versorgung drauf, billig war es auch nicht und so entschloss ich mich, den Traum vom eigenen Pferd an den Nagel zu hängen. Es war ein schöner Traum gewesen, aber er war auch unwirklich und nicht einfach für mich realisierbar.

Erst wenn man wirklich konfrontiert ist mit den einzelnen Problemen, sieht man, wie schwierig so ein Traum sich erfüllen lässt. Die Vorstellung, wenn man auf dem Land lebt, dann kann man sich Tiere halten und alles ist gut und normal so, hatte sich schnell zerschlagen.

Ich hatte zum Beispiel auf meinem Grundstück von 1100 m² hinter der Scheune einen Misthaufen angelegt. Früher hatte der Vorbesitzer unseres Hauses Kühe gehabt, also denkt man, dann tritt man einfach in die Fußstapfen und hält stattdessen hier eben Pferde. Das war aber nicht so. Ich bekam Probleme mit dem Mist, niemand wollte ihn haben und auch niemand wollte dulden, dass ich den Mist dort lagerte. Bis Mist mit Stroh verrottet und zu feinem Humus wird, dauert es lange.

Das war nur ein Problem von mehreren. Ohne Traktor stellte sich auch die Beschaffung von Futter als schwierig heraus. Das sieht man alles erst richtig, wenn man in der Situation ist. Da hilft es nichts zu denken, das wird schon. Nein, es wird nicht einfach und weil so viel daran hing, entschied ich, mich von den Pferden zu trennen. Zumindest Hella mit Fohlen, diese Kombi, war für mich nicht das Richtige. Ich wurde ihr, mir und den Kindern nicht gerecht. Ich wurde unsanft aus dem Traum vom eigenen Pferd am Haus – idyllisch und schön – geweckt und auf den Boden der Tatsachen gestellt.

Gunda hatte einen schönen Platz für die beiden gefunden und so wurden sie abgeholt und zogen um nach Bad Kreuznach zu einer netten Frau. Ich habe mich noch eine Weile nach dem Befinden erkundigt und es ging allen gut. Nach einem Besuch dort, bei dem ich mich überzeugen konnte, die richtige Entscheidung getroffen zu haben, brach ich dann den Kontakt ab.

𝓔s war leer im Stall! Für mich auch irgendwie leer im Dorf. Gunda war weggezogen und damit auch meine Stütze und Vertraute. Ich hatte niemanden, um meine Sorgen zu teilen. Diese Lücke wurde mir erst recht schmerzlich bewusst, als sie dann real da war. Die Vorstellung davon war schon schlimm aber die Realität noch schlimmer. Niemand mehr rief im Hausflur „Ich bin da!", wie sie es oft getan hatte.

Ich hatte zwar Kontakt mit einigen Frauen aus dem Dorf, aber ihnen hätte ich niemals meine Probleme oder persönlichen Gedanken erzählen können. Die Dorfkontakte beschränkten sich auf den Austausch von Kindergarten und Grundschule, Schulbus, Ausflüge, die typischen Gespräche unter Müttern, die Kinder in der gleichen Situation hatten.

Dazu fällt mir folgende Geschichte ein:

Meine Tochter Diana war sechs und stand vor der Einschulung. Traditionell machte der Kindergarten mit den zukünftigen Schulkindern und deren Verwandten einen Abschlussausflug. Ich war im Elternbeirat und wir besprachen eines Abends das Reiseziel. Ich schlug den Zoo in Frankfurt vor, interessant für Kleine und Große. Damit stieß ich auf heftige Ablehnung. Es ergab sich folgender Dialog zwischen mir und der Kindergartenleiterin.

„Das haben wir noch nie gemacht, das ist zu weit."

„Nein, man kann ganz einfach einen Bus mieten und von Tür zu Tür fahren."

„Das will ich nicht, wir gehen grillen, auf den Grillplatz."

„Auf welchen Grillplatz?"

„Auf den, wo wir jedes Jahr hingehen, den kennen alle, das machen wir seit vielen Jahren so, das ist eben Tradition."

„Aber, wenn es immer so gemacht wurde, kennt das doch jeder. Ist das nicht langweilig? Man könnte doch einmal was anderes unternehmen."

„Nein, das ist mir zu viel, ich kenne mich da nicht aus, ich will das nicht. Ich weiß nicht, wie man da hinkommt und überhaupt."

„Ich kann die Organisation übernehmen. Ich buche den Bus und organisiere alles. Das wäre doch sicherlich mal spannend für alle."

„Dann stimmen wir ab", meinte die Kindergartenfrau und wir stimmten ab. Außer ihr waren alle für meinen Vorschlag und ich organisierte dann den Rest.

Der Bus hatte sechzig Sitzplätze und so kam dann die eine oder andere Oma noch mit, alle waren noch nie im Leben in Frankfurt gewesen. So war es ein riesiges Abenteuer für das halbe Dorf.

Der Bus brachte uns gemütlich genau vor den Eingang des Zoos und wir verabredeten in kleinen Gruppen durch den Zoo zu gehen, und dass sich alle um 16.00 Uhr wieder hier am Eingang treffen. Es war sehr schön, im Zoo begegnete man sich an unterschiedlichen Gehegen, oder es saßen welche auf Bänken zusammen, um den Proviant zu verzehren. Kinder und Eltern hatten Freude und es klappte auch reibungslos, dass alle pünktlich am Tor versammelt waren zur abgesprochenen Zeit. Wieder im Bus, hörte man auf der Heimfahrt zufriedenes Reden und Erzählen, aufgeregte Kinder und erstaunte Mütter und Omas. Es war alles friedlich und gut. Ich ging zu der Kindergartenleiterin, um zu fragen, wie es denn schlussendlich für sie war, ob es ihr auch gefallen habe.

Sie war wortkarg und rückte dann heraus, sie wäre nicht durch den Zoo gegangen, sondern vorne am Eingang im Lokal geblieben. Das verstand ich jetzt nicht, befürchtete schon, ob sie so beleidigt war, weil sie als Einzige überstimmt worden war mit diesem Vorschlag. Aber dann kam auch die Erklärung. Sie hatte von jemandem gehört, es gebe im Zoo ein Labyrinth, da sei es schwer wieder herauszufinden. Sie hatte Bedenken, dort hineinzugeraten und aus Unsicherheit hatte sie vorgezogen, lieber im sicheren Eingangsbereich zu warten.

Das Labyrinth, wovon sie gehört hatte, ist im Bereich des Kinderzoos, zur Belustigung der Kleinen, eine 1,50 Meter hohe Hecke. Sollte ich jetzt lachen oder weinen? Ich tat keines von beiden und zog mich gedankenschwer auf meinen Platz zurück. Als ich diese Erklärung dort mit meiner Busnachbarin besprach, staunte diese nicht einmal. Sie erklärte:

„Du siehst das alles falsch aus deiner Sicht der Dinge. Hier sind viele nie aus den Dörfern herausgekommen. Man kennt die Großstadt nicht. Hier fährt nur einmal im Jahr ein Bus nach Koblenz, da fahren dann viele mit, um Weihnachtsgeschenke zu kaufen. Auch das ist schon nicht einfach!"

„Was ist daran nicht einfach?"

„Letztes Jahr fuhren wir alle dahin, ich, meine Schwiegermutter und deren Mutter zum Beispiel. Dann gingen wir alle in den Woolworth. Die Oma war dabei. Dann haben wir ihr gesagt, Oma, wenn du fertig bist mit gucken dann warte hier am Ausgang auf uns."

Wir haben dann gekauft und als wir weg wollten, war auch die Oma weg. Sie ist durch den Laden gegangen und dann zu einem anderen Ausgang rausgelaufen, fand niemanden von uns und fragte Passanten: „Habt ihr uus Marianne gesehn?" Sie irrte eine Weile in der Gegend herum und es hat gedauert, alle Dorfbewohner suchten sie, bis irgendjemand sie dann aufgegriffen hat und sie zur Gruppe zurückbringen konnte. Die Oma wusste nicht, dass solch ein Kaufhaus mehr als einen Eingang hat. Und wenn man weiß, die Oma hat sich schon in Koblenz im Kaufhaus verirrt, dann ist so ein Labyrinth ja viel bedrohlicher."

Das gab mir zu denken.

Die Tochter dieser Frau hatte sich mit meiner Tochter Diana befreundet. Sie waren gleich alt und gingen zusammen in die erste Grundschulklasse. Sie hatte auch noch einen Sohn in Daniels Alter, wodurch es sich anbot, dass die beiden Jungs zusammen spielten. Wir trafen uns manchmal der Kinder wegen. Ihr Mann besaß zwei Pferde, für die er am Dorfrand einen Stall mit Weide gepachtet hatte. Die Kinder und ich besuchten die Pferde manchmal und trafen dann auch öfter auf den Mann, der dort am Nachmittag mistete und die Pferde versorgte. Es war schön, ihn dort zu treffen, ein wenig mitzuhelfen und wir redeten über Pferde. Ich erzählte, dass ich Hella abgegeben habe wegen der Umstände und es schade ist, auf dem Dorf zu wohnen und dennoch sich kein Pferd halten zu können. Ich erzählte ihm von Hella, die nicht weiter als bis zur Friedhofsmauer zu reiten war und der Überforderung, mit all dem alleine dazustehen zusätzlich mit Kindern und Haushalt. Er bot mir an, wenn ich noch mal ein Pferd haben würde, es tagsüber zu seinen zu stellen, und in der Nacht sollte ich es dann in meinen Stall bringen. Das war sehr nett, aber im Augenblick sollte es so bleiben, wie es war.

Aber ich wäre nicht ich, wenn mich das langfristig zufrieden gemacht hätte.

Eines Tages, ich war wieder einmal am Stall. Da sagte Erich, so hieß der Mann, in der Zeitung stehe ein Distanzpferd, ein Trakehnerwallach, in Kastellaun.

„Wenn du willst, fahre ich mit dir dahin, den ansehen."

Obwohl ich ja die Schwierigkeiten erlebt hatte, die ein eigenes Pferd am Haus mit sich brachte, konnte ich nicht umhin, wenigstens den Wallach einmal ansehen zu wollen und sagte zu, am Abend nach Kastellaun zu fahren.

Der Verkäufer hatte das Pferd schon geputzt und gesattelt am Stall stehen und meinte, er habe ihn viel auf Distanzen geritten und müsste das Reiten jetzt aufgeben. Pandur sei ein braves Pferd, unproblematisch und beschlagen, wegen der Distanzritte. Er erzählte, wie er an einem Tag 160 km mit ihm geritten sei und das Kraftpaket damit kein Problem habe. „Wollen Sie ihn mal ausprobieren?"

Ich war unsicher, ich stand da in einer kleinen Gruppe typischer Männer aus dem Hunsrück. Sie sahen mich so ein wenig von oben herab an und schätzten mich sicherlich als jemanden ein, der ängstlich *Nein* sagen würde.

„Ja, das mache ich", hörte ich mich sagen. Komisch, ich spürte genau, eigentlich wollte ich mich hier nicht vorführen lassen, aber andererseits wollte ich auch wissen, ob dieses Pferd gegebenenfalls von mir auch weiter als die Friedhofsmauer zu reiten sein würde. Ich hatte ja meinen Wunsch nach einem eigenen Pferd nicht aufgegeben, ich hatte nur keine Chance gesehen, das mit Hella ohne Hilfe bewerkstelligen zu können. Durch den Verkauf von Hella mit Fohlen hatte ich knapp 3000 DM. Pandur sollte 2700 DM kosten. Also würde es wirtschaftlich gehen.

Inzwischen hatte ich meinen Helm angezogen und man sah am Himmel dicke Gewitterwolken aufkommen.

„Jetzt aber schnell", sagte der Verkäufer, „es kommt ein Wetter auf."

Wir standen am Stall und direkt von dort ging es in eine vielversprechende Hunsrücklandschaft: Wiese, Feldwege, keine Straßen. Ich saß auf und ging im Schritt los. Das war einfach und sehr bequem. Pandur hatte einen kräftigen Schritt und er war sehr gut zu sitzen. Er wiegte mich hin und her und ging problemlos. Ich musste nicht treiben, er lief, er wollte laufen, das war deutlich zu spüren. Kein Zögern, kein Schlendern, nein, ein starker, kräftiger Vorwärtsdrang. Ich musste kurz an mein Gespräch mit meiner Schwester Hedi denken: „Pferde muss man immer treiben!" Von wegen, dieses nicht! Es wollte laufen. Hatte ich das nicht auch früher genauso behauptet? Dann stimmten anscheinend mein Gefühl und meine Erwartung doch. Pferde wollen laufen, einen Menschen tragen und sind froh und zufrieden damit, wenn man sich versteht. Es fühlte sich gut an, obwohl ich bisher nur einfach geradeaus gegangen war. Ich sah den Gewitterhimmel und wollte nur einen kleinen Bogen gehen und zurückreiten, bevor das Wetter mich erwischte.

In dem Moment, als ich wenden wollte, spannte sich der Rücken des Pferdes an und ich erlebte, was ich noch nie zuvor so gespürt hatte. Wie ein gespannter Bogen zog er sich einmal kurz zusammen und dann schoss er aus einer kraftvollen Bewegung aus der Hinterhand nach vorne und legte einen Galopp hin, den ich in der Geschwindigkeit noch nie geritten war. Ich wollte durchparieren, also langsam werden oder halten, aber daran war nicht zu denken. Er galoppierte so schnell, dass ich wie Rennreiter in den leichten Sitz ging, um mich dort oben sicherer zu fühlen. Ich hatte keine Angst zu fallen, war aber auf Gedeih und Verderb dem Tier ausgeliefert, wie ein Auto ohne Bremsen. Ich hatte keinen Einfluss mehr auf die Geschwindigkeit und im Grunde konnte ich auch kaum lenken. Pandur wirkte nicht, als ob er flüchtete, sondern als ob er mit Freude seine Kraft ausprobierte und rannte, so schnell er konnte.

Irgendwann konnte ich ihn durch viel zu starken Zug am Zügel doch drehen und er galoppierte in gleichem Tempo zurück zum Stall, wo er mit Vollbremsung stehenblieb.

Die Männer fanden das anscheinend beeindruckend, wie wir beide da angepresst kamen und hatten nicht gemerkt, dass das Pferd mir durchgegangen war. Sie wussten nicht, dass das Ganze nicht von mir gewollt war, und ich verschwieg es.

„Ist ein gutes Pferd, oder?", fragte der Besitzer mich.

„Ja ist es, sehr gut, schön zu sitzen und schnell."

„Ja er läuft gern, das macht ihm nichts aus." Das Wetter kam näher, man hörte schon Donner in der Nähe und es konnte nicht mehr lange dauern, bis wir alle im Gewitter stehen würden.

„Und was ist jetzt?" Ich war überfordert, zumal ich ja wusste, er war durchgegangen, ich hatte ihn gar nicht so getrieben. Allerdings hatte er Tage gestanden und ich konnte ihn ja reiten. Während mir noch all das durch den Kopf ging, hörte ich die Männer schon verhandeln. Mein Begleiter meinte: „Komm, wenn du noch hundert runtergehst, ist er gekauft."

„Hand drauf, weg ist er!"

So sind sie die Hunsrücker, ein Mann – ein Wort. Ich wurde nicht gefragt und natürlich musste ich auch nicht zustimmen. Aber weil ich unsicher und unentschlossen war, nahm ich es als „Gottesurteil" und ließ es geschehen. Ich stimmte zu und Pandur sollte dann in den nächsten Tagen gebracht werden.

Ich hatte also wieder ein Pferd!

Pandur konnte in der gleichen Box untergebracht werden, wo früher Hella mit Fohlen gelebt hatte, und tagsüber durfte ich ihn zu Erichs Pferden stellen. Das war gut, ich hatte ja selbst kein Zweitpferd und die Weiden dort waren groß und zu dritt konnten die Pferde auch schön zusammen weiden und rennen nach Bedarf. Ich gewöhnte mich schnell an die Größe des Wallachs und am Wochenende, als mein Mann zu Hause war, wollte ich ihn erstmals reiten.

Wie erwartet, war es gar kein Problem ihn an dem Friedhof vorbeizureiten, er ging einfach seinen Weg, gerne und mit kräftigem Vorwärtsdrang. Anders als Hella, die immer zögerlich war und ohne andere Begleitpferde sich zu unsicher fühlte. Dennoch war etwas komisch, so alleine unterwegs zu sein, ein wenig unsicher fühlte ich mich schon, obwohl das Reitgefühl an sich herrlich war. Pandur hatte sehr schöne Gänge, war superbequem zu sitzen. Das hatte ich in all den Reitschulen ja längst erfahren, wie unterschiedlich jedes Pferd sich unter dem Reiter anfühlt. Keines läuft wie ein anderes. Er jedenfalls ließ keine Wünsche offen. Ich spürte ihm an, von seiner Ausbildung her war er nur gewohnt im Gelände zu laufen. Die Hilfen für Seitengänge nahm er kaum an, anscheinend verstand er sie nicht. Das war nicht schlimm, ich dachte, später kann ich ihn ja ausbilden so gut ich kann, jetzt erst mal Geländeritte genießen. Es kam nach den Feldern ein Waldweg, in den wollte ich einbiegen, und dann einen kleinen Rundritt machen, damit ich nach einer Stunde wieder zu Hause wäre. Kaum im Wald angekommen passierte, was ich schon mal erlebt hatte. Der Rücken spannte sich an und da war wieder der Wahnsinnsschub von hinten und der erste Galoppsprung. Ich nahm sofort die Zügel an, ohne Erfolg, er ging wieder durch, genauso wie auf dem Proberitt bei dem Verkäufer. Wie unter Strom gab er Gas und raste durch den Wald. Er war sehr trittsicher und stolperte nicht, aber er rannte, was das Zeug hielt. Ich konnte nur oben bleiben, mehr ging nicht. Plötzlich lag da auf dem schmalen Waldweg ein größerer abgebrochener Ast, der auch nicht einfach zu überspringen war. Ungebremst rannte Pandur durch den recht steilen Abhang, umschiffte das Hindernis und weiter ging's. Nach einigen Kilometern hielt er dann an. Er schnaubte zufrieden ab und ab hier war alles kein Problem mehr. Er ging ruhig und kräftig seinen Weg, reagierte auf meine Reithilfen und war das bravste aller Pferde. Ich verstand das nicht und machte mir Gedanken, ob ich da etwas falsch machte. Ich hatte bei Horst Stern gelesen, dass meistens der Reiter schuld sei, wenn irgendetwas nicht klappt, also suchte ich erst die Ursache auch bei mir. Ich war mir zwar keiner Schuld bewusst, aber weil Pandur nach der Eskapade so anständig lief und so artig zu reiten war, hatte ich doch den Verdacht, es könnte an meiner Anspannung oder versehentlichen Fehlern gelegen haben. Zu Hause erzählte ich nichts davon, ich wollte herausfinden, was das wohl war.

Ich ritt so oft es ging mit ihm aus, immer war es gleich. Er ging freundlich gehorsam vom Stall weg, dann kam irgendwann dieses Durchgehen und danach war alles gut. Dann lief er wie am Schnürchen und war geschmeidig, willig und wunderbar zu reiten.

Das Verhalten änderte sich aber bald. Nach wenigen Wochen fing er an, in diesen Galoppaden abrupt den Kopf zu senken und wenn man dann die Zügel fest in der Hand hatte, zog es einen mit nach unten.

Ich konnte aber das Geheimnis nicht lüften, warum er das tat. Ich rief Gunda an, die ja auch viel Erfahrung hatte. Sie meinte: „Kein Problem, wenn ich frei habe, komme ich und reite ihn mal."

Das tat sie auch und sie ritt ihn direkt vor dem Stall auf einem Acker. Sie ritt weg vom Stall und wendete ihn am Ende des Ackers. Da galoppierte er ungefragt an und senkte den Kopf und ruck zuck stand Gunda wie von Geisterhand neben ihm auf der Erde. Sie war wie über eine Rutschbahn über seinen Hals geglitten, hatte dabei sein Kopfzeug abgestreift und nun standen beide da, verdutzt und überrascht. Sie hatte sich nichts getan, wir mussten sogar lachen, weil es irgendwie wie ein witziger Stunt ausgesehen hatte. Nun waren wir auch nicht weitergekommen mit unserem Wissen und die Ratlosigkeit war noch größer geworden. Ich rief die Frau an, die mein erstes Fohlen gekauft hatte. Mit ihr hatte ich immer noch Kontakt, sie war Turnierreiterin und ich fragte sie um Rat. Sie wollte mich sowieso noch mal besuchen und wir verabredeten auch hier, dass sie mein Pferd reiten sollte, um mir Rückmeldung zu geben.

Sie kam und ritt ihn nur auf der Koppel, damit ich dabei sein und sie als Dressurreiterin ausprobieren konnte, wie er so ist. Ihr Fazit war, er ist nicht gut ausgebildet, kennt keine feinen Hilfen. Das hatte ich ja auch schon gemerkt, er war sicherlich nur Distanzen gelaufen unter dem Vorbesitzer, der nur Wert auf Ausdauer und Kraft gelegt hatte, nicht aber auf Gymnastizierung und Gehorsam. Er war erst neun Jahre alt, also jung genug, ihm da noch etwas beizubringen. Mein Problem war ja auch nicht, ob er ein gutes Dressurpferd werden würde, sondern warum er durchging und die Reiter absetzte. Das konnte sie mir auch nicht beantworten, leider!

So vergingen Tage und Wochen. Ich ritt ihn immer wieder und immer wieder war es gleich. Irgendwann zu Beginn der Reise ging er durch, hatte man das gut überstanden, war der Rest des Weges ein Vergnügen.

Meinem „Stallkollegen" Erich war es nicht entgangen, dass es Probleme gab und man munkelte in Männerkreisen: „Die Frau kann einfach nicht reiten, sonst ist das nix." Da in solch einem kleinen Hunsrückdorf zu der Zeit wenig Aufregendes passierte, war ich schon Kneipengespräch und nicht uninteressant. Man konnte mich nicht einschätzen. Ich lebte mit den Kindern im Dorf, mein Mann kam nur am Wochenende, und ich hatte als einzige Frau ein Pferd und wollte reiten. Das war unüblich und erregte doch ein unterschwelliges Aufsehen. Ich war ja schon zusammen mit Gunda aufgefallen, aber jetzt hatte ich auch ein Reitpferd und kein Pony, das war schon was.

Es gab noch Männer in Nachbardörfern, die auch ritten, und so hatten sich eines Tages fünf davon verabredet, mit mir, der Frau, etwas zu veranstalten. Sie hatten sich überlegt, es mir einmal zu zeigen, und so wurde ich zu einem scheinbar harmlosen, kleinen Sonntagsausritt eingeladen. Es sei ein überschaubarer Ausritt mit Sonntagsfrühstück im Nachbardorf und zurück. Ich freute mich sehr, mein Mann war ja zu Hause bei den Kindern. Also konnte ich weg und staunte ein wenig über die Einladung. Ich hatte das alles als freundlich und harmlos eingestuft. Wir trafen uns am Stall und machten munter die Pferde fertig und los ging's. Ich fand das toll, endlich mal nicht alleine auszureiten, auch wenn ich diese Gestalten nicht kannte, bis auf meinen Stallnachbarn natürlich. Egal, alle lächelten mir zu und wir ritten los. Die Männer vorne weg und ich zum Schluss. Sie kannten den Weg, und ich schloss mich vertrauensvoll an. Unter einem kleinen Ausritt hatte ich mir ein Stündchen vorgestellt. Das kam dann anders, aber es war mir recht. Pandur lief schön, er machte nicht einmal Anstalten durchzugehen. Vielleicht war es ihm vertraut, in Männergruppen geritten zu werden, er schnaubte zufrieden ab und wir ritten mal Schritt, mal Galopp oder Trab, je nach Boden und Wegstrecke. Nach mehr als einer Stunde kamen wir bei dem Bauern an, wo wir von seiner Frau zum Frühstück erwartet wurden. Es war ein guter Ritt gewesen, ich war nicht müde und mein Pferd schon gar nicht. Er war vielleicht gerade mal warm. Die Pferde der anderen schnauften schon ein wenig, aber es gab ja jetzt eine Pause für alle.

Das Frühstück war sehr schmackhaft. Ich saß zum ersten Mal in einer solchen Männerrunde an einem Tisch. Sie redeten Dialekt miteinander, was nicht immer ganz leicht zu verstehen war. Mit mir bemühten sie sich um Hochdeutsch, was manchmal ganz lustig klang. Einer fragte zum Beispiel, was es zu Mittag gibt, meinte der andere: „*Matschkrumbiere*." Das bedeutet Kartoffelpüree. Es mutete teilweise wie eine Fremdsprache an.

Ich hatte den Eindruck, als wir wieder losritten, dass die Männer sich Zeichen und Blicke zuwarfen, aber ich war dann doch zu naiv, um das ernst zu nehmen. Wir saßen also wieder auf und es wurde angekündigt, dass wir einen anderen Weg zurück reiten als hin. Mir war alles recht, ich war nicht müde, frisch gestärkt vom Frühstück, alles in bester Ordnung. Die Landschaft gefiel mir supergut. Wir ritten durch ein enges Tal, Abhang rechts und links und schmaler Waldweg. Man hörte einen kleinen Bach plätschern und die Hufe der Pferde. Wir sprachen nichts, und weil der Weg so schmal war, ritten auch alle hintereinander, was für Unterhaltungen ja sowieso ungeeignet ist. Ich fühlte mich gut. Ich war das Schlusslicht der Gruppe, konnte vor mir die Pferde sehen und auch ein wenig meinen Gedanken nachhängen. Jetzt kam ich dem Gefühl wieder näher, wie ich es immer erwartet hatte. Wenn Pandur so rhythmisch ging, war es wieder da: Wie wenn Holz auf Wasser schwimmt. Mein Körper und sein Rücken machte eine gemeinsame Bewegung, er hob mich an, ich ließ mich heben. Wenn der Rücken sich senkte, senkte sich auch mein Körper: Er war das Wasser, das aktive Wellen machte und ich das Holz, das darauf lag. Wie schön, ich spürte diese Bewegung durch die ganze Wirbelsäule gehen, angenehm warm. Während ich noch so mit meinen Gedanken und Gefühlen beschäfig war, hatten wir den Wald fast hinter uns gelassen. Es öffnete sich eine Wiesenlandschaft, ein recht breiter Wiesenweg ließ einen weit in die Landschaft blicken, die nach einigen Kilometern recht steil anstieg. Hier war ich noch nie gewesen. Es sah toll aus, ein bisschen wie im Allgäu, dachte ich. Aus dem Augenwinkel bekam ich noch mit, dass die Männer sich zunickten, und ohne Vorwarnung galoppierten sie alle los. Das war es gewesen, das hatten sie sich heimlich vorbereitet, einmal die Frau überrumpeln und ganz männlich abhängen. Heute würden sie mir zeigen, was Männerreiten ist!

Nur, was sie nicht bedacht hatten, ICH hatte das Distanzpferd, nicht sie. Vor uns lagen mindestens fünf Kilometer und die gingen teilweise steil bergan. Ich brauchte gar keine Galopphilfe zu geben, Pandur war schon unterwegs, das war ja genau seins: Gas geben, schnelle Galoppaden. Ich ging in den leichten Sitz und zog lächelnd, und – ich konnte es mir nicht verkneifen – winkend an der Männerschar vorbei. Für mein Pferd war das nicht einmal eine Herausforderung. Er hatte Spaß und galoppierte in einem durch, den Berg hinauf und als wir oben ankamen, hatten wir alle abgehängt und er schnaufte nicht mal. Ich stand auf dem Hügel, schaute ins Tal, da trabten zwei der Bauern noch mutig gegen die Steigung an und die anderen beiden gingen schon Schritt. Es erinnerte an Karl May Filme, wo einer auf dem Zenit des Berges steht, um auf die anderen zu warten. Ich muss gestehen, ich genoss den Triumph doch ein wenig, wenn es vielleicht auch nicht die feinste Art war.

Wir, Pandur und ich, standen ohne Stress und Anstrengung am Ziel und die anderen kamen pustend und geschwitzt bei mir an. Niemand sagte etwas dazu, ich auch nicht, wir ritten dann weiter, es waren noch einige Kilometer bis nach Hause. Man bot mir an, ich könne ruhig vorne reiten, und eher etwas kleinlaut traten sie den Heimweg an.

Auch wenn es nicht ausgesprochen wurde, war jedem klar, was passiert war. Sie wussten auch, dass ich genau das verstanden hatte, ihren heimlichen Deal, mir etwas zu beweisen und nun war es einfach umgekehrt. Ein bisschen peinlich und unangenehm für sie. Ich war zufrieden, vor allem auch mit meinem Pferd, weil es so brav mitgemacht hatte, nicht durchging und nicht buckelte, alles bestens. Wir beide hatten uns von unserer besten Seite gezeigt.

Das Erlebnis hatte meinen Ruf im Dorf etwas verändert. Mit mir sprach man zwar nicht darüber, aber es kam mir zu Ohren, mein Image hatte sich verbessert.

„Reiten kann sie", wurde jetzt erzählt. Ich hatte so eine Art Reiterfeuertaufe unter Männern bestanden, und war offensichtlich im Club aufgenommen worden.

Dennoch wurden meine Ausritte alleine mit Pandur kein bisschen einfacher. Es blieb ein Risiko mit ihm, man wusste nie, ob ein Ausritt gut ging oder nicht, ob er einen absetzte oder nicht. Nach diesem Sonntagsritt sprach mich ein Mann

einer mir bekannten Kindergartenmutter an. Er war Pferdezüchter im Nachbardorf und meinte, von meinem Problempferd gehört zu haben. Er bot mir an, den Wallach zu reiten und mir zu sagen, was das Problem sei. Ich fand das gut und wir verabredeten uns auf der Koppel. Ich sattelte das Pferd für ihn und er stand neben ihm, nahm die Zügel in die Hand und wollte aufsitzen. Pandur drehte sich weg, ließ ihn nicht auf den Rücken. Das geschah mehrmals und ich hielt nach mehreren Fehlversuchen Pandur fest, damit der Mann aufsitzen konnte. Kaum war er oben, da lag er auch schon unten. Das hatte ich so auch noch nicht gesehen. Das Pferd ging keinen Schritt, setzte den Reiter sofort ab mit seiner typischen *Kopf nach unten*-Aktion und lupfte dabei das Hinterteil. Der Mann war verärgert, hatte sich auch wehgetan und gab seine Versuche auf. Das wäre ein schlechtes Pferd, meinte er, das hätte keinen Zweck.

Also wieder nichts. Ich war ratlos, Pandur wurde nicht einfacher. Manchmal hatte ich Zweifel, ob es richtig war, mit ihm zu reiten, wenn er nicht zuverlässig ohne durchzugehen und ohne Buckeln zu reiten war. Konnte ich das als Mutter von drei Kindern verantworten? Immerhin stellte Reiten schon kein geringes Gesundheitsrisiko dar, egal wie gut das Pferd ansonsten war.

Inzwischen hatte ich mehr Kontakt zu unterschiedlichen Frauen im Dorf, vor allem wegen der Kinder und deren Kindern. Wir kochten Marmelade ein und trafen uns auch manchmal zum Kaffeetrinken. Auf einem solchen Nachmittag meinte eine der Mütter, ihr Onkel habe auch eine Haflingerstute, ob wir damit mal zusammen ausreiten wollten. Ich fragte, ob sie denn auch reiten könne.

„Nein, das kann ich nicht, aber mit der Corri geht das, die läuft einfach mit, das haben wir schon öfter gemacht."

Mir war das unheimlich und ich wechselte das Thema. Ich wollte die Frau nicht vor den Kopf stoßen, aber ich hatte auch Bedenken, mit ihr unterwegs zu sein. Es ergab sich ganz bald, dass mein Stallnachbar einen Ausritt organisiert hatte mit seinen Pferden, dieser Corri, jemandem, den ich nicht kannte und mir. Wir sollten nur eine kleine Runde zusammen drehen. Das machte ich mit. Wir ritten in ungezwungener Reihenfolge hintereinander. Die Frau mit Corri hinter mir. Ich hatte ihr gesagt, dass Pandur schwierig sei, vor allem wenn er überholt wird, dann fängt er seine Eskapaden an. Sie versicherte, hinter mir zubleiben, was aber nicht klappte. Immer wieder tauchte sie an meiner Seite auf und ich spürte schon, wie mein Pferd sich veränderte. Ich rief ihr noch mal zu: „Bleib hinter mir!"

Sie rief: „Ich kann nicht!" Und viel mehr weiß ich nicht mehr.

Ich fühlte noch das Rennen und Senken des Kopfes und wie ich rutschte. Als ich zu mir kam, knieten Sanitäter neben mir und fragten mich nach meinem Namen. Ich hing am Tropf und wurde in das nächste Krankenhaus transportiert. Ich war sozusagen mit Kopfsprung vom Pferd gefallen und hatte wahnsinniges Glück gehabt, nicht die Halswirbelsäule gebrochen zu haben. Außer einer heftigen Gehirnerschütterung hatte ich nur noch Prellungen und Schrammen. Eine Woche musste ich im Krankenhaus bleiben und in der Zeit entschied ich, Pandur nicht zu behalten. Es war ein Warnschuss, den ich nicht ignorieren konnte. Ich hatte solches Glück gehabt, das musste reichen. Mein Stallgefährte verkaufte mit meinem Einverständnis Pandur an eine Frau an der Mosel, die solch ein Distanzpferd suchte und die meinte, ihn auslasten zu können. Sie brauchte ein Pferd mit diesem Laufwillen und der Ausdauer und so wechselte er zu ihr.

Noch während meiner Zeit mit Pandur trat ein weiteres Pony in mein Leben. Meine Kinder bastelten sich auch hier auf dem Land verschiedene Reituntersätze, Baumstämme oder Holzböcke. Manchmal hatte ich sie auf Hella oder auch auf Gundas Pferd geführt, solange es noch da gewesen war. Sie führten ein entspanntes Leben auf dem Land. In den Ferien besuchten sie gelegentlich meine Eltern in Boppard, um ein paar Tage am Rhein zu verbringen bei Oma und Opa. Es war wieder einmal so, ich war alleine im Dorf ohne die Kinder, da kam ein Mann auf mich zu und meinte, er habe gehört, ich halte mir Pferde. Er bot mir ein Shetty an, seine Enkel seien zu groß geworden, ein braves Tier, ob ich es haben wolle. Ich war unsicher, von Shettys hatte ich nicht viel Gutes gehört und dass sie schwierig seien. Dennoch wollte ich mir das Tierchen ansehen und wir fuhren ins Nachbardorf, um es zu besichtigen. Da stand ein recht kleines Pony, schokoladenbraun und friedlich umher. Ich streichelte es und ging einige Schritte mit ihm an der Hand auf und ab. Es schien freundlich und gehorsam zu sein. Also fragte ich nach dem Preis. Er wollte 600 DM dafür haben, inklusive der Shettytrense und Transport zu uns. Auch hier konnte man darüber streiten, wie vernünftig es war, das Tierchen zu kaufen, aber ich tat es.

Ich dachte, das könnte Dianas erstes Pferd sein. Sie hatte sich mehr zu dem Pferdemädchen entwickelt als Isabell, die auch viele andere Interessen zeigte. Diana aber ritt alles, was möglich war, sie machte auch vor großen Pferden nicht Halt, sie wollte reiten, koste es, was wolle.

Das Shetty Zilly wurde mir also von dem Bauern gebracht. Da stand es nun im Stall, Platz hatte ich ja genug in meiner Scheune. Am Abend wollten mein Mann und ich die Kinder von meinen Eltern wieder abholen und deswegen überlegte ich mir, wie ich die Überraschung Diana überbringen könnte.

Ich hielt das kleine Kopfzeug in der Hand, mit winziger Wassertrense und dachte, die werde ich überreichen. So tat ich es auch.

Als wir in Boppard ankamen, wurden wir herzlich begrüßt und bekamen alle Geschichten und Erlebnisse erzählt. Nachdem sich die Wogen geglättet hatten, zeigte ich die kleine Trense und gab sie Diana in die Hand mit den Worten: „Die schenke ich dir."

Sie schaute das Ding an, sie kannte so was ja von den großen Pferden und bedankte sich auch. Dann sagte sie: „Toll, ich habe ja kein Pony, was da rein passt. Wem soll ich das anziehen?"

„Es wird sich sicherlich was finden, jedenfalls hast du jetzt schon mal eine Trense, wenn du dann Pferd spielst, hast du was Echtes."

„Ja das stimmt, ich freu mich ja auch, aber irgendwann will ich ein eigenes Pferd haben, weißt du ja."

Von Boppard aus mussten wir ungefähr 60 km nach Hause fahren und auf dem Weg war sie recht still. Man konnte sich ausmalen, was hinter der kleinen runden Dianastirn los war. Stürmische Gedanken, Entschlossenheit, Sehnsucht nach „ihrem Pferd". Wie sehr war sie mein Kind! Ich erlebte durch sie wieder, wie ich damals gewesen war, was ich erträumt, gedacht, gewünscht, gehofft hatte.

Alles wiederholt sich, dachte ich, *aber jetzt mit besseren Vorzeichen. Wenn sie wüsste!*

Ich verriet nichts und konnte es selbst kaum erwarten, zu Hause anzukommen. Dort brachten wir alle das Feriengepäck ins Haus und nachdem alles verstaut und weggeräumt war, nahm ich mir Diana an die Hand und sagte: „Komm, ich will dir etwas zeigen."

Sie stand im Kinderzimmer und versuchte einen Platz für die Trense zu finden, wo sie diese wohl aufhängen konnte. Sie ging davon aus, wenn sie die Polster reitet, dann nimmt sie keine Schnüre mehr sondern die Trense. Deswegen brauchte sie einen Platz, wo sie gut zu sehen war und leicht erreichbar bei Bedarf.

„Ok, ich komme, ich will die Trense noch aufhängen, weiß aber nicht wo."

„Nimm sie einfach mit, dann suchst du später einen Platz dafür".

„Ja, kann ich machen." Sie hing das Leder in die kleine Ellenbeuge und ging mit mir mit. Wir mussten durch die Bauernküche, dann eine kurze Treppe herunter und in Richtung Scheune. Dort war die Box, in der Zilly stand. Diana betrat die Scheune und Zilly hatte ich ganz links hingestellt. Diana schaute geradeaus, und als sie sich dann seitlich drehte, sah sie das Pony. Sie stieß einen Freudenschrei aus: „Was ist das?"

„Das ist das Pony zu deiner Trense. Ich schenke es dir. Es heißt Zilly."

Ich bekam in Windeseile einen dankbaren Blick, eine heftige Umarmung und schon war mein Kind in der Box bei dem Pferdchen.

„Zilly, da bist du ja! Du bist ja toll, wie weiches Fell du hast, du bist so schön, Zilly, Zilly …"

Ich war jetzt weitgehend abgemeldet und die Geschwister hatten sich inzwischen zu uns gesellt und bewunderten auch den Familienzuwachs. Zilly war aber auch wirklich ein nettes Pony. Sie fand es anscheinend auch schön, bewundert zu werden und das Hin und Her der Kinder schien sie nicht zu stören. Sie mümmelte mal am Heu, und mal ließ sie sich nur genüsslich kraulen. Ich genoss die Stimmung. Es war schön, zu erleben, wie froh alle waren, und ich fand mich mit meiner Kinderseele darin wieder. Es war auch für mich, was ich da gemacht hatte, ich hatte nicht nur Diana den Kindertraum erfüllt, sondern auch mir selbst Gutes

Dianas eigenständige Reitversuche auf der geliebten Zilly.

getan. Jetzt konnte ich noch einmal darin schwelgen, wie es war, auf dem ersten Pony zu sitzen bei den Bekannten meiner Mutter. Die Gedanken und Gefühle wiederholten sich, und ich setzte mich einfach ruhig auf die Treppe in der großen Scheune und ließ es geschehen. Ich hörte die Kinderstimmen ruhig durcheinander sprechen, Pläne schmieden, staunen, bewundern, draußen Gras zupfen für Zilly, wiederkommen … Ich hörte alles wie durch Watte und konnte zeitgleich mich wahrnehmen in dem jungen Alter, wie ich sehnsüchtig an Pferde dachte, träumte, auf den Wellen des Rheins schwamm. Ich fühlte mich in einem Zwischenzustand, bis Dianas Stimme mich in die Wirklichkeit zurückholte. „Kannst du mich mal draufheben, ich möchte wissen, wie sich die Zilly anfühlt. Geht das wohl im Stall?"

„Ich glaube schon, wir können das versuchen", sagte ich und stand von meiner Treppe auf, um Diana hochzuheben auf den Ponyrücken. Das ging gut, Zilly schien das zu kennen und blieb ruhig dabei stehen, sodass ich Diana loslassen konnte. Ein strahlenderes Gesicht kann man nicht malen. Freude pur drückte es aus und besser konnte das Leben nicht sein als gerade jetzt.

Allerdings wurde es immer später und irgendwann musste ich dann doch an alle appellieren, mit ins Haus zu kommen und sich in die Betten zu begeben. Diana

Innige Verbundenheit: im wahrsten Sinne ein Herz und eine Seele.

fiel es am schwersten, aber sie kam mit, küsste Zilly zum Abschied auf die Nüstern und winkte noch in der Scheunentür. Dann gingen wir ins Haus. Es gab noch ein kurzes Abendessen und dann gingen alle artig zu Bett. Die Gutenachtgeschichte fiel etwas kürzer aus, wir redeten noch ein wenig über das Pony und ich mahnte dann zum Einschlafen, denn die Ferien waren zu Ende und morgen war Schule. Der Schulbus fuhr kurz nach sieben ab, also hieß es früh aufstehen.

Ich war auch zufrieden, als alle schliefen und ich auch selbst zur Ruhe kam. Die Überraschung war gelungen und es hatte mir sehr viel Freude gemacht, meine Kinder so zu erleben. Es war ein guter Tag.

Am nächsten Morgen gegen sechs weckte ich die Mädchen. Daniel konnte noch schlafen, aber die beiden, Isabell und Diana, mussten in die Schule. Dabei war nur Isabell in ihrem Bett, Dianas Bett war leer. Ich lief in die Scheune, um zu schauen, ob sie eventuell schon dort wäre. Auf dem Weg dahin hörte ich eine liebliche Kinderstimme singen. Meine Tochter saß mit ihrem hellen Blümchen-nachthemd und kleinen nackten Beinen auf dem Shetty und sang ihr ein Ponylied vor. Wir haben früher viel zusammen gesungen und sie kannte dieses Lied noch aus Berliner Zeiten:

Hüaho kleines Pony hüaho
Unser Weg ist der gleiche sowieso
Immerdar und überall
Braucht das Pony einen Stall
hüaho kleines Pony hüaho

Es war zum Dahinschmelzen, das Pony stand ruhig da, machte die Augen halb zu und lauschte anscheinend der Kinderstimme. Diana war so versonnen, dass sie mich anfangs gar nicht realisierte. Sie hatte ihr Pony! Nichts anders war mehr wichtig, wie es schien. Sie lächelte mich an, als sie mich dann wahrnahm und es fiel ihr sichtlich schwer, vernünftig mit ins Haus zu kommen, um in die Schule zu gehen. Nichts war lästiger als das jetzt. Aber was muss, das muss. Tröstlich war, das Pony würde nach der Schule noch immer da sein und so konnte sie sich losreißen und den Pflichten nachkommen.

Jeden Tag war der erste Gang, wenn sie aus dem Schulbus geklettert war, der zum Pony. Sehr schnell entwickelte sie eine innige Beziehung zu dem kleinen Ding. Wir hatten keine eigenen Weiden und ich fragte meinen Bekannten, ob Zilly am Tag teilweise mit Pandur bei ihm auf den Wiesen stehen kann, damit sie Gesellschaft und Gras hat. Das durfte sie und so kam es dann, dass der Transfer des Ponys von unserem Haus zur Weide gemacht werden musste. Keiner war froher darüber als Diana, weil sie es toll fand, mit ihrem Pferd so wichtig durch das Dorf zu gehen. Ich begleitete sie, aber sie machte es gut und Zilly auch. Nachmittags besuchte Diana dann schon bald alleine das Shetty auf der Weide und wie sie sagte, übte sie reiten. Ich konnte nicht immer dabei sein, wegen des Haushalts und der beiden anderen Kinder. Das ging aber auch gut, ich konnte mich auf Diana verlassen und eines Tages kam ich, um sie abzuholen, und sah Folgendes:

Die beiden verstanden sich sehr gut und ich dachte wieder an mein Holz auf dem Wasser, der Verbindung von Mensch und Pferd. So konnte sie aussehen.

Irgendwann kam zu meinem Pferd der Hufschmied. Ich hatte Diana gesagt, auch Zilly muss die Hufe geschnitten bekommen und hatte sie angemeldet. Als die Schmiede bei meinem Pferd fertig waren, kam Zilly dran. Es waren drei starke Männer, sie fuhren auf dem Hunsrück zu den unterschiedlichen Pferdehaltern und weil sie auch Kaltblüter und ein Shirehorse bei der Kundschaft hatten, kamen sie als Gruppe an, um sich gegenseitig zu helfen. Einer der Männer wollte schon loslegen und sich den kleinen Huf des Ponys nehmen. Das aber ging gar nicht. Das Tier wehrte sich, stieg und trat. Auch wenn es weniger als 200 kg wog, war es doch zu schwer, um es mit Kraft zu halten. Es ging nicht, nicht mal zu dritt wurden sie dem Pony Herr und kamen an seine Hufe. Auch ich konnte nichts machen, ich hatte nie versucht, ihm die Hufe zu heben, ich dachte aber, Diana hätte es gemacht.

Gerade als die Drei sich verabschieden wollten, hielt der Schulbus vor dem Haus, Diana sprang heraus und kam zu uns gelaufen.

„Was macht ihr da? Hat Zilly irgendwas?"

„Nein, das sind die Hufschmiede, aber sie können die Füße nicht machen, sie gibt die Füße nicht", sagte ich. Diana ging zum Pferd uns sagte mit ihrer Kinderstimme: „Gib Huf, Zilly!" und das Pony legte den Huf in Dianas kleine Kinderhand. So konnte der Schmied dann schneiden und raspeln und alles war gut.

Es zeigte mir einmal mehr, was Beziehung bedeutet und wie fein Pferde sind. Keiner weiß, was Zilly gegebenenfalls mit oder von Männern erlebt hatte, aber sicherlich etwas, was ihr das Vertrauen genommen hatte.

***

Wie vorher schon erwähnt, hatte ich Pandur irgendwann verkauft und Zilly stand nun allein im Stall. Mein Sturz von Pandur hieß für mich nicht, das Reiten aufzugeben, sondern nur das richtige Pferd zu finden. Aber wie macht man das? Ich wusste es nicht. Heutzutage kann man das Internet befragen. Das gab es noch nicht und ich wusste nur: Ich gebe nicht auf. Es gibt das Pferd für mich, ich muss es nur finden. Ich schaute in Zeitungen, im Tiermarkt nach und dieses Mal machte mich die Frau des Pferdezüchters auf eine Stute aufmerksam, die in der Eifel steht. Schwarze Trakehnerstute, brav, anhänglich … das Übliche.

Wir fuhren hin, und ich sah die Stute Lady und sie gefiel mir sofort. Sie war zarter im Körperbau als Pandur, eher elegant, hatte einen kleinen weißen Stern auf der Stirn. Sie nahm Streicheln an und war ein wenig aufgeregt, weil man ihr Fohlen gerade weggenommen hatte. Ich durfte sie probereiten und als gebranntes „Galoppkind" versuchte ich das zuerst. Ich wollte wissen, ob ich sie anhalten kann im Galopp. Das war kein Problem, rechts herum, links herum, alles einfach. Ich kaufte sie für 2500 DM und sie wurde wenige Tage später gebracht.

Also alles auf Anfang. Sie kam in den Stall, wie früher Hella oder Pandur und tagsüber zu Erichs Pferden auf die Weide. Das lief gut, ich ritt mit ihr aus und konnte alle Gangarten einfach reiten, anhalten weiterreiten, am Friedhof vorbei und zurück. So dachte ich, jetzt nach all dem Kram, habe ich endlich das Pferd gefunden, wenn auch über Umwege, so doch immerhin gefunden. Ich war zufrieden mit meiner Wahl und fand es erholsam. Ich konnte einfach ein Pferd satteln, reiten und nach Hause kommen. Das, was sich so normal anhört, war für mich schon lange nicht mehr normal gewesen, das war eigentlich das Event. Verrückte Welt.

Privat hatte sich auch einiges in der Familie geändert. Mein Mann und ich waren kein wirkliches Ehepaar mehr, wir hielten äußerlich die Situation aufrecht der Kinder wegen, aber wir hatten uns auseinandergelebt und waren im Grunde getrennt. Am Wochenende, wenn er nach Hause kam, fuhr ich manchmal weg, oder aber wir verbrachten es friedlich nebeneinander her, auch wenn die emotionale Bindung weg war.

***

Inzwischen hatte ja Diana ihr Shetty Zilly und Isabell sollte auch ein Pony haben. Ich dachte, mit meinem Pferd Lady hätten wir jetzt einen Punkt erreicht, an dem ich auch mit meinen Töchtern schöne Ausritte machen könnte. Ich erwarb über Bekannte ein Pony, das mittelgroß für Isabell gerade passen würde. Das war recht brav, es konnte aber nichts, weil es aus einem Kirmeskarussell kam, indem die armen Tiere immer nur hintereinander her im Kreis gehen müssen.

Ich bezog zu der Zeit eine Pferdefachzeitschrift, um mich so gut es geht auf dem Laufenden zu halten und mich weiterzubilden. In dieser Zeitung inserierte ein Mann, er suche einen Reiterhof, wo er als Reitlehrer arbeiten könne. Die Frau des Pferdezüchters, die mit mir auch zu Lady gefahren war, hatte mir erzählt, sie suchen jemanden, der ihre Pferde trainiert, erzieht und ausbildet. Sie hatten vor, einen Ferienbetrieb zu gründen als zusätzliche Einnahmequelle und dazu brauchten sie wohlerzogene Reitpferde. Ich rief sie an und zeigte ihr die Annonce. Nachdem sie das mit ihrem Mann besprochen hatte, verabredeten sie sich mit dem Reitlehrer.

Ich hatte beim Lesen der Annonce schon gedacht, den würde ich auch mal gerne kennenlernen, endlich jemand vom Fach und kompetent. Aber unabhängig von der Fachkompetenz, die ich erwartete, fühlte ich mich von ihm angezogen, ohne ihn je gesehen zu haben. Der Name Manfred Pysall, war bei mir unvergesslich, irgendwie ein bisschen magisch.

Also fragte ich die Frau, ob es möglich wäre, mich mit einzuladen, wenn er kommt, damit ich ihn kennenlernen könnte. Das sagte sie mir zu, ich freute mich darauf und war komischerweise aufgeregt, den Reitlehrer Manfred Pysall kennenzulernen.

Das Schicksal nahm seinen Lauf. Ich wurde an dem betreffenden Tag von der Schwiegermutter meiner Bekannten abgeholt mit den Worten: „Der Reitlehrer ist da, da wolltest du doch dabei sein."

Ja, das wollte ich, und als ich eintraf, saß er schon dort und es beeindruckte mich und gefiel mir sehr, wie der Mann ruhig und kompetent über Pferde und deren Ausbildung sprach. Bei einem gemeinsamen Kaffeetrinken lernten wir uns ein wenig kennen und zum Abschluss fragte ich ihn, ob er sich mein Pony vom Karussell einmal anschauen könne und mir Tipps geben würde, wie ich mit ihm verfahren kann.

Das sagte er zu und wir trafen uns in der kommenden Woche bei mir zu Hause im Dorf, ich lernte etwas über Longieren und wir uns besser kennen. Endlich war da jemand, der Interesse an Pferden hatte und Ahnung auch. Ich konnte fragen und lernen. Es dauerte nicht lange, bis das Interesse aneinander auch größer wurde. Wir verstanden uns gut und da meine Beziehung zu meinem Mann keine eheliche mehr war, gab es auch kein Problem damit, dass Manfred mich besuchen konnte und in aller Offenheit eine Freundschaft gelebt werden durfte. Wir hatten uns ineinander verliebt. Ich genoss die Zeiten mit ihm, über mich, meine Sorgen und Freuden und über Pferde zu reden. Er hörte zu, verstand mich und erzählte mir aus seinem Leben. Oft saßen wir zusammen, redeten über unsere Erfahrungen in Reitställen. Manfred hatte seine Tätigkeit in Reitvereinen aufgegeben, weil er genau wie ich der Meinung war, so kann man nicht mit Pferden umgehen und so kann man weder Reiten lehren noch lernen. Jetzt wollte er es privat versuchen, was sich allerdings auf dem Hof schwieriger darstellte, als man erst dachte.

Auch da begegnete er sehr traditionellen Vorstellungen von Pferdeausbildung und es zeichnete sich bald ab, das würde kein Dauerzustand werden. Ich hatte ihn häufig begleitet zu den Leuten und fand auch, so richtig zufrieden wird man nicht auf diese Weise nicht.

Weil wir inzwischen sowieso ein Paar waren, lag es nah, an einen gemeinsamen Hof zu denken, eine Reitschule, anders als alles, was bisher bekannt war. Wir liebten uns, wollten zusammenbleiben und konnten uns gegenseitig vertrauen, sodass dieses Wagnis angegangen werden konnte.

Die Idee war gut, aber die Umsetzung nicht einfach. In vielen Gesprächen wurde alles hin- und hergewälzt, was man wie will und kann. Wir waren uns im Umgang mit Pferden einig und teilten die Vorstellung der Reitschule, wie sie sein sollte. Das beflügelte mich, ich hatte Freude daran, eine Zukunft zu planen, die über die Aufzucht meiner Kinder im Dorf hinausging. Ich wollte etwas erschaffen und war Feuer und Flamme, diesen neuen Weg so bald wie möglich zu beschreiben. Diese Freude und der Schaffensdrang wurden nur dadurch getrübt, dass Lady seit einiger Zeit krank war, nicht ohne Schmerzen laufen konnte und wir nicht wussten, was sie hat. Sie bekam einen orthopädischen Beschlag und Eigenblutbehandlung zusätzlich zu traditioneller Tiermedizin. Nichts half ihr wirklich. Ich brachte sie in eine Tierklinik, um endlich abzuklären, was sie hat, und dort wurde im Grunde das Todesurteil gefällt. Man erklärte mir, sie habe einen schweren Herzfehler und immer Schmerzen, und es sei nicht heilbar. Ich holte danach noch die Meinung zwei anderer Tierärzte ein und die Diagnose konnte nicht revidiert werden. So willigte ich schweren Herzens ein, sie einzuschläfern.

Der Abschied von ihr war für mich schwerer als von den beiden anderen Pferden, die sich bester Gesundheit erfreuten und die verkauft wurden, weil es richtig war.

Was war richtig daran, dass ich ein Pferd auf diese Weise verlieren musste? Man hatte mir gesagt, ich sei betrogen worden, der Herzfehler sei schon beim Kauf dagewesen und habe sich nur entsprechend verschlimmert. Deswegen habe sie auch nur so wenig gekostet, weil eine Trakehnerstute, so wie sie aussah mit Papieren, viel teurer wäre, wenn sie gesund ist. Das wusste ich damals nicht, ich war gutgläubig auf den Verkäufer hereingefallen. Damals hatte ich sogar eine Ankaufsuntersuchung machen lassen, als sie bei mir auf der Wiese angekommen war. Nur diesen Herzfehler konnte man so anscheinend nicht identifizieren.

Ich war zum dritten Mal ohne Pferd, wenn ich die Ponys nicht mitrechnete.

Es kam mir vor wie in dem Märchen Hans im Glück. Ich hatte ein Pferd gegen das nächste eingetauscht und dann wieder und stand jetzt da, ohne alles. Der Stein war mir ins Wasser gefallen und alles war weg. Was hatte der Hans im Glück dadurch gelernt? Hatte ihm der Verlust eine Erkenntnis gebracht? Und welche?

Lilly

Welche Erkenntnis sollte mir das bringen? War ich in meinem Wunsch, ein Pferd haben zu wollen, zu voreilig gewesen, hatte mir alles zu einfach vorgestellt? Hat mich der Wunsch nach dem Pferd zu unvorsichtig gemacht den Verkäufern gegenüber? War ich zu inkompetent oder zu naiv?

Ich wollte die Schuld nicht bei anderen suchen, aber dennoch fühlte ich mich betrogen von den Verkäufern oder vom Schicksal. Ich war frustriert. Zum Glück konnte ich mit Manfred darüber sprechen und musste nicht alles mit mir alleine ausmachen. Ich trauerte um Lady, und war gewissermaßen entmutigt nach den drei Versuchen. Jedes Pferd war anders und keines richtig für mich. Ich legte eine Pferdepause ein und machte mir Gedanken, was ich dadurch gelernt hatte, was mir das alles sagen sollte.

Aber die grandiose Erkenntnis kam mir nicht. Ich wollte eigentlich den Menschen vertrauen dürfen. Ich war gar nicht der Typ, der nur misstrauisch jedem eventuellen Betrug unterstellen möchte. An meiner Reitausbildung lag es auch nicht, war es einfach nur gebündeltes Pech?

Die Tage vergingen, die Planung unseres gemeinsamen Reiterhofes nahm Gestalt an. Eines Tages fanden wir eine Annonce in der Zeitung, ein ehemaliges Bauernhaus bei Birkenfeld für 30.000 DM. Wir schauten es uns an. Es mutete wie eine alte, aber kleine Burg an. Die Fenster waren teilweise wie Schießschachten. Die Mauern ein Meter dick aus Bruchstein oder Felsblöcken. Es sollte dreihundert Jahre alt sein, so sah es auch aus. Dazu gehörte ein fünf Hektar großes Wiesengrundstück. Unserer Vorstellung nach, konnte man etwas Schönes daraus machen. Der niedrige Kaufpreis kam uns entgegen. Wir wollten sowieso viel in Eigenarbeit machen und Stück für Stück renovieren. Wir kauften es und Manfred fing gleich mit der Renovierung und dem Umbau an. Dadurch war er tagsüber oft dort und ich blieb der Kinder wegen in unserem Dorf. Wenn er abends nach Hause kam, berichtete er von den Fortschritten und wir planten und freuten uns auf ein neues Zuhause und gemeinsames Leben mit Pferden und der noch zu gründenden Reitschule. Das Haus im Dorf boten wir zum Verkauf an. Mein Mann wollte nach Saarbrücken ziehen und wir nach Ellenberg. So konnte man sich leicht gegenseitig besuchen. Die Orte lagen nicht sehr weit auseinander.

Umzug nach Ellenberg

Durch den Verkauf unseres Hauses hatten wir auch mehr Geld zur Verfügung. Das entspannte die Lage, wir ließen stabile Fenster und Türen einbauen und es stand Geld für den Pferdekauf zur Verfügung. Manfred und ich hatten geplant, etwa zehn Pferde zu kaufen. Meine Idee, tragende Stuten zu suchen und damit dann doppelt so viele Pferde zu haben, fand er gut und meinte, ich solle mich darum kümmern, weil er am Bau genug zu tun hatte. Diese Arbeitsteilung gefiel mir auch und so erkundigte ich mich über Rassen und Pferdekaufmöglichkeiten.

Ich war ja bereits irgendwie gebranntes Kind, ich wollte es dieses Mal vorsichtiger, umsichtiger und damit schlauer anstellen. Weniger spontan! Den Vorsatz versuchte ich umzusetzen, indem ich Erkundigungen einzog bei einer Bekannten, die mehrere gute Pferde hatte, und sie auch irgendwie eigenständig gekauft hat. Ich sagte ihr, ich sei an der Rasse Knabstrupper interessiert. Ich hatte viel darüber gelesen, der Beschreibung nach passten sie gut für den Freizeitreiter als auch für Reiter mit Turnierambitionen. Sie wurden als freundlich und zugänglich beschrieben und vom Aussehen her waren sie ja sowieso spannend mit ihren Pünktchen.

Ich erhielt die Adresse eines Händlers, der angeblich Kontakt zu solchen Züchtern hatte, und rief ihn an. Nachdem ich meine Wünsche dargestellt hatte, meinte er: „Ich kümmere mich drum, ich kann ihnen eine tragende Stute besorgen, kein Problem." Er sprach leise und etwas undeutlich ins Telefon und eine längere Unterhaltung war nicht möglich. Er schien eher wortkarg zu sein und versicherte aber, mir eine Stute zu bringen. Er bekam meine Adresse und Telefonnummer und ich wartete. Ich hatte mir vorgestellt, dass ich nach einigen Tagen schon etwas von ihm hören würde. Das war aber nicht der Fall. Es vergingen Wochen und nichts tat sich. Ich kontaktierte die Frau noch einmal, von der ich den Kontakt hatte und sie meinte: „Das kann dauern bei ihm, das ist normal".

Es kam der Tag, an dem ich nicht mehr daran glaubte, dass der Mann zuverlässig sein Wort hielt und ich wollte mehr tun als Warten. Ich hatte inzwischen herausgefunden, dass es eine Interessengemeinschaft Knabstrupper gab. Da meldete ich mich und fragte nach Verkäufern von solchen Pferden. Die Frau war sehr entgegenkommend und nett und erklärte, die meisten kämen aktuell noch aus Dänemark. Die Rasse sei in Deutschland erst im Kommen, und sie besorge sich

Der große Graue auf dem Reitplatz in Ellenberg.

ihre Pferde meistens auch aus dem Ausland. Ich fragte nach tragenden Stuten und sie meinte, wenn sie was hört, meldet sie sich. Das fühlte sich gut an, zwei Eisen im Feuer zu haben. Wieder verging einige Zeit, in der sich nichts tat. Ich wollte aber meinen Knabstruppertraum noch nicht aufgeben. Da meldete sich eines Tages Herr Martin: „Ich habe ne Stute, ich bringe sie heute." So war er, ohne große Worte, spontan wollte er heute kommen. Mir war es recht, der Stall war vorbereitet und ich hatte ja Zeit. Er hatte sich für mittags angekündigt und ich musste erst lernen, dass diese Zeitangaben immer anders zu übersetzen waren. Sie kamen mir eher orientalisch vor, bald war nicht bald und mittags war abends und so weiter. Wichtig war, dass er überhaupt kam und das tat er. Am frühen Abend fuhr ein Auto mit Hänger vor. Sie war da, die erste Knabstrupperstute, Chipsi.

Herr Martin holte sie aus dem Hänger und fragte, wo sie denn hin soll. Ich zeigte ihm den Weg durch den Garten in den Stall. Dort stand sie nun, und ich muss im Nachhinein sagen, sie war eine echt schöne Knabstrupperstute im barocken Typ, aber ich musste mich erst an den Anblick gewöhnen. Ich kannte nur die normalen Warmblüter aus den Reitställen, braun, fuchsfarben oder schwarz, mit entsprechenden schmalen Mäulern, samtartig. Chipsi hatte ein ausgeprägtes mir völlig neues, sogenanntes „Krötenmaul", was rassetypisch ist. Rosa mit schwarzen

Chipsi, meine erste Knapstrupperstute, mit ihr fing es an.

Punkten, sehr hautig, faltig und groß. Sie war nicht die typische Samtnase und auch die Augen schauten völlig anders aus. Es gehört zur Rasse der Knabstrupper das „Menschenauge". Das heißt, man sieht auch das Weiße im Auge, wie beim Menschen auch und nicht nur ein dunkles Auge im dunklen Fell. Das sah schon sehr anders aus, ungewohnt und neu. Ich ging mit Herrn Martin ins Haus, um das Geschäftliche zu regeln und nach einer Tasse Kaffee fuhr er wieder. Wir wollten in Verbindung bleiben und er wollte weiterhin Ausschau halten nach tragenden Stuten.

Chipsi kam aus Belgien aus einer Zuchtauflösung, war gefahren und sechs Jahre alt. Ich ging wieder zu ihr in den Stall, um sie mir in Ruhe alleine zu betrachten. Wenn es auch sehr gewöhnungsbedürftig war, sie zu sehen, so hatte sie doch was. Sie war sehr selbstbewusst, fraß an ihrem Heu und schien an einem Kontakt mit mir nicht sehr stark interessiert zu sein. Sie hatte eine lange Fahrt hinter sich und musste erst einmal ankommen. Mein Anspruch war auch nicht, sie müsse mich gleich wertschätzen. Ich wollte sie beobachten und sie betrachten, ihr zusehen, wie sie sich verhielt, wie sie die neue Umgebung annahm. Je länger ich sie ansah, desto besser gefiel sie mir. Von einer Schwangerschaft war nichts zu sehen, aber Herr Martin meinte, sie bekomme sicher ein Fohlen, ohne den Decktermin zu wissen. Ich ging wieder mal ins Haus und dann wieder in den Stall. Sie wirkte schon ein wenig magnetisch auf mich und ich hoffte inniglich, mit diesem Kauf das Richtige gemacht zu haben. Ich wusste von der Bekannten, dass man, wenn man gar nicht mit dem Pferd klarkam, das Pferd bei Herrn Martin umtauschen konnte. Das hatte ich beileibe nicht vor, aber dennoch war es eine Sicherheit im Hinterkopf, wenn ich noch mal solch ein Pech haben sollte, wie bei den ersten beiden Pferden. Alleine den Verkäufer als Ansprechpartner zu haben, beruhigte mich und ich dachte, vielleicht haben mich die Pleiten, Pech und Pannen gelehrt, es jetzt auf diese Weise richtiger gemacht zu haben.

Es wurde Abend und Manfred kam nach Hause. Er war müde von der Renovierungsarbeit an unserem Haus. Ich erzählte ihm: „Der Knabstrupper ist da", und nahm ihn mit zur Scheune, in der Chipsi in ihrer Box wartete. Sie schaute aus ihrem Innenfenster, als sie Schritte kommen hörte und man sah die Augen, das Weiße, das Krötenmaul besonders intensiv. Ich kann nicht sagen, Manfred sei ausgeflippt vor Vergnügen. Ich konnte deutlich sehen, dass er nicht wirklich begeistert war, wenn er auch meinen Geschmack und meine Entscheidung nicht in Frage stellte.

Letztendlich waren wir beide mit der Entscheidung und dem Kauf zufrieden. Chipsi lebte sich ein, war umgänglich und friedfertig. Wenige Tage später, ich hatte die IG Knabstrupper vergessen, rief diese freundliche Frau an, mit der ich vor Zeiten telefoniert hatte. Sie meinte, sie sei gerade in Dänemark, wo sie für sich ein Pferd gekauft hatte. Sie hätte noch Platz im Hänger und es stehe dort eine Stute, Knabstrupper mit Papieren, hochtragend und in sehr schlechter Haltung. Sie sei ungepflegt und müsse eigentlich dort raus. Ob ich sie haben wolle, dann lädt sie die Stute mit auf.

Ich hatte dreißig Minuten, mich zu entscheiden. Ich bat um genau diese Bedenkzeit und besprach das mit Manfred, der gerade bei Chipsi war. Er riet mir ab, am Telefon ein Pferd zu kaufen, was ich nie gesehen habe, dann außerdem tragend, den Weg zurückzulegen bis in den Hunsrück. Sie sollte 7500 DM kosten. Ich musste mich jetzt schnell entschließen, gleich würde die Frau es wissen wollen.

Obwohl ich eigentlich fest entschlossen war, auf Manfreds Rat zu hören und genug schlechte Erfahrungen mit Pferdekäufen hatte, war es in mir wie ein inneres Signal entgegen aller Vernunft, das Pferd doch zu kaufen. Ich ließ es mir mitbringen und die freundliche Dame kündigte es für den nächsten Tag an. Sie wollte heute bis Hamburg fahren und morgen dann in den Hunsrück.

Manfred hatte sich das schon gedacht, so gut kannte er mich inzwischen. Wir mussten auch darüber lachen, während wir gemeinsam die Box für den Ankömmling bereiteten. Unsere Scheune war groß genug dafür, wir mussten nur ein wenig umstellen und ein Tor bauen, einstreuen und Wasserkübel hinstellen. Das taten wir zusammen, unterhielten uns über unseren abenteuerlichen Anfang unserer Reitschule und ich war aufgeregt, ob das alles so gut sei, wie ich das nun spontan entschieden hatte. Ich wusste, dass es irgendwie unvernünftig war, aber ich hatte nicht anders gekonnt. Ich stellte mir dieses Pferd vor, wie es in einem dunklen fensterlosen Stall mit rundem Bauch steht und verschmutzt und ungepflegt gerettet werden will. Noch einmal schlafen, dann würde sie ja ankommen. Ich rechnete erst gegen Abend damit, von Hamburg zu uns waren sicher sechshundert Kilometer.

Umzug nach Ellenberg

Als am nächsten Tag, dem späten Nachmittag, der Hänger aus Hamburg vorfuhr, konnte ich meine Aufregung nicht verleugnen. Die freundliche Dame begrüßte mich mit Handschlag und dann öffnete sie die Klappe, um das Pferd herauszulassen. Es musste ja rückwärts rausgehen, und so sah ich zuerst das Hinterteil und hörte, wie die arme Stute schwerfällig und müde platsch, platsch, platsch ihre Hufe aufsetzte. Die sahen schlimm aus, unbeschnitten seit langer Zeit, eingerissen und viel zu lang. Darauf konnte man eigentlich gar nicht laufen. Da hatte die Dame nicht übertrieben. Es war wirklich ein etwas verwahrlostes Pferd, um das man sich kümmern musste. Langsam hatte es sich „ausgeparkt", und wurde in die Scheune geführt, in das neue zukünftige Zuhause. Mette, so hieß die Stute, betrat ihre Box, die mit frischem, knusprigem Stroh eingestreut war. Ein großer Berg duftendes Heu erwartete sie und frisches Wasser stand bereit. Sie ging in ihre Box hinein, schnaubte zufrieden ab, schaute sich um, als könne sie das nicht glauben. Vor zwei Tagen hatte sie noch im Morast gestanden, jetzt so etwas? Sie schritt das Gehege ab, was groß genug war mit über zwanzig Quadratmetern, dass man auch darin umhergehen konnte als Pferd. Dann legte sie sich hin und wälzte sich mit Wohlbehagen auf diesem sauberen Untergrund. Sie rollte sich hin und her und genoss sichtlich ihr neues Zuhause. Sie war angekommen, ein neuer Lebensabschnitt sollte beginnen. Als ich ihr so zusah, kamen mir Tränen in die Augen. Mir ging durch den Sinn, das kann nur richtig gewesen sein, sie zu kaufen, auch wenn kein Mensch sagen kann, wie das jetzt weitergeht. Aber dieser Blick von ihr, dieses Staunen und Annehmen der neuen Situation, war schon Lohn genug. Ich freute mich riesig und ging dann mit den beiden Frauen, die sie mir gebracht hatten, ins Haus, um die Bezahlung und die Formalitäten zu erledigen, sie wollten heute noch nach Hamburg zurückfahren.

Es waren gerade Osterferien, daher weilten die Kinder mit ihrem Vater bei den Großeltern, und ich hatte eine Menge Zeit, mich um Mette zu kümmern. Chipsi hatte sich schon gut eingelebt und es schien ihr gut recht zu sein, mit der Knabstrupperkollegin nebenan. Zwischen den beiden Boxen der Stuten führte in meiner Scheune eine stabile Holztreppe nach oben. Die sollte in den nächsten Tagen mein Sitzplatz werden. Manfred war oft im neuen Haus und ich alleine zu Hause. Ich machte mir morgens meinen Kaffee und ein Brot und nahm alles mit in die Scheune, um mich gemütlich auf die Treppe zu setzen und mit meinen Pferden, hauptsächlich aber mit Mette, zu frühstücken. Ich liebte den Klang, wenn die Pferde das frische Heu genüsslich mit den Zähnen mahlten und hin und wieder kam ein gemütliches Abschnauben, ein Zufriedenheitsgeräusch aus den Boxen. So konnte ich stundenlang sitzen, zuhören, zusehen und hing meinen Gedanken nach, wie wohl alles werden würde. Ich spürte sehr früh eine sehr spezielle und tiefe Bindung zu Mette. Es zog mich etwas magisch an, wenn sich unsere Blicke begegneten, dann war es, wie wenn zwei Menschen sich lange kennen und jeder von beiden weiß, was der andere denkt. Es fühlte sich an, als kennen wir uns schon lange, als hätten wir eine heimliche Verbindung, die man nicht beschreiben kann. Ich empfand eine tiefe Zuneigung zu ihr. Wäre sie ein Mensch gewesen, dann wäre es der Zeitpunkt gewesen, sich die Ehe zu versprechen, die Ringe zu tauschen. Da war etwas zwischen uns, es hatte nichts damit zu tun, dass sie ein Reitpferd war, so wie vorher, wenn ich ein Pferd gekauft hatte. Sie war Mette, nicht weniger als das.

Meine Liebe zu ihr wuchs täglich und ich freute mich auf ihr Fohlen. Eines Morgens gegen sechs Uhr, kam ich zu ihr und da lag es schon. Eine Schönheit, ein Schabracktiger, braun mit weißen Tupfen auf der Kruppe. Es war eine kleine, muntere Stute, die wir Maja nannten und die Mette alle Ehre machte. Schöner hätte man ein Fohlen nicht malen können. Manfred hatte Mette inzwischen auch die Hufe provisorisch gekürzt, damit sie überhaupt zur Weide laufen konnte. Jetzt, wo das Fohlen aus dem Bauch war, konnte sie auch bald zum Hufschmied und ordentlich die Füße gemacht bekommen. Chipsi bekam die Eisen herunter, wir wollten sie nicht an der Kutsche fahren, sie durfte auch barfuß bleiben.

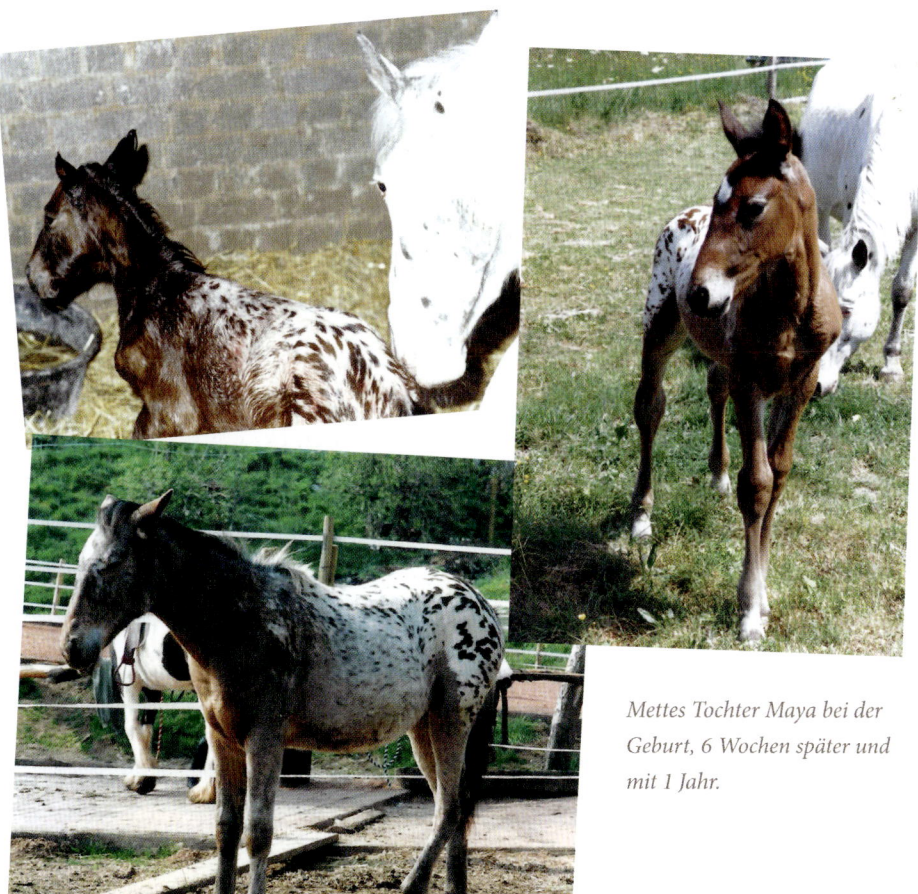

Mettes Tochter Maya bei der Geburt, 6 Wochen später und mit 1 Jahr.

Die Tage gingen dahin und unser neues Haus wurde immer überschaubarer. In diesem alten Gemäuer steckte mehr Arbeit, als wie anfangs gedacht hatten. Wir hatten es total ausgebeint und neue Decken und Böden aus Holz eingezogen und die alten Balken des Fachwerks gereinigt und gepflegt. Wir wollten im Sommer umziehen, damit die Kinder zum neuen Schuljahr gleich den Schulwechsel machen konnten. Daher war Eile geboten und alle fassten mit an, und mit zusätzlicher handwerklicher Hilfe schafften wir es dann auch mit dem pünktlichen Umzug.

Es gab für die Pferde einen alten Stallteil, der früher einmal für Kühe und Kälber gebaut worden war. Das konnte so nicht bleiben. Wie besorgten uns zuerst ein stabiles Pferdezelt, stellten es auf einer der Wiesen in Hausnähe auf und gewannen Zeit, um einen neuen Offenstall anzubauen.

Unsere Reitschule wollten wir bald eröffnen, sobald wir uns eingelebt hatten. Dazu wurden jetzt noch Pferde gebraucht. Bei unserer Arbeitsteilung blieb es mein Job, dafür zu sorgen. Ich hatte den Kontakt zu Herrn Martin behalten und er war beauftragt, nach Knabstrupperstuten zu suchen. Das tat er auch. Ich kaufte bei ihm eine große Stute namens Nancy. Sie bekam später ein schönes geschecktes Hengstfohlen, das wir Tempico nannten. Eine junge Tinkerstute, Mikado, hatten wir auch schon erworben. Sie war nicht tragend aber sie gefiel uns gut und passte zu uns.

Chipsi fohlte am 5. November ab, eine niedliche Tochter, weiß mit schwarzen Tupfen. Sie hieß Conchita, sah aus wie ein kleines Steiftier mit einem plüschigen Winterfell. Sie war wild und temperamentvoll, während Maja ruhig und leicht erziehbar war. Die beiden konnten zusammen über die Weiden rennen und hatten viel Spaß miteinander.

Eines Tages fuhr ein Wagen mit Pferdeanhänger vor. Ich erkannte Herrn Martin darin, der aber nicht angekündigt war. Er stieg aus und ich sah von weitem, wie er mir ein Pferd in mein Zelt stellte. Als ich vom Haus zu ihm gegangen kam, meinte er, er habe eine tragende Stute ins Zelt gestellt, die hatte er auf einem Weg zum Kunden mitgenommen und ich wolle ja immer welche. Ich könne schauen, ob sie was für mich ist, sonst nimmt er sie wieder zurück.

Das war sehr unkonventionell, fand ich, aber was soll's. Versuchen wir es halt. Sie war nicht bezahlt und es hätte Zeit, meinte Herr Martin.

Er fuhr auch wieder schnell weiter und ich ging ins Zelt, um das Tier zu versorgen. Es schien auch sehr schwanger zu sein, dem Bauchumfang nach zu urteilen. Als ich in seine Nähe kam, fletschte es die Zähne und griff mich an. In dem Zelt waren die Boxen nur mit losen Abgrenzungen versehen, also keine massiven Wände oder Türen. Ich nahm Abstand und sah mir die Stute an. Sie schien völlig verängstigt zu sein und war gegen jede Nähe des Menschen, geschweige denn Berührungen. Manfred versuchte ihr näherzukommen, da war nicht dran zu denken. Wir warfen ihr frisches Stroh rein und Heu, alles aus sicherer Entfernung, und stellten unter Gefahr Wasser an die Box, so dass sie es erreichen konnte.

Am nächsten Tag kam der Tierarzt und wir baten ihn, nach ihr zu sehen. Das ging auch gar nicht, sie schlug und biss nach ihm, es war kein Rankommen.

Das Pferdezelt war in einem Tag aufgebaut und hatte Platz für alle unsere Pferde, solange bis der neue Offenstall fertig war: Es stand nicht direkt am Haus, sondern am Ende des Grundstücks. Man musste also ein paar hundert Meter dort hingehen.

Es legte sich auch in den nächsten Tagen gar nicht, und so entschieden wir, sie nicht zu behalten. Die Geburt stand zu kurz bevor, so wäre man weder an sie noch an das Fohlen herangekommen, was ja aber immer nötig werden konnte. Ich rief Herrn Martin an, und sagte, wie es aussähe. Er meinte: „Dann bringen Sie sie mir zurück."

Er hatte nicht verstanden, dass genau das auch nicht ging. Man hätte ihr kein Halfter anziehen können und sie verladen. Ich bestand darauf, dass er sie abholen sollte, weil sie auch eine Gefahr für jeden darstellte, der das Pferdezelt betrat. Um ein Haar wäre Diana von ihr in den Kopf gebissen worden und ich wollte sie schnell wieder weghaben.

Es passte ihm nicht, aber er sagte dann widerwillig zu, sie abzuholen. Ich erklärte ihm noch einmal, dass er am Tage kommen müsse, weil wir in dem Zelt kein Licht hatten und man dazu sicherlich Tageslicht brauchte, sie aus dem Zelt zu holen. Dafür würden wir dann alle anderen Pferde auf den Reitplatz stellen, damit er freie Hand hatte. Er hatte sie ja auch gebracht, also sollte das irgendwie gehen. Er sagte zu, das so zu machen.

Wir erwarteten ihn morgen um die Mittagszeit. Manfred und ich hatten die wildesten Spekulationen, wie er das anstellen würde, das Tier aus dem Zelt zu nehmen und in seinen Anhänger zu bringen. Wir waren gespannt und wollten jedenfalls dabei sein, wenn Herr Martin zur Tat schritt. Es wurde Mittag und Nachmittag, wer nicht kam, war Herr Martin. Ich rief bei ihm zu Hause an. Seine Frau war am Telefon und meinte: „Ja, mein Mann musste später weg, da ist was dazwischen gekommen. Er kommt aber noch."

Ich meinte, dann sei es sicher besser, er kommt morgen statt heute. Bis er hier sei, wäre es dunkel. Sie wollte ihm das ausrichten. Das Zelt stand nicht unmittelbar am Wohnhaus. Man musste ca. hundertfünfzig Meter dorthin gehen.

Am späten Abend, es war dunkel und ich wollte eigentlich schlafen gehen, hörten wir ein lautes Holpern. Es rumpelte ein Gefährt Richtung Pferdezelt. Manfred und ich sahen uns an und wie aus einem Munde sagten wir: „Herr Martin!" Draußen sah man nicht die Hand vor Augen. Ich griff mir noch eben die Stalltaschenlampe und ging in Richtung Zelt. Dort angekommen, ahnte ich den Hänger von Herrn Martin im angrenzenden Feldweg. Er kam auf mich zu und grüßte nur sehr knapp. Er war ja sowieso kein Mann der großen Worte, aber jetzt schien er außerdem noch irgendwie sauer zu sein, dass der Pferdedeal mit mir nicht geklappt hatte. Er hatte auch eine Taschenlampe mitgenommen und ging vor mir her ins Zelt.

„Lassense mich mal machen", sagte er und bedeutete mir, draußen zu warten. Ich stand also leise vor dem Zelt und harrte der Dinge. Ich hörte wie er in leisem Brummelton sagte: „Hohooo, hohooo …" Dann nichts, dann wieder: „Hohoo." Es rappelte etwas. Dann wieder Stille. Es kam mir lange vor, und es tat sich nichts. Nach dem nächsten *Hohooo* hörte ich dann ein ärgerliches „Doof-Nuss", und anschließend kam Herr Martin aus dem Zelt und ging Richtung Auto. Ich wollte ihn aufhalten und sagte: „So geht das nicht, Sie können mir die Stute nicht einfach hierlassen und verschwinden. Sie ist so schwierig und dabei schwanger, das ist mir zu viel Risiko, ich möchte, dass Sie sie mitnehmen, heute, jetzt!"

Er ließ sich nicht beirren, antwortete nicht und verschwand im Dunkeln. Ich stand hilflos da, er war zu dem Feldweg und zum Auto entschwunden ohne Pferd. Was sollte ich jetzt machen? Ich konnte ihn nicht zwingen, das Tier aufzuladen und er hatte wohl gerade selbst gemerkt, dass es so einfach nicht war. Mit *Hohoo* alleine kam man hier nicht weiter, das hätte ich auch gekonnt.

Ich begann gerade, mich hilflos zu ärgern, da hörte ich ein dunkles Rumpeln, fast wie ein Donner und ein rhythmisches Vibrieren des Bodens. Ich sah nichts, aber irgendwas tat sich da. Es rumpelte heftiger und dann löste sich aus dem Dunkel der Nacht die Silhouette des Herrn Martin und hinter ihm ging etwas, ein Tier, ein Riese, ich konnte es nur ahnen.

Als die beiden näherkamen, erkannte ich neben dem Mann ein riesiges Pferd, weiß mit schwarzen Tupfen. Es war irgendwie wie aus einer Märchenwelt geliehen.

Sowas hatte ich noch nie gesehen. Das Pferd stapfte hinter ihm her und erschütterte dabei den Boden. Was für eine Gestalt! Und was macht er jetzt damit? Es war so groß, dass es sicherlich nicht in das Zelt passen würde und ich hatte keine Vorstellung von dem, welche Aufgabe dieser Märchenfigur zugedacht war.

Herr Martin sagte nur: „Komm Toni", und wendete ihn, so dass er mit seinem Hinterteil rückwärts in das Zelt eingeparkt wurde und auf diese Weise ging er immer weiter rückwärts mit Toni, bis er neben der Stute in der Box stand. Ich hatte eh keinen Platz mehr in dem Zelt, und harrte draußen der Dinge, die da kommen würden. Eine Weile hörte ich nur Gemurmel und undefinierbare Geräusche und dann irgendwann kam wieder das Dröhnen und Stapfen. Ich wusste ja jetzt: „Das ist Toni". In der Dunkelheit bot sich mir ein Bild wie aus einer anderen Welt. Da stand Toni, der Riese, und an ihm dran, fest angebunden, die schwierige, schwangere Stute, und das alles im mageren Lichtschein der zwei Taschenlampen von Herrn Martin und mir. Es war nicht zu fassen. Da zogen sie hin, die drei. Mensch mit zwei Pferden, eines Normalgröße und eins XXL. Die schwierige Stute lief fast wie ein dicker Zwerg neben Toni und musste sich anstrengen, mit ihm Schritt zu halten. Er ging unbeirrt seinen Weg und zog sie irgendwie mit. Da kam es nicht mehr drauf an, ob sie das wollte oder ob sie Vorbehalte hatte. Er ging! Und sie musste mit. Er hatte wohl auch kein Problem mit dem Pferdehänger und so transportierte er die Stute neben sich hinein. Dröhnen, Stampfen, Rumpeln, Klappe zu und fertig. Herr Martin sagte nur noch „Tschüss", und ich sah die Rücklichter des Fahrzeugs in der Nacht verschwinden.

Tiefbeeindruckt stand ich noch eine Weile da. Wie genial hatte Herr Martin das gemacht. Niemals vorher und auch niemals mehr hinterher hatte ich etwas Vergleichbares gesehen oder gehört. Man kennt ja das Verladeproblem von Pferden und Hängerangst. Vielleicht könnte man sie auch so lösen. Ich weiß es nicht, aber das war ein Geniestreich. Der dicke, ruhige Toni mit seiner Aura hatte es einfach hinbekommen. Ich weiß bis heute nicht, wie Herr Martin es geschafft hatte, das schwierige Pferd an diesem Toni anzubinden. Aber es lässt sich vermuten, als er diesen neben der Stute eingeparkt hatte, konnte sie sich sowieso nicht mehr bewegen und dadurch kam er an sie ran. Vielleicht hat der Toni sie auch beruhigt und beschwichtigt, ihr auf seine Weise klar gemacht, dass sie sich nicht wehren soll oder braucht. Mir kam der Gedanke, was er ihr wohl gesagt hat. Ich war sicher, es gab Informationen unter den Pferden, die für uns unsichtbar ausgetauscht wurden. Etwas Ähnliches hatte sicher auch im Zelt stattgefunden. Als ich dann ins Haus zurückkam, war es schon spät. Ich erzählte Manfred noch von dem Abenteuer und ging schlafen, mit den Bildern im Sinn von Toni in der Nacht im Schein einer Taschenlampe. Ich war beeindruckt und fühlte mich gut, auch in dem Wissen, dass ich die Verantwortung für diese Stute nicht mehr hatte. Das hatte mich in den letzten Tagen belastet und so konnte ich beruhigt einschlafen. Das tat ich dann auch.

Inzwischen hatten wir begonnen, den Offenstall zu bauen. Der Behelf mit dem Pferdezelt sollte ein Ende finden. Herr Martin hatte sich länger nicht gemeldet. Ich fragte später noch einmal nach, wie es der Stute wohl geht. Er meinte, sie habe bei ihm auf der Weide abgefohlt und es sei alles in Ordnung. In dem Zusammenhang bot er mir wieder eine tragende Knabstrupperstute an. Sie sei fünf Jahre und er könne sie kriegen und mir dann bringen. Ich war froh, dass er nicht nachhaltig verärgert war, und hatte auch Interesse an der Stute und sagte ihm zu.

An einem der nächsten Tage brachte er sie. Sie war cremeweiß, mit hellbraunen kleinen Tupfen, eher wie Sommersprossen als Punkte. Sie erinnerte mich von den Hufen an Mette früher, die waren auch lange nicht gemacht worden und das ganze Tier verhielt sich ängstlich und unsicher. Inzwischen hatte ich ja viel Erfahrung mit Pferden, dachte ich und machte mir darüber keine Sorgen.

Ich krieg das schon hin, Hauptsache sie ist gesund. Brav war sie im Grunde auch, nur schüchtern. Das sollte kein Problem sein. Ich fand sie sehr schön und wollte mich im Anfang viel um sie kümmern, um sie so bald wie möglich in die Herde zu integrieren. Ich ging täglich zu ihr, um sie zu bürsten und zu „zähmen".

Anfangs ließ sie sich gar nicht striegeln, sie wollte nicht angefasst werden. Ich blieb beharrlich dabei, und erwirtschaftete mir nach und nach die Erlaubnis, sie streicheln zu dürfen, zu bürsten und bei ihr zu sein. Ich redete mit ihr, erzählte ihr von den anderen Pferden und dachte, dann lernt sie meine Stimme kennen und merkt, ich will ihr gut. Sie sollte sehen, sie muss keine Angst vor mir haben, sollte Vertrauen aufbauen und im günstigsten Fall sich sogar freuen, wenn ich zu ihr komme.

Der neue Offenstall.

Ich kam mit meinem Ansinnen gut voran, wie ich fand. Ich konnte Cheyenne, so hieß die Stute, inzwischen fast überall anfassen, sie bürsten und sie wenden, um sie auf der anderen Seite zu pflegen. Sie kannte das alles jetzt und ich interpretierte ihr Verhalten als relativ entspannt.

Eines Tages war ich gerade bei ihr, als ein Handwerker, der an dem Offenstall baute, sich einen Hammer auf den Fuß fallenließ und durch den Schmerz laut „Scheiße!" rief. In dem Moment, als sie das hörte, explodierte Cheyenne in der Box. Sie rastete förmlich aus, galoppierte auf den wenigen Quadratmetern und bockte wie ein Schaukelpferd. Sie war völlig außer sich und sah mich nicht mehr. Ich stand in dem gefährlichen Tretbereich und sprang geistesgegenwärtig in einen alten Futtertrog an der Wand, der noch aus der Kälberstall-Zeit des Gebäudes stammte. Ich hatte Angst um mein Leben, ich rief ihren Namen, um mich bemerkbar zu machen, aber drang gar nicht zu ihr durch. Es schien ihr völlig egal zu sein, was mit mir ist. Aufgebracht und wie von Sinnen ging sie mal vorne hoch, mal hinten und drehte sich, trat, auch in meine Richtung, es war ihr alles egal. Dieser Zustand dauerte gefühlt lange. In Realzeit war es wahrscheinlich kürzer, aber es kam mir ewig vor, wie eine unendliche Zeit der Angst um meine Gesundheit und mein Leben. Irgendwann hörte sie auf, stand pustend und anscheinend auch erschöpft da. Sie schien angespannt und ich wusste nicht, ob das die Ruhe vor dem nächsten Sturm war. Ich war völlig fertig und überlegte, ob ich jetzt schnell die Box verlasse, bevor sie vielleicht wieder weitermacht. Ich stand immer noch fest mit dem Rücken an die Stallwand gepresst, erhöht in dem Futtertrog, der mir vielleicht das Leben gerettet hatte. Vorsichtig und langsam bewegte ich mich, um zu testen, ob ich durch meine Bewegungen etwas bei ihr auslöse. Das war aber nicht der Fall. Ich musste die Box nicht durchqueren, um zur Tür zu kommen sondern nur an der Wand entlanggehen, die Tür war links an meiner Rückwand. Ich bewegte mich vorsichtig da hin und verließ dann zügig die Box, schloss sie von außen und ging ins Haus.

Ich setzte mich in der Küche an den Tisch und merkte erst jetzt, wie mir die Knie zitterten. Ich war in Sicherheit und konnte jetzt erst nachdenken, was passiert war. Als die erste Anspannung von mir abgefallen war, der Schock, spürte ich eine tiefe Enttäuschung in mir aufkommen. Was hatte ich für das Tier alles gemacht, sie betreut, gestreichelt, viel Verständnis für ihre Bedenken aufgebracht. Ich hatte ihr Zeit gelassen, sich an alles zu gewöhnen, und es ihr an nichts fehlen lassen. Ich hatte alles für sie getan, und sie hätte ihre Retterin einfach umgebracht ohne zu zögern.

Ich war enttäuscht, aber auch verärgert. Wie konnte sie so sein, warum hatte sie nicht wenigstens ein Einsehen mit meiner Situation? Ich war sauer auf sie, ich hatte keine Lust mehr, mit ihr eine Beziehung aufzubauen, wenn sie ja nicht wollte! Dann sollte es eben nicht sein!

Ich verfiel in eine Stimmung von Ablehnung und Frust, sowie Unverständnis für sie. Ich dachte bei mir: *Ich kann sie nicht verstehen, warum tut sie das?*

Durch diese Gedanken, dass ich sie nicht verstehen kann, änderte sich auch meine Stimmung. Plötzlich war ich saurer auf mich als auf sie. Ich verstand sie nicht, ich wusste nicht mal Genaues, warum das passiert war. Ob der Schrei des Handwerkers das ausgelöst hatte oder ob es sonst auch passiert wäre, ohne ihn? Das konnte ich nicht einmal sagen. Was geht in Pferden vor, wenn sie so sind? Was denken sie, was wollen sie, was fühlen sie, wie sind sie?

Ich hatte in den letzten Jahren viele Erfahrungen mit unterschiedlichen Pferden gesammelt, und war bis jetzt fest davon überzeugt gewesen, ich kann reiten, ich kann mit ihnen umgehen. Ich kenne mich aus, bin geduldig und wohlwollend verständnisvoll. Jetzt fing ich an, mich über mich selbst zu ärgern. War das hochmütig, so zu denken. Angeberei?

Kann ich gar nichts, nicht einmal ein Pferd beruhigen, wenn es sich erschreckt? Bin ich in Wirklichkeit anders, als ich mich selbst einschätze? Die Unsicherheit nahm ihren Lauf. Auch das fühlte sich nicht gut an. Wenn man dem Pferd keine Schuld anlasten durfte, wer hatte sie dann, was wäre richtig gewesen? Oder ist sowas einfach Schicksal? Kann das einfach passieren?

Wenn ich von mir dachte, verständnisvoll zu sein, bedeutet das, ich bin voll von Verständnis, Ich v e r s t e h e.

Ich verstand es aber in Wirklichkeit ja nicht und mir wurde klar, *jetzt denke ich im Kreis, so komme ich nicht weiter*. Ich hatte mich soweit beruhigt, dass ich wieder aufstehen und neue Entscheidungen fällen wollte. Als erstes wollte ich Cheyenne aus der Box ins Freie führen zu ihren Freundinnen. Sicher tat die Gesellschaft der Herde ihr jetzt gut. Ich hatte sie zum Bürsten und Putzen zum Gewöhnen mit in den Stall genommen, weil wir dort eigentlich in Ruhe zusammen sein konnten.

Also ging ich in den Stall. Da stand sie recht ruhig, ließ sich das Halfter anziehen und ging mit mir ins Freie. Das war kein Problem, wenn ich mich auch kurzfristig ihr gegenüber sehr unsicher fühlte.

Sie ging ganz normal mit auf die Weide, wo ich sie in ihre Herde entließ. Ich wollte noch nicht zurück ins Haus gehen und setzte mich an den Rand der Wiese und sah den Pferden zu. Meine eigene Unsicherheit versetzte mich in eine traurige Stimmung. Ich hatte aktuell die Energie und die Lust verloren, so weiterzumachen. Ich fühlte mich überfordert, aber auch zu unwissend. Schon als Kind ist es mir so gegangen, Dinge verstehen zu wollen, Tatsachen auf den Grund zu gehen und wissen zu wollen. Was wusste ich jetzt? Im Moment nur, dass ich nichts wusste. Wie sollte es weitergehen? Was war der Weg? Ich entschloss mich, in den nächsten Tagen nichts mit Cheyenne zu machen, bis ich innerlich ruhiger wäre. Ich wusste im Augenblick ja nicht einmal, was überhaupt sinnvoll ist und was ich mit ihr üben könnte. Die Handwerker würden noch einige Zeit für den Stall brauchen und das Risiko, dass einer wieder losschrie, war gegeben. Ich fand es ganz schön, am Wiesenrand zu sitzen, den Pferden beim Weiden zuzusehen und dabei nachzudenken.

Ich wollte das in den nächsten Tagen vermehrt tun, da sitzen, schauen und denken, bis ich weiterwusste. Während ich so vor mich hinschaute, fiel mir auf, dass in der Herde eine Art leise Bewegung war, während sie grasten. Eines ging und ein anderes kam, manchmal ging eines weg, weil ein anderes kam und manchmal nicht. Ich fand das interessant und es wurde mir klar, das alles ist kein Zufall. Da steckt ein System dahinter.

Das ist ja verrückt. Wie spannend ist das denn? Ich stellte fest, die Pferde „reden" miteinander, während sie grasen. Das Gehen bedeutet etwas und sie antworten einander. Das hatte ich nicht gewusst, niemand hatte das je gesagt und ich noch nirgendwo in all den Büchern und Fachzeitschriften gelesen. Ich sah genauer hin und konnte feststellen, sie wissen genau, was sie tun, und was sie tun dürfen oder müssen. Das zog mich ganz in seinen Bann und ab dem Tag war das eine Hauptbeschäftigung für mich im Umgang mit Pferden. Ich setzte mich mit Stift und Papier hin, um mir aufzuschreiben, was ich beobachtete. Wer wann geht, wenn wer kommt. Es stellte sich heraus, dass es im Grunde voraussehbar wurde für mich: *Wenn diese Stute kommt, wird diese gehen und diese nicht.*

Je länger ich ihnen zusah, desto mehr Gesten fielen mir auf. Da gab es feine Kopfbewegungen, die dafür sorgten, dass jemand Platz machte. Manchmal wurde der Kopf zur Seite genommen, gewartet und dann wieder geradegestellt. Dass Pferde den Hals schütteln und die Ohren anlegen können, hatte ich oft gesehen, aber diese feineren Gesten waren mir nie aufgefallen. Bisher hatte ich sie als unbedeutend übersehen.

An einem Tag kam Unruhe in die Herde, weil sie sich über etwas erschreckt hatten. Da sah ich, dass Chipsi in der Lage war, alle wie von Geisterhand zu stoppen. Sie hatte selbst einen Stopp hingelegt, indem sie die Hinterhand untersetzte und hinten leicht tiefergelegt zum Halt kam. Das führte dazu, dass alle das gleichermaßen taten. Ich war sehr beeindruckt. Ich hatte die Eskapaden von Cheyenne ja nicht vergessen. Ich dachte, wenn ich auch verstehe, was sie da machen, wie toll wäre es, ich könnte mitreden, könnte auch Dinge ausdrücken in Ihrer Sprache, die sie verstehen. Das mit dem Stopp fand ich so eindrücklich und eindeutig, dass ich das einmal versuchen wollte. Bei der nächsten Gelegenheit wollte ich einmal ausprobieren, wie und ob ich das machen kann. Ich suchte mir die junge Conchita aus, die, während die anderen weideten, öfter einmal ihre Galopprunden drehte. Das war meine Versuchsperson. Ich ging also mitten auf die Wiese und als sie auf mich zu galoppierte, lief ich auch ein kleines Stück in ihrer Richtung, um Schwung zu nehmen und sprang mit beiden Füßen gleichzeitig einen kleine Satz nach vorne und kam sofort zum Stand. Ich erschrak fast, weil nur ganz geringfügig zeitversetzt Conchita das Gleiche machte und zack, sie auch dastand. Jetzt standen wir beide da. Sie hielt seitlich zu mir, drehte anschließend noch leicht ihr Hinterteil weg und sah mich an.

Da standen wir, ich hatte sie gestoppt! Wie verrückt. Jetzt standen wir uns freundlich gegenüber und keiner wusste, wie das jetzt weitergeht. Ich hatte mir bewiesen, das ist Sprache. Ich hatte etwas sagen können, was verstanden und gehorsam umgesetzt wurde.

Ich kannte nur den nächsten Satz nicht. Wenn das jetzt hieß: *halt bleib stehen*, dann müsste ich jetzt wohl sagen: *gehe weiter.*

Ich versuchte mich zu erinnern, wie war das denn bei Chipsi gestern? Wie hat sie das gemacht? Hat sie was gemacht? Oder muss man da gar nichts sagen? Die Tatsache, dass Conchita immer noch artig mir gegenüber stehenblieb, ließ mich vermuten: *Man muss etwas sagen*. Aber was?

Ich war aufgeregt und froh und wollte jetzt einfach meine Entdeckung Manfred berichten. Weil ich sowieso nicht wissen konnte, wie ich jetzt pferdegerecht aus der Situation rauskomme, entschied ich mich, einfach freundlich zu ihr zu gehen, sie zu streicheln und dann die Wiese zu verlassen. Das tat ich auch. Es schien nicht falsch zu sein, weil auch Conchita sich wieder zu den anderen gesellte und ganz normal weitergraste, als wäre nichts geschehen. Ich ging beschwingt ins Haus und konnte es kaum fassen. Zum ersten Mal im Leben hatte ich in Pferdesprache agiert. Ich hatte Conchita gestoppt, ohne etwas zu sagen, ohne Hilfsmittel, ohne vorheriges Training. Sie hatte es verstanden, weil es ihre Muttersprache war. Ich hatte eine Vokabel der Pferdesprache isoliert und anwenden können. Diese Erkenntnis war bahnbrechend für mich. Ab jetzt war ich nicht mehr aufzuhalten. Ich wollte die ganze Sprache erforschen und die dazugehörigen Vokabeln für den Menschen entwickeln. Ich wollte durch Experimente herausfinden, was die Pferde von uns Menschen verstehen können, obwohl wir auf zwei Beinen laufen, keine sichtbaren Signale mit Ohren geben können, langsamer sind, keinen Schweif tragen, also auch Handicaps haben im Vergleich mit Pferden. Davon wollte ich mich nicht abschrecken lassen.

Cheyenne mit ihrem Fohlen Caris.

Wenn ich jetzt an die Aktion mit Cheyenne im Stall dachte, kam mir sogar ein Gefühl der Dankbarkeit. Wenn sich das nicht ereignet hätte, wenn ich nicht frustriert aufgehört hätte, das zu tun, was ich und viele Pferdebesitzer immer tun, dann hätte ich diese Entdeckung nicht gemacht. Durch diese schlimme Erfahrung, hatte ich mein Verhalten verändert, mit der Tradition gebrochen und Neues gesucht. Und gefunden!

Ich entschloss mich, eine Filmkamera zu kaufen, um viel mehr Bilder einzufangen, festzuhalten und in aller Ruhe, auch wenn nötig in Zeitlupe, anzusehen und Vokabeln zu erforschen. Es machte mir unsagbar viel Freude, das zu tun. Ich suchte Gesten zu erkennen, sie zu übersetzen, sie zu bestätigen oder zu verwerfen. Je genauer ich wurde, desto schwieriger wurde es auch. Kaum hatte ich eine Geste isoliert und übersetzt, lehrte mich eine andere Situation, gleiche Geste – andere Pferde, dass es so nicht stimmte, wie ich gedacht hatte. Das war kompliziert. Hatte ich bei zwei Pferden in Wiederholung gesehen, was eines macht, wenn das andere kommt, dann sah ich die gleiche Geste in anderer Pferdekombination mit anderem Ausgang. Es dauerte einige Zeit, bis ich das Geheimnis lüften konnte. Es gab wie bei uns Menschen auch nicht nur die Vokabeln, sondern auch Regeln, nach denen sich verhalten wurde. Daher konnte es sein, dass sich zwei Situationen nicht glichen, weil mit den Vokabeln Regeln dargestellt wurden, und diese Regeln bezogen sich oft auf die soziale Stellung des betreffenden Tieres.

Es wurde noch viel spannender und natürlich auch aufwändiger, das zu erforschen. Ich hatte nebenbei ja auch noch eine Familie und ein Geschäft. An manchen Tagen wurde ich so von meinen Pflichten vereinnahmt, dass sie Forschung auf der Strecke blieb.

Aber es gab auch die anderen Zeiten. Und so konnte ich meiner Leidenschaft, die Pferdesprache zu erforschen und sprechbar zu machen, immer wieder nachgehen und kam recht gut voran.

Diese erste Zeit meiner Forschung fand in den frühen neunziger Jahren statt. Wir waren 1990 nach Ellenberg gezogen und nach vier Jahren zogen wir 1994 nach Spenge in NRW. In diesen vier Jahren legte ich den Grundstein für meine Forschung. In Ellenberg hatten wir zwar einen schönen Reitplatz, aber keine Reithalle und es stellte sich heraus, dass man im Hunsrück keinen durchgängigen Seminarbetrieb ohne Reithalle betreiben konnte. Aber als eine Art Saisonbetrieb waren wir nicht wirtschaftlich genug und außerdem hatte ich inzwischen Franziska, mein viertes Kind geboren. Das Haus wurde zu klein und wir entschieden, uns zu vergrößern, einen Reitbetrieb zu kaufen mit Reithalle und genügend Platz für die Familie zu haben. Aktuell besaßen wir zwölf Pferde, wollten uns aber auch in dem Punkt gerne vergrößern und wetterunabhängig arbeiten.

So kam es, dass wir die schöne Hunsrücklandschaft mit den herrlichen Wiesen und unser liebevoll renoviertes Haus verließen und am 4. August 1994 den Reiterhof in Spenge übernahmen.

Umzug nach Ellenberg

Umzug nach Spenge

Der Hof war früher auch ein normaler landwirtschaftlicher Betrieb gewesen und seit einigen Jahren hatte der Vorbesitzer auf Pferde und Reiterhof umgestellt. Wir trafen dort einen bestehenden Reitbetrieb an mit teilweise sehr misstrauischen Leuten. Wir brachten unsere Knabstrupper mit, die dort doch recht exotisch anmuteten. Hier standen vorwiegend die üblichen Warmblüter. Ich dachte in der ersten Zeit, es ist mir fast ein Rätsel, wie man die vielen Füchse voneinander unterscheiden kann. Die Kunden dieses Hofes wussten genauso nicht, was auf sie durch uns zukam, wie wir nicht wussten, was für eine Klientel wir übernommen hatten. Es sollte sich schon bald die Spreu vom Weizen trennen. Nach kurzer Zeit schon führten wir die Regel ein, dass kein Pferd geschlagen werden darf. Wir unterbanden Trainingsmethoden, die den Pferden Stress und Schmerzen machten und so nach und nach entvölkerte sich der Hof. Immer wieder zogen Leute mit ihren Pferden aus aber es kamen auch neue, die genau das suchten, was wir boten.

Meine Kinder mussten alle einen Schulwechsel verkraften und Franziska war nicht mal zwei Jahre alt. Während „die drei Großen" die neue Schule kennenlernten und neue Freunde fanden, war Franziska bei mir Zuhause.

Ich nahm sie zu all meine Arbeiten mit, aber natürlich brauchten wir beide auch Zeit zusammen zum Vorlesen, malen und singen. Deswegen gingen die Hausarbeiten nur in dem „gemeinsamen" Tempo zu erledigen. Abgesehen davon hatte das Wohnhaus einen nicht geringen Handlungsbedarf, was Sauberkeit und notwendigste Renovierungen anging. So war meine Forschung erst einmal zum Stiefkind erklärt, es gab Notwendigeres zu bewältigen.

Die vorhandenen Pferdeboxen waren alle besetzt und unsere Pferde wollten wir wieder in einen Offenstall stellen. Also griffen wir zu der altbewährten Methode des Pferdezeltes. Das kannten sie schon von früher und hatten auch gleich Wiese und Auslauf vor der Tür. Der Plan, einen neuen Stall zu bauen wurde erst später umgesetzt. Zuerst galt es, alles irgendwie ans Laufen zu kriegen und eine Art Ordnung und System herzustellen. Das war nicht so einfach. Die bestehenden alten Strukturen gefielen uns teilweise gar nicht, alle Pferde standen den ganzen Winter nur in Boxen, es gab keine Ausläufe. Das wollten wir ändern. Vieles war renovierungsbedürftig. Nach dem sprichwörtlichen Motto: Neue Besen kehren

Franziska mit 2 Jahren auf Chipsi, geführt von Manfred.

gut, schafften wir neue Besen und andere Arbeitsgeräte an und kämpften uns durch die Altlasten. In allen Ecken fanden wir verborgenen und vergrabenen Müll. Es gab viel zu tun.

Die Hofanlage hatte lange Laufwege und es gab noch keine Handys, um sich mit einem anderen schnell einmal kurzzuschließen.

Das ist heute so viel bequemer. Wir hatten viel Arbeit damit, die Pferdeweiden neu einzuzäunen. Wir mussten kilometerweite Stacheldrahtzäune entfernen. Gut war, wir hatten wenigstens genug Weiden, aber wir stießen vor allem bei den bäuerlichen Nachbarn nicht auf Verständnis, als wir das taten. Der Satz: „War immer gut", verfolgte uns. Es gab wenig Einsehen in unsere Ansprüche von Pferdehaltung und Umgang. Dennoch ließ ich mich nicht einschüchtern, auch wenn es Anfeindungen gab. Nebenbei betrieb ich so gut es ging meine Pferde-Beobachtungen weiter.

Durch die höhere Pferdeanzahl und unterschiedlichen Gruppen hatte ich auch mehr Beobachtungsmöglichkeiten als in Ellenberg. Im Zuge des Kundenwechsels, kamen immer mehr Menschen zu uns, die genau so etwas suchten. Einen huma-

Franziska mit Mikado.

nen Umgang mit den Tieren und mit Menschen. Das bekamen sie bei uns und so eröffneten sich auch Möglichkeiten, meine Pferdeforschung weiterzuvermitteln. Auch wenn ich wusste, ich stehe noch am Anfang, gab es doch schon so viele interessante Entdeckungen, dass es reichte, interessierte Schüler zu finden, die das von mir lernen wollten. Es war an der Zeit, meiner Forschung einen Namen zu geben. Wir nannten sie MOTIVA, abgeleitet von dem Wort Motivation, weil man merkte, die Pferde sind deutlich interessierter an dem Menschen, wenn sie sich verstanden fühlen. Der Widerstand in der Ausbildung, in der Menschen Dinge vom Pferd verlangen, die sich gegen ihren Instinkt richten, fällt weg, sie sind also motiviert zur Zusammenarbeit. Wir ließen den Begriff in München eintragen und ich startete meinen ersten Motivajahreskurs.

✳✳✳

Die Verbindung mit Herrn Martin blieb weiter bestehen. Auch hierhin lieferte er uns schwangere Stuten, der unseren Pferdebestand sehr schön erweiterten.

Cheyenne hatte in Ellenberg ein sehr hübsches Stutfohlen geboren. Das wollte ein guter Bekannter aus Berlin gerne kaufen.

Dieses Fohlen und auch Mettes Maja verkauften wir vor dem Umzug aus Vernunfts- und Finanzgründen. Maja ging zu unserem Tierarzt, der uns in der Zeit im Hunsrück die Treue gehalten hatte und bei dem wir dachten, dass sie es gut hat.

Mir fiel die Trennung von Maja sehr schwer, leider hatte ich keine Wahl, sie behalten zu können.

✳✳✳

Auf diesem Hof in Spenge gab es einen Westernreiter mit einem sehr schönen Appaloosa-Hengst. Seine geforderte Decktaxe war günstig und so entschlossen wir uns Chipsi, Mette und Cheyenne in 1995 einmal decken zu lassen. Sie nahmen alle drei auf und es gab im kommenden Jahr mehrere Fohlen.

Die Stute des Vorbesitzers, der in seinem „Altenteil" auf dem Hof wohnte, war auch von dem gleichen Hengst schwanger und sollte im Frühling `95 fohlen. Er hatte seine zwei Pferde zusammen in einem kleinen Stall stehen, der nicht deutlich größer als eine Box war. Wir trafen uns öfter bei der Abendversorgung draußen. Weil mich das Fohlen interessierte, schaute ich auch gerne einmal bei ihm im Stall vorbei. An diesem Abend gab es ein wichtiges Fußballspiel im Fernseher und er beeilte sich mit der Nachtversorgung. Ich sah die Stute an und meinte: „Ich glaube, sie hat Wehen, sie kommt nieder." Er glaubte es nicht und meinte: „Ich habe dafür jetzt keine Zeit, ich bin verabredet, wir treffen uns am Fernseher wegen des Fußballspieles. Deutschland spielt!"

Ich bat ihn, wenigstens das Zweitpferd, einen älteren Wallach rauszustellen, weil die Stute sich so nicht einmal hinlegen könne. Das tat er widerwillig, aber tat es und verschwand zügig in seinem Haus.

Ich hatte keine Ruhe und schaute nach der Stute. Es war ein scheues, schwieriges Tier, nicht geritten. Es hatte gute Papiere, aber irgendwann wohl einen seelischen Schaden erlitten und vertraute den Menschen nicht. Er hatte sie decken lassen, weil man „ja sonst nichts mit ihr machen konnte".

So wie es aussah, hatte sie schon geraume Zeit Wehen gehabt, im Stehen, und sich nicht gelegt, wegen des zweiten Pferdes. Sie stand verunsichert da, und ich war alleine mit ihr in dem Stall. Sie schien Schmerzen zu haben, ging unruhig auf und ab, legte sich, stand auf und legte sich. Sie blieb aber nicht liegen und ich sah, dass sie Wehen hatte. Ich hatte inzwischen ja einige Pferdegeburten erlebt und das war nicht normal. Ich ging zu dem Besitzer an die Haustür und meldete ihm, was ich beobachtet hatte. Er meinte, er kommt in der Halbzeit gucken. Pferde gebären alleine.

Als ich zurück zum Stall kam, lag die Stute, das Fohlen schaute mit den Hufen raus und es tat sich nichts. Sie hatte anscheinend kaum mehr Wehen und sie presste nicht. Sie lag ganz still und erschöpft im Stroh. Irgendwann kam noch mal eine eher schwache Wehe und ich half ihr, indem ich an den Beinen des Fohlens zog. Auf diese Weise dauerte es zwar eine Weile, aber irgendwann hatte ich es draußen.

Da kam auch der Besitzer zwischen zwei Halbzeiten schauen. Der kleine Hengst lag im Stroh und atmete nicht. Er lag leblos da, die Mutter stand nicht auf und kümmerte sich nicht. Sie legte den Kopf ab, stöhnte und konnte einfach nicht mehr.

Ich wollte den Kleinen nicht aufgeben und fing sofort an, ihn zu rubbeln und so eine Art Herzmassage zu machen. Ich übersteckte sein Köpfchen und pustete in seine Nüstern. Ich drückte und rieb und pustete und da plötzlich spürte ich ein Schnaufen, er bewegte das Köpfchen leicht, er lebte. Ich fuhr mit dem Rubbeln fort, er fühlte sich kalt an, aber er atmete. Ich hatte gute Hoffnung, dass das was wird.

Der Besitzer hatte Stress mit dem Ganzen und gönnte sich lieber eine Zigarette, an der er nervös zog.

„Das ist nichts für mich, mir sind schon so viele Fohlen gestorben, ich hab da kein Händchen für", meinte er.

Ich dachte nur: *Ja, das wäre hier jetzt auch passiert, wenn ich nicht gehandelt hätte und Fußball wichtiger ist als dein Pferd.*

Ich sagte das aber nicht laut, ich wollte diesen Moment nicht verderben und keine Diskussionen. Mir ging es hier um das Leben, um den kleinen Hengst. Er wurde etwas lebhafter und schien sich zu erholen, im Gegensatz zu der Mutter. Die lag immer noch zu still im Stroh. Sie lebte, aber sie wollte nicht mehr, sie wollte ihr Kind nicht sehen und sich auch nicht kümmern.

Inzwischen kamen noch Männer in den Stall, die Fußballfreunde des Besitzers, wobei auch der Hengsthalter war. Durch die Männergespräche hörte ich jetzt heraus, dass das Fohlen gar nicht dem Stutenbesitzer gehörte, sondern dem Hengsthalter versprochen war. Er war Handwerker und hatte einen Deal gemacht, das Fohlen gegen seine Arbeit. Na toll.

Der kleine Hengst erholte sich recht schnell und versuchte auf die Beine zu kommen. Darüber wurde von den Männern laut gelacht und sie stellten noch fest, wie er heißen sollte. Sein Name sollte „Last Minute" sein. Das passte, aber lustig fand ich es nicht.

Die Männer verschwanden wieder zu ihrem Fußballabend und irgendwann stand auch die Stute auf und der Kleine versuchte das Euter zu finden. Sie half ihm nicht und kümmerte sich auch nicht um ihn. Ich wartete noch die Nachgeburt ab und es war mir absolut unverständlich, wie man als Pferdehalter so sein konnte. Als die Geburt völlig abgeschlossen war, ging ich ins Haus, der Tierarzt bestätigte am nächsten Morgen alles sei o. k. Der Kleine wurde nicht gut angenommen von der Stute und man musste die ersten Tage die Mutter ans Halfter nehmen, sie halten, damit sie ihn trinken ließ, was sich aber zum Glück einspielte und dann konnten die beiden es auch alleine.

Ich hatte in der nächsten Zeit wenig Kontakt zu dem Fohlen, aber ich war froh und auch stolz darauf, dieses Tierchen gerettet zu haben und lenkte meine Aufmerksamkeit mehr auf unsere Stuten und deren Fohlen.

Zu dem Zeitpunkt ging ich noch davon aus, dass mir durch meinen Status als Hofbesitzerin oder Reitstallbetreiberin Respekt und Anerkennung entgegenbracht würde, zumal ich auch wie in diesem Fall Kompetenz bewiesen hatte. Das aber war ein Irrtum. Die Einsteller und Pferdebesitzer sowie Reiter hatten sich in den vergangenen Jahren einen Umgang mit den Pferden angewöhnt, der inzwischen fest etabliert war. Ich will nicht behaupten, ihnen seien ihre Pferde nicht wichtig gewesen, aber die Art und Weise des Umgangs gefiel mir nicht. Ich erkannte durchaus den Stil wieder, weswegen ich in den Reitschulen ferngeblieben war. Die Pferde wurden „geknottet", wie es hier hieß, sie wurden auch von den sogenannten Westernreitern in vollem Galopp vor die Wand geritten, um ihnen beizubringen, wie sie stoppen mussten.

Dieser „Last Minute" zum Beispiel hatte als junger Absetzer einmal in die Tränke geäpfelt. Der Besitzer meinte, das bleibt drin, er bekommt kein Wasser, dann kann er sehen, was das heißt, in die Tränke zu scheißen. Niemand fand das unmöglich und die ganze Art über Pferde zu reden und sie als Böcke, Zicken, stur und faul zu betiteln, ging mir gegen meine Natur.

Wenn ich dort meine Meinung anbringen wollte, wurde ich belächelt und man fand uns zu weichgespült. Deren Pferde sollten funktionieren, sonst kamen Konsequenzen.

Es gab auch das Model der Beteiligung. Das bedeutete, jemand hielt sich ein Pferd, kam nur zweimal die Woche zum Reiten und hatte in der Zwischenzeit jemanden, der anstatt seiner das Pferd ritt.

Eine Besitzerin eines solchen Pferdes sprach mich an, ihr Pferd müsse zwölf Tage lang eine Spritze bekommen, subkutan, und es ließe aber den Tierarzt nicht ran. Es habe Angst vor Männern oder überhaupt viel Angst und ich könnte doch gut mit Pferden.

Sie sagte, sie könne es nicht selbst tun, weil sie erstens nicht spritzen könne und das Pferd auch selbst vor Spritzen Angst habe und steigen würde. Das wiederum sei ihr zu gefährlich.

Ich kannte das Pferd vom Reitunterricht, hatte ja normalerweise im Alltag nicht viel mit ihm zu tun. Seit geraumer Zeit gab ich nachmittags zwei Reitstunden, da ritt ein Junge von fünfzehn Jahren dieses Pferd als Beteiligung bei mir. In der Stunde war das Tier unauffällig.

Ich sagte der Frau zu, ich wolle es versuchen. Ich konnte so viel Vertrauen des Pferdes zu mir aufbauen, dass diese zwölf Spritzen von mir gesetzt werden konnten. Aber auch hier hielt sich die Dankbarkeit der Besitzerin in deutlichen Grenzen, naja, ich hatte es für das Pferd getan.

In den nächsten Reitstunden achtete ich mehr auf das Pferd und den Jungen, der es ritt, und sah, dass er auf dem Weg zur Reithalle immer wieder mit dem Tier kämpfte und es auch recht heftig mit der Gerte schlug. Ich ging zu ihm, erklärte ihm einiges und sagte, er solle das Schlagen lassen. Er aber störte sich nicht daran, jeden Montag spielte sich das Gleiche ab. Er war trotz seiner Jugend recht arrogant und meinte, er wisse, was er tue, der Wallach brauche das. Meine Verbote halfen

Franziska mit Mette. Wir wollten es besser machen mit unseren schwangeren Stuten. Sie hatten Platz und wurden geliebt und betreut.

nichts, und die Besitzerin meinte, es wird schon so schlimm nicht sein, bisher habe er dem Pferd ja nicht geschadet.

Ich konnte es nicht mehr aushalten und drohte dem Jungen an, ihm zu kündigen, wenn er nicht damit aufhörte. Es hatte nur ein müdes Lächeln für mich und meinte, es sei ja ein Privatpferd, er würde tun, was er wolle und für richtig halte. Ich zog die rote Karte und erteilte ihm Hofverbot, damit war er raus.

Die Pferdebesitzerin erfuhr dann am Abend davon und war sauer auf mich, weil sie jetzt ihre Beteiligung verloren hatte und sich entweder selbst kümmern oder mühsam jemand anderen finden musste.

Außer dem Pferd war niemand begeistert von meiner Aktion.

Diese Entscheidung steht beispielhaft für vieles, was ich auf dem Hof erleben musste. Manfred und ich kamen häufig in den Gewissenskonflikt, wann wir Dienstleister sind mit dem Kunden als König und wo wir Grenzen setzen für uns und unsere Einstellung zu den Pferden. Wir hatten beide der traditionellen Arbeit mit Pferden abgeschworen und es fühlte sich falsch an, jetzt hier genau das aber hinzunehmen. Wir standen einer Macht von vierzig Leuten gegenüber, die einfach in Ruhe ihre Umgangsweise mit ihren Tieren ausleben wollten, und wir konnten vieles davon nicht dulden, wenn wir uns treu bleiben würden.

Finanziell sah es nicht gut aus, wir hatten viele Schulden übernommen und einen Hof, der an allen Ecken und Enden deutlichen Renovierungsbedarf aufwies. Wir

brauchten dringend die Einnahmen aus dem Betrieb, konnten uns gar nicht leisten, ihn zu entvölkern und konnten aber auch nicht aushalten, einfach zuzusehen, was da abging. Es war eine sehr harte Zeit, in den meisten Fällen siegte unser Gewissen und wir trennten uns nach und nach von allen ehemaligen Einstellern auf dem Hof.

Mit einem Privatkredit überbrückten wir die schwierigste Zeit ein wenig und es war klar, wir müssten etwas ganz Anderes aufbauen. Einfach einen Hof und Kunden übernehmen ging gar nicht. Wir hatten uns das doch leichter vorgestellt. Aber jetzt war es so, wie es war und wir suchten Lösungen dafür.

Ich war überzeugt von meiner Forschung und wollte sie vorantreiben, Seminare darüber halten und mich zuversichtlich neuen Wegen zuwenden. Ich wollte daran glauben, dass das Gute siegen muss und zwei Frauen, Ulrike Henke und Ulrike Hüttemann, hielten zu uns. Sie waren und sind die Einzigen, die noch aus der alten Mannschaft übriggeblieben sind und die seit der Zeit meine/unsere Arbeit mit Pferden aktiv unterstützen.

Ich war wild entschlossen, mein Leben mit Pferden so zu gestalten, dass es gut war für alle, und ließ mich nicht unterkriegen.

***

Ich hatte von Herrn Martin zwei tragende Stuten bekommen; eine Knabstrupperstute und eine Pintostute. Beide standen kurz vor der Geburt und ich wusste, da mache ich es anders. Wir betreuten die Tiere in den letzten Tagen vor der Geburt sehr bewusst, achteten auf Vorzeichen der Niederkunft, weil wir die auf keinen Fall verpassen wollten. Das klappte auch, und wir bekamen jeweils ein schönes Hengstfohlen. Manchmal dachte ich daran, dass mein eigentlicher Berufswunsch ja Hebamme gewesen war, und jetzt leistete ich immer wieder Geburtshilfe, wenn auch auf eine andere Weise. Es machte mir Freude, die Kleinen heranwachsen zu sehen und das Beste war, es gab immer Interessenten auf dem Hof, die sich häufig schon vor der Geburt für ein Fohlen interessierten. Wenn es ging, riefen wir die zukünftigen Besitzer zur Geburt dazu und sie konnten in der Prägezeit ihres Pferdes dabei sein. Das schien mir sehr vernünftig und es bewährte sich. Die Fohlen hatten gleich einen persönlichen Menschen, der sie liebte und streichelte und sich verantwortlich fühlte und wir hatten einen neuen Einsteller mit einem Pferd, das wir von Anfang an kannten. So konnte sich unser Hof langsam mit neuen Kunden aufbauen, weil bis auf die beiden Ulriken alle alten Einsteller nach und nach auszogen.

Mich hatte seit der Kindheit Verhaltensbiologie interessiert und so lag es auf der Hand, sich auch mit den Prägezeiten bei Fohlen zu befassen. Inzwischen hatte ich etliche Fohlengeburten erlebt und begleitet, das Thema wurde einfach pressant.

Fast jeder hat irgendwann etwas von Konrad Lorenz mit seinen Gänsen gehört und ich hatte schon alle Bücher von Eberhard Trumler gelesen, dem Wolfs- und Hundeforscher. Lorenz und er waren Kollegen gewesen. Ich fand es spannend, von den Prägezeiten der Hunde zu erfahren, wie die Eltern ihre Welpen in den verschiedenen Phasen betreuen, um das Beste zu fördern und „Leben lernen" optimal zu unterstützen. Er hat es viele Jahre an zig Tierfamilien beobachtet und spannende Bücher dazu verfasst.

Jetzt wollte ich sehen, wie sich das bei Pferden zeigte.

Das „Raubtier" Wolf (oder Hund), ein Beutegreifer, der blind und hilflos geboren wird, muss ja andere Entwicklungsphasen haben als ein Fluchttier Pferd. Wie oft hatte ich schon gesehen, wie ein Fohlen eine Stunde nach der Geburt dasteht, bereit für den Galopp und die Flucht, wenn sie nötig wäre. Zu dem Zeitpunkt ist der kleine Wolf oder Hund gerade mal blind an den Zitzen und saugt. Er braucht über eine Woche, bis er sehen kann und noch deutlich länger, bis er auf wackeligen Beinen gehen übt. Zu dem Zeitpunkt ist das Fohlen schon viele Kilometer galoppiert und kann fast so schnell laufen wie die Eltern.

In den neunziger Jahren kam eine Neuheit in Form des Imprintens aus Amerika nach Europa. Dort hatte man festgestellt, die Fohlen haben eine Prägezeit direkt nach der Geburt. In den ersten vier Lebensstunden muss das kleine Fluchttier wesentliche Dinge begreifen und abrufbar machen. Es lernt den Geruch und die Stimme der Mutter kennen. Es kann selbständig ans Euter gehen und sich bedienen, es lernt eben alles, was es in den nächsten Tagen dringend zum Überleben braucht. Damit es das, was es gerade gelernt hat, nicht vergisst oder verwechselt, hat die Natur die Prägung eingerichtet. Diese lebenserhaltenden und schützenden Inhalte werden unauslöschbar eingeprägt. Es muss sie nicht mühsam erinnern und üben, es erfährt sie und beherrscht sie in der Geschwindigkeit, wie ein Fluchttier es eben braucht. Da ist keine Zeit für langes Wiederholen, vergessen, neu versuchen. Diese Sicherheit herzustellen, dazu dienen die ersten vier Stunden seines jungen Lebens, dann sollte all das unwiderruflich abrufbar sein.

Was bedeutet das für uns? Alles was das Fohlen in den ersten vier Stunden seines Lebens erfährt, merkt es sich für immer. Es ist ihm eingeprägt, unwiderruflich.

Als diese Erkenntnis sich verbreitete, gab es findige Pferdetrainer, die sich das selbst zu Nutze machen wollten. Sie nahmen der Stute das Fohlen weg und nutzten die Gunst der Stunde, um sich die späteren Trainingszeiten zu vereinfachen. Sie prägten das Fohlen anstatt auf die natürlichen Dinge auf die menschlichen Bedürfnisse der nächsten Jahre. Das Fohlen wurde in allen Körperöffnungen berührt, die Hufe gehoben, Halfter angezogen und eben das mit ihm angestellt, was später vereinfacht abrufbar sein sollte. Beim Imprinten missbraucht man also die natürliche Prägezeit. Was die Natur sich FÜR das Fohlen ausgedacht hat, wird jetzt gegen es verwendet und auch gegen die Mutter. Die Stute prägt sich ja auch auf ihr Kind, seine Stimme, Geruch und braucht all das für die gemeinsame Bindung. Auch das ist ja sehr sinnvoll von der Natur eingerichtet. Falls sie ein totes Fohlen auf die Welt bringt oder es gleich danach stirbt, ist die Bindung der Mutter geringer und sie kommt eher mit dem Verlust zurecht.

Selbstverständlich kamen solche Methoden für mich nicht in Frage. Aber ich wollte alles tun, die Prägezeit nicht zu stören und sie zeitgleich sinnvoll zu nutzen. Daher wählte ich den Weg, Mutter und Kind so zu lassen, wie sie sind, und einfach nur als sogenannter stiller Teilhaber dabei zu sein in der Prägezeit. Dahinter steht der logische Gedanke, wenn die Natur beim Wildpferd dem Neugeborenen fast wie einen Zauberspruch eingibt:

Alles, was du jetzt erlebst, riechst, hörst, spürst und siehst, gehört ab jetzt zu deinem Leben, das sollst du nicht vergessen und ist für immer in dir verhaftet, dann merkt sich das Fohlen auch all das, es braucht selbst dafür nichts zu tun. Es ist in seinem Gehirn eingeprägt wie die Prägungen auf einer Münze und das gilt nicht nur für das Wildpferd, sondern gleichermaßen für das domestizierte Pferd.

Auf dem Hintergrund kam mir ein sehr wichtiger Gedanke, der einen der vielen Irrtümer im Umgang mit Pferden aufklären sollte. Um das genau zu erklären, muss ich ein klein wenig ausholen.

Mitte der Neunziger Jahre kamen so allmählich die Pferdeflüsterer auf den Markt. Der Roundpen wurde propagiert, die Bodenarbeit gesellschaftsfähig gemacht und vor allem immer wieder Wert darauf gelegt, man dürfe den Pferden niemals in die Augen schauen. Ich kannte den Rat auch schon aus früheren Zeiten, aber jetzt sprach jeder davon und viele versuchten gerade bei und nach dem Bodentraining, das Pferd zwischen den Augen zu streicheln und dabei fast krampfhaft den Kopf zu senken, um nur nicht dem Blick des Pferds zu begegnen. Es wurde ein Kult: *Sieh dem Pferd nicht in die Augen, sonst denkt es, du seist ein Raubtier.* Ich finde es erstaunlich wie diese These sich behauptete und ihren Weg in Zeitschriften und Bücher fand. Es wurde geglaubt und befolgt. Ob Groß oder Klein, jeder nahm die Botschaft an:

Der Mensch hat die Augen vorne und deswegen denkt das Pferd, Menschen sind Raubtiere. Wenn wir ihm in die Augen blicken, bekommt es Angst.

Warum das ein Irrtum ist, kann ich ganz leicht logisch erklären. Darum war das die kleine Exkursion und nun zurück zur Prägung.

***

Was alle diese vielen Pferdefachleute, Flüsterer, Trainer oder sonstigen Schlauen nicht wissen oder nicht bedenken:

So gut wie alle diese Pferde haben als Fohlen in den ersten vier Stunden ihren Besitzer und/oder andere Menschen gesehen. In dieser Zeit prägten sie sich auch ein:

Solche Wesen gehören ab jetzt zu meinem Leben.

Das neugeborene Fohlen hat ja keine Vorstellung von dem, was es auf dieser Welt erwartet. Es kommt unvorbelastet auf die Welt, sieht, riecht, spürt, und merkt sich alles, was es jetzt erfährt, als zum Leben dazugehörig; egal, was es ist.

Es hat keine Vorstellung von der Mutter, weiß nicht, dass es ein Pferd ist und dass wir Menschen sind. Es nimmt nur wahr und prägt sich alles ein. Also auch uns und wie wir aussehen. Es ist nicht erstaunt darüber, dass wir unsere Augen vorne haben, unsere Ohren fast nicht zu sehen sind, und auch nicht über unsere Zweibeinigkeit. Alles ist gut so, wie es ist, und wird von ihm vorurteilsfrei angenommen. Es kennt keine Gefahren, kein Raubtier. Hochwahrscheinlich wird das domestizierte Pferd auch keinem Raubtier begegnen, lebenslang nicht. Das Gefährlichste, was ihm begegnen kann, ist wahrscheinlich der Mensch, **weil** er ein Mensch und kein Raubtier ist.

Es ist also ein grandioser Irrtum, dass unsere Pferde Angst bekommen, wenn wir sie ansehen, ihnen in die Augen sehen. Ich habe es immer wieder ausprobiert und konnte diese Aussage grundsätzlich als unrichtig deklarieren.

Es erstaunt einen schon, bedenkt man, wie schnell sich das Imprinten als Technik für bequeme spätere Ausbildung verbreitet hat und angenommen wurde, wobei sich aber all diesen Menschen diese Logik mit dem Augenkontakt nicht erschloss. Es liegt ja auf der Hand: Entweder die Zeit nach der Geburt prägt, dann tut sie das mit jeder Wahrnehmung oder sie prägt nicht. Aber selektives Prägen in der Nachgeburtszeit, nur auf das, was man sich vorstellt, geht natürlich nicht.

Unabhängig davon, dass das alles so logisch ist und für mich Meilensteine im Verständnis für Pferde bedeuteten, lernte ich aber auch einiges über Menschen dadurch.

Erweist sich etwas als praktisch und/oder wirtschaftlich, so sind die Menschen schnell gewillt, das zu glauben und anzuwenden, wobei sie der Sache gegenüber gleichzeitig unkritisch werden. Hauptsache, es klappt schnell und gut, Hintergründe oder Konflikte interessieren nicht in dem Zusammenhang, werden beiseitegeschoben.

Es entwickelte sich eine Massenbewegung, durch Bodenarbeitstechniken Pferde schnell gefügig zu machen, verladen zu können und schneller auszubilden. Die Ausbildung zum Reitpferd, die früher bei Dreijährigen begann und auch einige Jahre dauerte, wurde jetzt im Zeitraffer propagiert. Pferde in drei Tagen einreiten – als Ergebnis der Pferdeflüsterei. Ich sah mir solche Veranstaltungen an und musste feststellen, welch ein Kommerz da betrieben wurde und wie wenig solides Pferdewissen dahinterstand. Es wurde publikumswirksam behauptet: „Wenn dein Pferd sich bei dir wälzt, hat es Vertrauen zu dir."

Ich war in meiner Forschung längst soweit zu wissen:

Das Gegenteil ist der Fall. Ein wälzendes Pferd zeigt dem Beobachter, dass es den höheren Rang hat und akzeptiert den Menschen in dem Fall gar nicht als Vorgesetzten.

Weil viele Pferde bei ihren Menschen wälzen, kam die Botschaft an und wurde, wenn auch als Fehlinformation, so doch gerne angenommen. Es freute die Pferdebesitzer, wenn ihr Pferd ihnen „vertraute", das tat gut und das wollte man ja auch gerne. Niemand kam auf die Idee, daran könnte etwas nicht stimmen. Viele hielten große Stücke auf die neue Welle, wie auch all die Gurus, die sich als energetische, charismatische Pferdeflüsterer zeigten. Man war stolz darauf, dort Unterricht zu bekommen, Kurse zu absolvieren und ging mit Fehlinformationen nach Hause. Diese Trainer bildeten in ihren Schulen immer mehr Nachfolger aus, und ich wurde öfter gefragt: „Machst du auch Pferdeflüstern?"

Das konnte ich nur verneinen, merkte aber auch, wie schwierig es ist, diesen Unterschied in wenigen Worten dem durchschnittlichen Pferdefreund klarzumachen. Die Leute waren sehr wohlwollend ihren Pferden gegenüber und erzählten zufrieden:

„Mein Pferd wälzt sich schon bei mir!" Also alles gut.

Es war schon gewissermaßen Pionierarbeit, die ich leisten musste. Auf die freudige Behauptung hin: „Mein Pferd wälzt sich bei mir immer, um mir sein Vertrauen zu zeigen", erklärte ich geduldig immer wieder, dass Wälzen Pferdesprache ist und dass es folgende Wälzregeln gibt:

***

Wer zuerst wälzt, ist der Ranghohe.
Wer über die gleiche Wälzstelle wälzt, widerspricht und behauptet, selbst der Ranghohe zu sein.
Wer wälzen des anderen freudig duldet, ist rangniedrig.

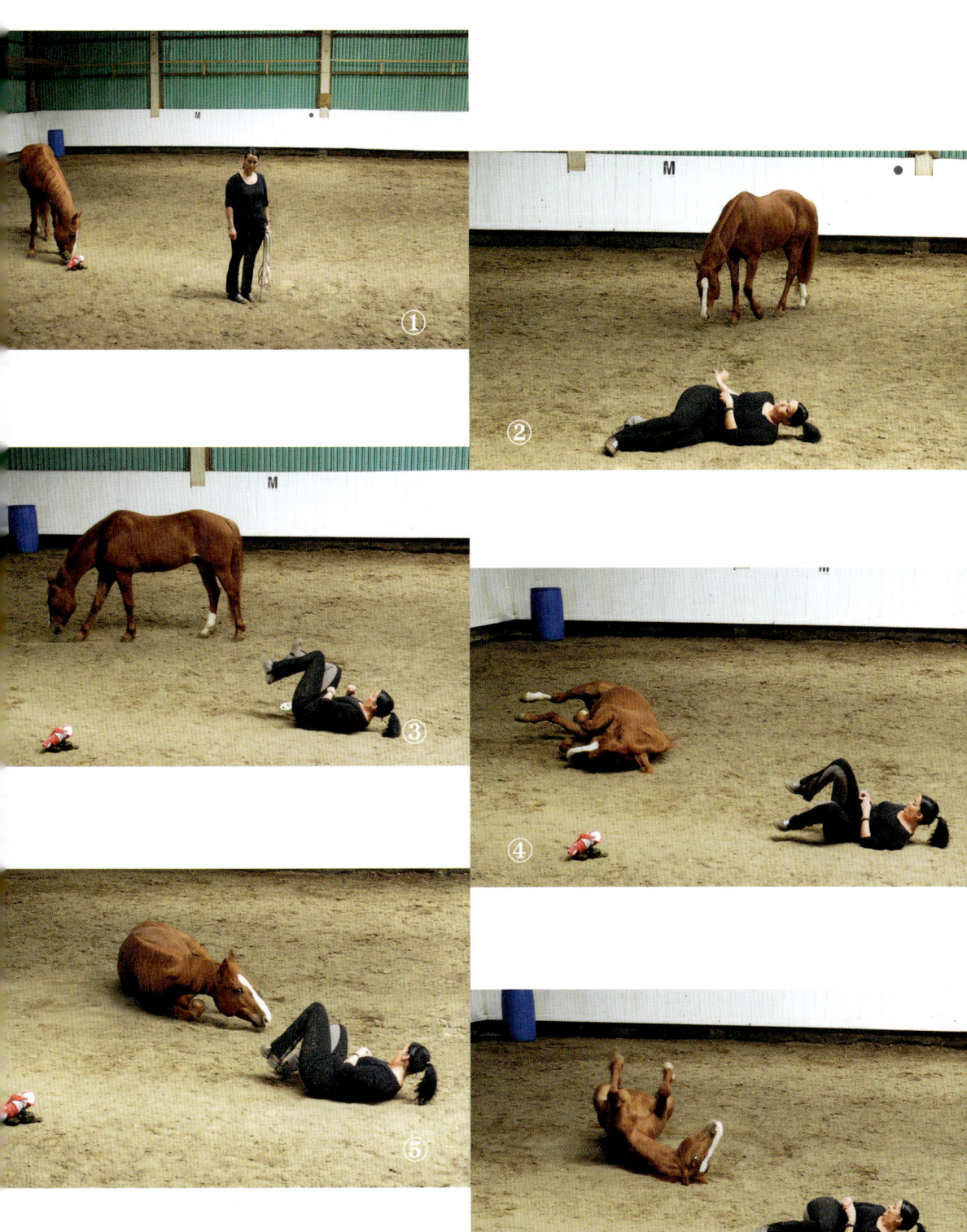

***

Die meisten waren beeindruckt, ich konnte ja alles erklären und belegen. Eine Frau allerdings sagte dann zu mir: „Bei meiner Stute ist es anders. Sie wälzt nicht, weil sie mir was sagen will, sondern sie wälzt eben grundsätzlich, wenn wir in die Halle gehen. Ich kann dann kaum das Halfter abmachen, dann liegt sie schon, ganz nahe an der Hallentür. Sie nimmt sich nicht mal die Zeit, ein Stück weiter in die Reithalle hineinzulaufen, so dringend will sie wälzen. Das macht sie aber nur zum eigenen Vergnügen, das hat mit mir nichts zu tun."

Nach einigem Zureden war die Frau bereit zu einem Experiment. Ich bat sie, das Pferd in die Halle zu führen, so wie immer. Allerdings sollte sie dieses Mal nicht selbst mit in die Halle gehen, sondern draußenbleiben, das Pferd nur losmachen und die Tür von außen schließen. Danach sollte sie zu mir außen herum auf die Tribüne kommen, um zu sehen, was die Stute macht. Das tat sie auch, sie war fest davon überzeugt, mir beweisen zu können, dass ich Unrecht hatte. Sie meinte ihr Pferd so gut zu kennen, dass sie unbeschwert das Tier holte, es in die Reithalle laufen ließ und die Tür schloss.

Was geschah? Nichts! Das Pferd stand erst da, dann ging es ein wenig auf und ab, roch den Boden ab und langweilte sich ein wenig. Es war niemand da, mit dem es reden konnte, also hatte es auch nichts zu sagen. Es wälzte nicht.

Die Besitzerin sah es mit eigenen Augen. Sie hatte ihr Pferd falsch eingeschätzt. Sie hatte einfach nicht gewusst, dass das Pferd ihr jedes Mal den Rang ablief, wenn die beiden in die Halle gingen. Aus der Sicht des Pferdes hatte sie dem Tier zugejubelt, wenn es ihr seinen Respekt absprach.

In Menschensprache übersetzt war es dann ungefähr so:

Franziska wälzt.

***

Pferd: „Wenn wir jetzt hier zu zweit sind, muss ja einer der Entscheidungsträger sein. Bist du es oder ich?"

Frau: (antwortet nicht in Pferdesprache, bleibt also aus Sicht des Pferdes sprachlos und unentschlossen)

Pferd: „Wenn du es nicht bist oder nicht weißt, ob du es bist, dann werden wir es am besten durch ein Rangordnungsritual herausfinden."

Frau: (antwortet nicht, ist aber bei guter Stimmung, also scheinbar einverstanden damit)

Pferd: „Ich nehme das Wälzritual. Wer zuerst wälzt, entscheidet."

Frau: „Ja mach mal, das kannst du einfach gut, ich sehe dir beim Wälzen gerne zu und genehmige dir das auch."

Pferd: (wälzt ausgiebig und genussvoll) „Siehst du, ich bin hier der King. Ich entscheide jetzt für uns."

Frau: „Klar mach nur, ich lege keinen Wert darauf und freue mich an deinem Sieg."

***

Ich erklärte das der Pferdebesitzerin noch mal mit diesen Worten und sie war ein wenig erschüttert. Sie ging in sich und sagte: „Jetzt verstehe ich, warum das Pferd sich hinterher manchmal nicht einfangen lässt, bockt und schwieriger ist als vorher. Ich dachte immer, ich mache ihm eine Freude, und jetzt sehe ich, das war so, wie ich es gemacht habe, nicht richtig. Ich mache das seit vielen Jahren so. Warum weiß das denn niemand?"

„Ja, du hast recht mit der Frage, aber *niemand* stimmt ja jetzt nicht mehr. Ich weiß es und du jetzt auch."

Solche und ähnliche Geschichten erlebte ich immer wieder und das brachte mich auf die Idee, eventuell ein Buch darüber zu schreiben. Ich hatte jetzt viele Jahre geforscht, viele Notizen gemacht und vielleicht war es an der Zeit, daraus etwas zu machen. Jedenfalls wollte ich darüber nachdenken.

Parallel dazu lief ganz normal unser Geschäft weiter. Wir hatten ja unsere Stuten teilweise von dem Appaloosa Hengst decken lassen und alle hatten schöne, gesunde Fohlen bekommen. Ich war bei den Geburten dabei und hatte Freude daran, oft mitzuerleben, wie das neue Leben zur Welt kam, wie die Prägung vonstatten ging.

Die Pferdemütter verhielten sich unterschiedlich. Welche standen sofort nach der Austreibung des Fohlens auf und andere blieben lange liegen. In der Nabelschnur ist eine Sollbruchstelle vorgesehen, die dann reißt, wenn die Stute aufsteht. Damit ist auch das Fohlen abgenabelt und kann sich selbständig von der Mutter wegbewegen. Mette zum Beispiel stand sofort auf. Sie drehte sich unmittelbar dann zum Fohlen hin und wusch es mit aller Mutterliebe und Vehemenz. Es würde förmlich

Wenn die Stuten vor der Geburt standen, hielten wir Nachtwache im Stall. Morgens sah das Lager dann so aus.

gegen den Strich gebürstet, im wahrsten Sinne des Wortes bis zum Umfallen. Sie konnte da so kräftig lecken, dass die Kleinen, gerade erst auf wackeligen Beinen stehend, dem Druck erlagen und noch mal ins Stroh plumpsten, um dann erneut aufzustehen. Sie „redete" viel mit ihren Kindern, machte leise Brummeltöne und leckte und rieb die Fohlen, bis sie munter und warm das Euter aufsuchten. Dazu stellte sie sich immer gleich so in den Weg, dass es leicht fiel, den richtigen Winkel zu finden. Sie war eine sehr begabte Mutter und hatte sichtlich eine tiefe Befriedigung dabei, Kinder zu bekommen und sie aufzuziehen. Das war bei anderen Stuten nicht unbedingt auch so.

Da der Westernreiter mit dem Hengst irgendwann auch aus unserem Stall ausgezogen war, kaufte Manfred sich einen eigenen Hengst, ein Painthorse. Der sollte dann der Vater verschiedener Fohlen werden. Mit dem eigenen Hengst auf dem Hof war es natürlich einfacher und auch schöner. Manfred hatte sich zusätzlich eine Quarterstute angeschafft, sehr schön und begabt.

Er hatte sie tragend bekommen und weil sie ein sehr schönes Stutfohlen gebracht hatte, ließ er sie von seinem Hengst noch mal decken.

Sie sollte von ihm ein gutes Fohlen bekommen. Sie wurde schnell tragend und mit Spannung erwarteten wir die Geburt. Da bisher alle Geburten gutgegangen

Garcia hatte in der Nacht Gandalf geboren. Beiden ging es nach einer schweren Geburt gut. Auch hier hatte meine Anwesenheit dem Fohlen das Leben gerettet.

waren, hatte ich auch hier keine Bedenken. Dennoch habe ich wie immer das Pferd zur Zeit der Niederkunft sehr im Auge gehabt und sie bekam keine Wehen, keine Harztopfen. Sie war schon reichlich über der Zeit, aber der Tierarzt meinte, das sei durchaus kein Grund zur Sorge, es gebe eben Stuten, die übertragen. Er mache sich da keine Gedanken. Ich aber schon, die Stute wirkte so, als gehe es ihr nicht so gut, als habe sie Schmerzen.

Eines Abends war es dann doch soweit. Calvin, die Stute, legte sich in der Box hin und hatte eindeutig Wehen. Sie presste und presste, aber es tat sich nichts. Normalerweise wären nun schon die kleinen Füßchen zu sehen gewesen. Aber nichts. Nach zu langer Zeit endlich sah ich etwas, aber zu meinem Schrecken, sah ich nur einen Fuß. Die Fohlen haben unter der Geburt eine Haltung, als wollten sie einen Kopfsprung machen, Arme nach vorne und Kopf darauf. Ich sah eindeutig nur ein Bein und es war klar, so geht es nicht, so kommt das Fohlen nicht durch den Geburtskanal. Wir riefen den Tierarzt an, der nicht vor einer halben Stunde da sein konnte. Er meinte, das sei sehr bedrohlich, meistens verliert man das Fohlen, weil die Mutter es dann totwälzt um es herauszukriegen, manchmal verliert man auch noch die Stute.

Was tun? Ich dachte nicht lange nach. Ich konnte nur gewinnen. Also Ringe aus, Uhr aus, Ärmel hoch und in einer Wehenpause reingreifen und fühlen. Ich fand mich nicht zurecht. Da war nur ein Bein, ich fühlte kein zweites, dann kam wieder eine Wehe, die Stute wollte wälzen und ich hatte Angst, sie bricht mir den

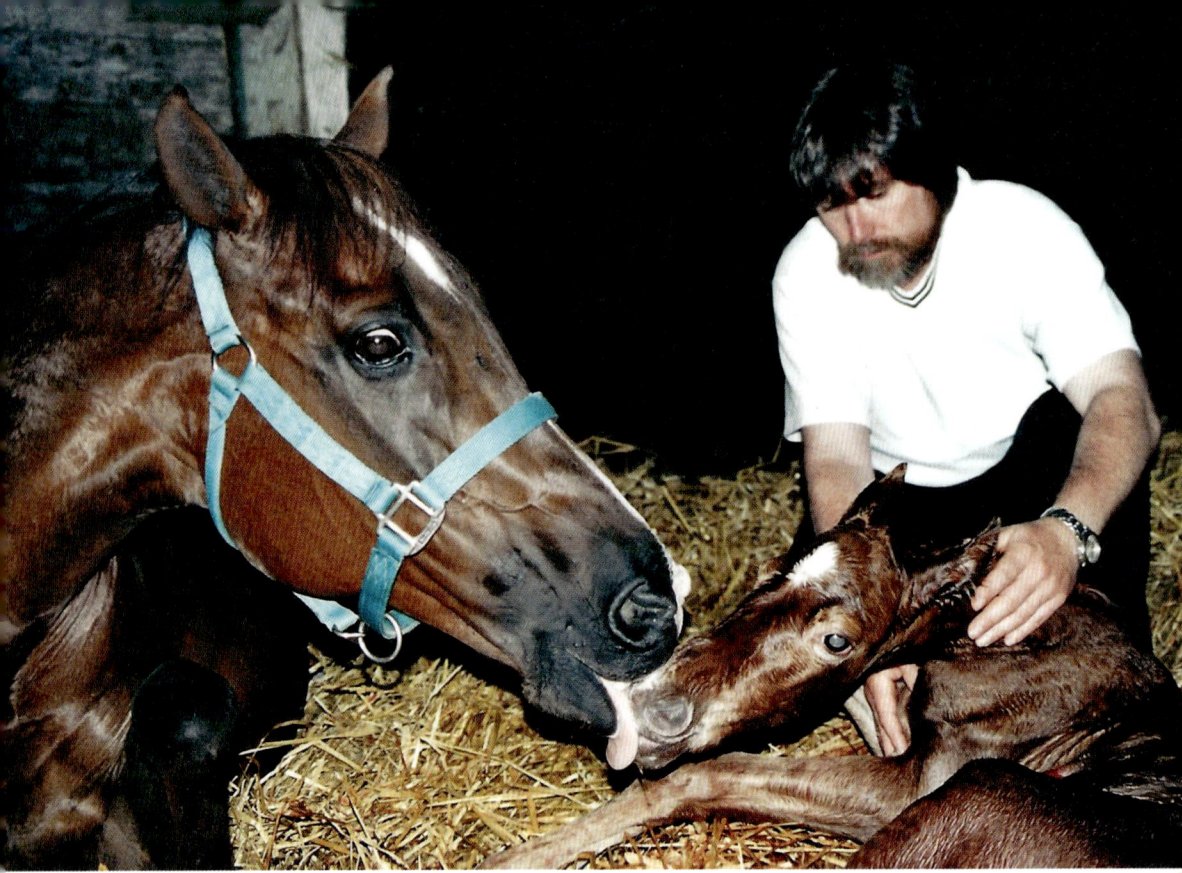

Calvin mit Tochter Parvati und Manfred. Fast wäre es schiefgegangen. Zum Glück konnte ich helfen. Nicht immer kommt die Natur alleine zurecht.

Arm. Ich konnte meinen Arm eben noch herausziehen und wartete die Wehenpause ab. Die Stute stöhnte. Es tat ihr weh. Ich hatte Verständnis dafür, aber wir hatten keine Zeit zu verlieren. Bei der nächsten Wehenpause wusste ich ja schon, was mich erwartet. Ich tastete mich an dem Beinchen entlang, fühlte das Köpfchen, das hing herab neben dem Beinchen. Ich musste dichter heran und fühlte die kleine Brust, da musste ja eigentlich auch das zweite Bein zu finden sein. Ich tastete und konnte jetzt fühlen, das Beinchen war da, es lag komplett gewinkelt nach hinten gestreckt. Die nächste Wehe kam. Raus mit dem Arm, Stute halten, dass sie sich nicht rollt. Das andere Beinchen schob sich mehr raus als zuvor und dadurch wurde es für das geknickte Füßchen enger. In der kommenden Wehenpause musste ich es schaffen. Ich schob so gut ich konnte das Tierchen wieder zurück in den Geburtskanal und fischte nach dem linken Füßchen. Da war es, ich hatte es, konnte es irgendwie greifen und vorsichtig nach vorne ziehen. Ich brachte es so nach vorne, dass es mit nur leichtem Versatz neben dem rechten Füßchen lag. Dazu hatte ich den kleinen Kopf angehoben, jetzt stimmte die Lage des Fohlens soweit, dass es bei den nächsten Wehen herauskommen könnte. Rein theoretisch. Die Wehe kam, es waren zwei Hufe zu sehen und auch zwei winzige Nüstern erschienen ordnungsgemäß auf den Beinchen liegend. Bei der nächsten Wehe half ich, indem ich die Beinchen anfasste und mitzog und es klappte. Der Kopf und die Schultern waren geboren und der Rest ist dann immer kein Problem mehr. Der kommt mit der nächsten Wehe leicht raus, weil die größte Schwierigkeit immer die Schulter-Kopf-Passage ist. Ich machte dem Fohlen gleich die Nüstern frei und es atmete auch sofort. Es lebte, es kam ganz heraus, ich legte es etwas zur Seite, und rubbelte es ab. Geschafft! Was für ein Kampf, was für ein Glück!

Eine tiefe Dankbarkeit erfüllte mich und die anderen, die mit dabei waren und erlebt hatten, wie dieser Kampf, dieses Wettrennen gegen die Zeit gewonnen worden war. Durch dieses beherzte Zugreifen und Handeln, war es gut ausgegangen. Nicht auszumalen, wie alles gewesen wäre, wenn ich es nicht geschafft hätte. Ich war erleichtert und erschüttert.

Das ist das Leben, dachte ich. Und mir kam in den Sinn: *Vielleicht habe ich doch ein Hebammen-Gen, wovon niemand etwas weiß.*

Calvin auf der Weide.

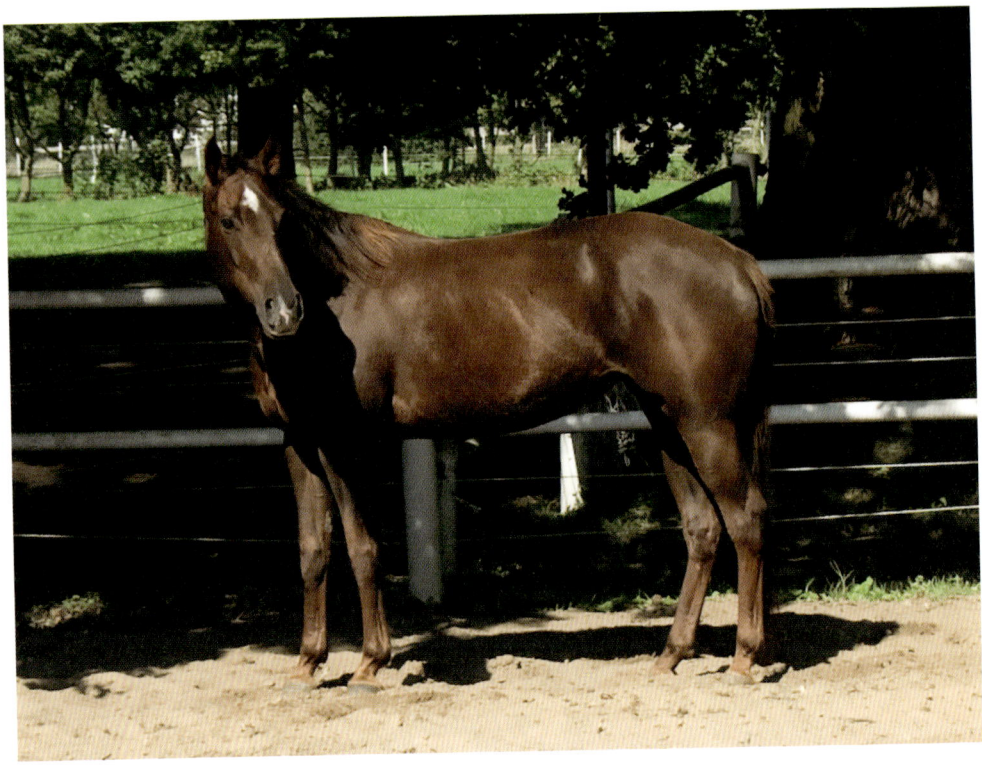
Parvati hat sich gut entwickelt.

Der Tierarzt traf ein. Er hatte sich beeilt und war auf Schlimmstes gefasst. Da lag das Fohlen im Stroh und die Mutter auch. Er fragte: „Wer hat denn hier Geburtshilfe geleistet? Alle Achtung!"

Ja, ich war auch stolz, das so hingekriegt zu haben, intuitiv und entschlossen zu handeln. Das Fohlen, es war ein kleines Mädchen, das wir Parvati nannten, hatte den linken Fuß wahrscheinlich schon lange im Mutterleib sehr stark nach hinten gebogen. Die Sehnen waren verkürzt, es konnte den Huf nicht aufsetzen. Es sah so aus, als wenn ein Mensch die Handinnenfläche zum Unterarm hin beugt. Der Tierarzt zeigte sich nicht sicher, ob das hinzukriegen ist, aber ich war guter Hoffnung. Er behandelte die Mutterstute noch, sie bekam Antibiotika, um eine Infektion zu verhindern. Nachdem sie sich ein wenig ausgeruht und erholt hatte von der Anstrengung und den Schmerzen, war sie wohlauf.

Mit dem Fohlen, das haben wir gut hingekriegt. Es wurde in den ersten Tagen bandagiert und wir massierten Parvati viel den kleinen Huf und die Sehnen, sie bekam Ruta, ein homöopathisches Sehnenmittel, und bald schon merkte man, der Huf konnte ein wenig mehr gestreckt werden. Dann gingen wir mit ihr über die Hofanlage. Einer führte sie und ein anderer setzte ihr bei jedem Schritt den kleinen Huf richtig auf die Erde, sodass die Sehnen Spannung bekamen, wenn sie

Parvati ist ein munteres, fleißiges und sehr sensibles Reitpferd geworden.

den nächsten Schritt machte. Nach etwa zwei Wochen konnte sie relativ gut alleine laufen und nachdem sie den Sommer über mit Mutter und Halbgeschwistern über die Wiesen getollt war, sah man nichts mehr. Einige Jahre lief sie im Schulbetrieb mit und war ein sehr sensibles, beliebtes Reitpferd geworden.

Erst im Jahr 2016 wurde sie an eine Frau verkauft, die Freundin meiner Tochter Diana.

Sie hatte sich seit längerem in Parvati verliebt, und somit ist sie inzwischen ein stolzes Privatpferd. Für die Stute änderte sich nichts am Lebensalltag, sie bleibt auf unserem Hof, in ihrer Herde, und hat nur anstatt wechselnder Reiter/innen eine feste Menschenfreundin, die sie liebevoll betreut und umsorgt.

Zum Glück sind solche dramatischen Geburten die Seltenheit. Meistens ging es einfacher, wenngleich es auch mehrfach Situationen gab, wo die Anwesenheit des Menschen das Fohlenleben gerettet hat. Wie schon erwähnt, hat die Nabelschnur eine Sollbruchstelle, die dann reißt, wenn die Stute nach der Geburt aufsteht. Vermutlich machen Wildpferde das auch sofort, um ihr Kind zu schützen. Es könnte ja ein Beutegreifer in der Nähe sein und das Junge gefährden. Durch das Aufstehen der Mutter reißt die Nabelschnur ab und die Eihäute ziehen sich weg von dem Fohlen. Dadurch werden die kleinen Nüstern frei für den ersten Atemzug. Viele domestizierte Stuten lassen sich Zeit mit dem Aufstehen, dadurch bleiben die Eihäute unversehrt auf dem Fohlen liegen, falls es sie nicht selbst mit seinen kleinen Vorderhufen durchstoßen kann. Wenn sie auf den Nüstern des Fohlens liegenbleiben, dann ist es wie in einer Tüte eingepackt und kann nicht frei atmen. Wenn es einatmet, legen sich dann diese Häute wie ein Verschluss auf die Nasenlöcher und es erstickt. In etwa der Hälfte der Fälle hätte es bei unseren Fohlengeburten geklappt, das Fohlen hatte die Eihaut schon mit den Hufen durchstoßen und konnte auch dann atmen, wenn die Mutter noch liegenblieb. In der anderen Hälfte war die Eihaut länger als die Beinchen und blieb unter der Geburt heil. Dadurch blieb die „Tüte" geschlossen und das wäre schlecht ausgegangen, wenn nicht der Mensch die Nüstern freigemacht hätte. Es ist nur ein Handgriff, aber der entscheidet über Leben und Tod.

***

Auch Mette bekam noch einmal ein Fohlen. Wir nannten es Miss Marple. Sie war ein taffes Model, schnell, klug und hatte viel von ihrer Mutter. Sie wurde später die dauernde Begleitung für Mette, was ein Segen war. Mette erblindete und so hatte sie in ihrer Tochter eine sehr gute Beschützerin und Begleitung. Miss Marple war an Mettes Seite, zeigte ihr wo sie gehen konnte und wo nicht. Sie erhielt damit lange Jahre die Lebensqualität ihrer Mutter, die trotz Blindheit noch munter auf Wiesen galoppieren konnte. Miss Marple wurde wenig geritten, weil sie diese wichtige andere Aufgabe mit solcher Leidenschaft und Konsequenz betrieb, dass es ihr Stress bereitet, von Mette wegzumüssen, um geritten zu werden. Daher entschieden wir uns, ihr diese Aufgabe zu lassen und für beide, Mutter und Tochter, den Weg zu gehen, den diese beiden sich wünschten.

Das Sandbaden hatte Erfolg, kräftiges Schütteln tut gut.

Miss Marple beim Sandbaden.

Diana mit Legolas und Yuma.

Hier füge ich noch eine Geschichte von Diana ein, meiner Tochter, die das Pony Zilly bekommen hatte. Wir hatten in Ellenberg unsere Herde der Knabstrupper aufgebaut, dabei war auch ein Wallach namens Domino. Er war ein gutes Reitpferd, das wir für unsere Seminare brauchen konnten. Er hasste die kleine Zilly offensichtlich und scheuchte sie sehr oft. Manchmal hatten wir berechtigte Bedenken, dass er sie durch den Zaun jagen würde. Weil Diana sie auch nicht mehr reiten konnte, sie war zu groß geworden, gaben wir Zilly an Leute ab, die eine kleine Shettyherde besaßen, damit die Kleine Gesellschaft hatte und nicht noch irgendetwas Schlimmes geschah, indem sie auf die Straße flüchtete. Alleine stellen wollten wir sie eben auch nicht und so zeigte sich das als gute Lösung. Diana war damit einverstanden, sie ritt inzwischen Mikado, eine Tinkerstute.

Ihr Herz hatte sie aber an ein schwarzes Pferd gehängt, eine fünfjährige Quartermixstute, die wir auch von Herrn Martin bekommen hatten. Sie biss und war eher schwierig. Sie war hochtragend und gebar im September, vier Wochen nach unserem Umzug nach Spenge, einen schönen, schwarzen Hengst. Amigo wurde ein schicker Kerl und lebt heute bei seinem Besitzer in Berlin. Es geht ihm gut.

Diana bildete mit Hilfe eines jungen Mannes die Stute aus und verliebte sich immer mehr in sie, dass ich nicht umhin kam, sie ihr irgendwann zu Weihnachten zu schenken. Sie war glücklich mit ihrer Yuma und die beiden wurden enge Vertraute, sie machte schöne Ausritte mit ihr und ging eine innige Verbindung zu dem Pferd ein.

Nachdem Manfred sich den Hengst gekauft hatte, lag es nah, die Stute einmal decken zu lassen. Sie nahm auf und gebar einen kleinen, rotbraunen Hengst.

Diana nannte ihn Legolas und war nun Besitzerin zweier Pferde. Sie kümmerte sich gut um den Kleinen, prägte ihn auf sich und brachte ihm alles bei, was er zum Pferdeleben mit ihr brauchte. Sie konnte die Mutter Yuma reiten und den Nachwuchs schon auf das spätere Reiterleben vorbereiten. Leider wurde Yuma irgendwann krank, sie wurde schwach, hatte Schmerzen in den Beinen und kein Tierarzt konnte uns weiterhelfen. Es ging mal besser, mal schlechter, aber richtig gut und reitbar wurde sie nicht mehr. Eines Tages war Diana verreist und Yuma ging es plötzlich ganz schlecht, sie legte sich auf die Wiese und stand nicht mehr

Yuma, Dianas Herzenspferd.

auf. Der gerufene Tierarzt war auch hilflos, man wusste eben nicht, was sie hatte, und irgendwann gelang es mir, sie wieder auf die Füße zubringen. Wir nutzen die Zeit, sie zu verladen und in eine Tierklinik zu fahren. Dort angekommen, stellten die Ärzte ein großes Aneurysma fest, der Oberschenkel war schon sehr angeschwollen und man sagte, es geht mit ihr zu Ende. Das ist nicht operabel und auch nicht heilbar. Sie wurde schwächer, hatte Schmerzen und ich gab mein Okay, sie zu erlösen. Es war schwer für mich, die Entscheidung selbst fällen zu müssen. Diana weinte sehr, als ich ihr die schlimme Nachricht überbrachte. Sie hatte schon geahnt, dass es irgendwann nicht mehr geht mit ihrer geliebten Yuma, aber wenn es dann so ist, dann trifft es einen doch sehr und man denkt, diese Lücke ist nie mehr zu schließen, es ist ein dunkles Loch. Zum Glück war Legolas da, der sie etwas trösten konnte und mit der Zeit verging der Schmerz und sie stürzte sich sehr in seine Ausbildung. Sie bildete ihn zu einem guten Reitpferd aus, und er läuft schön mit ihr.

So vergingen Jahre. Vor zwei Jahren suchte Franziska eine Friesen. Zu dem Zweck machten wir zusammen mit Diana eine Rundreise zu einem Friesenzüchter und auch zu einem anderen Händler, um uns Pferde anzuschauen. Diana war dabei, gab auch ihren Kommentar ab und alles war normal. Da kam ein Mann, der zu dem Hof gehörte und sagte:

„Dir verkauf ich auch noch ein Pferd."

Legolas, Yumas Sohn von Diana ausgebildet zum Westernpferd.

„Danke, ich hab eins, ich nehme wenn überhaupt nur `ne schwarze Quarterstute." Die sind sehr selten und Diana setzte voraus, dann ist er still, sowas gibt es ja kaum. Da meinte er:

„Okay, ich habe eine, also nicht ich, aber mein Nachbar, der will sie verkaufen. Drei Jahre, roh und schönes Tier!"

„Nein, ich habe ein Pferd, ich brauche keines, ich habe gar nicht Zeit für zwei!"

„Du kannst ja einfach mal hinschauen, ihr kommt gleich an der Wiese vorbei, wo sie steht, liegt auf dem Weg."

„Ja, mal schauen."

Wir fuhren bald nach Hause, kamen an der Wiese vorbei und ich bat Manfred anzuhalten, ich wollte das Tierchen mal ansehen. Diana stieg erst nicht aus, kam dann aber doch und stand wie angewurzelt da. Die Tränen schossen ihr ins Gesicht. Sie schaute mich an und sagte: „Da steht Yuma!"

Ich hatte es auch gesehen, die Stute sah so aus, wie eine Schwester von Yuma oder wie sie selbst. Die Figur, das Gesicht, die Art. Wir standen da, schauten sie an wie ein Phantom. Die Stute kam zum Stacheldrahtzaun und wollte sich streicheln lassen. Diana tat es auch und war erschüttert. In dem Zustand stiegen wir wieder ins Auto.

Das war eine Rückfahrt! Diana schwankte zwischen Weinen, Reden und Schweigen. Aufgeregt schickte sie Nachrichten und Bilder an ihre Freundinnen und ihren Mann, sie erklärte die halbe Fahrt lang, wie unvernünftig es wäre, das Pferd zu kaufen. Wenn wir alle Argumente eingesehen hatten, ging es anders herum, wie toll das Pferd ist, dass es eine inkarnierte Yuma ist, wie sehr sie sie haben will. In dem Wechselbad der Gefühle kamen wir zu Hause an. Diana wollte drüber schlafen, sich mit ihrem Mann besprechen. Sie war längst Studienrätin am Gymnasium, es war also kein finanzielles Problem für sie.

Nach einigen turbulenten Tagen hatte sie sich verabredet, sich das Pferd bei dem Besitzer des Tieres anzusehen und wir kamen alle mit. Der Mann wollte das Pferd verkaufen, weil er keine Zeit hatte es zuzureiten, und selbst noch die Mutter und den Bruder der Stute als eigene Pferde behalten wollte. Er ließ die drei Pferde auf einer Wiese laufen und wir sahen zu. Die Stute war sehr temperamentvoll und natürlich war sie schön. Sie lief sauber und nach langem Denken, Reden, Zweifeln, sagte Diana dem Mann zu. Es wurde der Transport zu uns besprochen und wie die Stute darauf vorbereitet werden konnte. Dann kam sie irgendwann zu uns auf den Hof. Diana war sehr aufgeregt und es stellte sich als nicht ganz einfach heraus, das Pferd in der neuen Umgebung zu händeln. Es war noch niemals vorher woanders gewesen, niemals ohne seine Mutter. Es schien nur aufgeregt zu sein, hatte Probleme „zuzuhören" und war nicht einfach im Umgang. Zum Glück war der neue Friesenwallach von Franziska schon bei uns. Die Stute verliebte sich sehr schnell in ihn, rosste und stand gerne mit ihm auf der Wiese. So vergaß sie ihr Heimweh und wurde zugänglicher. Dennoch hatte Diana neue Zweifel bekommen. Es würde nicht einfach werden mit dem Pferd, das war klar, es konnte gar

Dianas Pferde

nichts, war unerzogen und willensstark. Diana überlegte noch ein weiteres Mal, ob die Stute bleiben sollte oder ob sie schweren Herzens doch wieder zurückgeht.

Wir hatten lange Gespräche und schlussendlich entschied Diana sich für die Stute und nannte sie Holly. Es war ein schwieriger Entscheidungsprozess, alle Kriterien von der Verantwortung bis zum Zeitmanagement wurden diskutiert und sich nicht leichtfertig dafür entschieden.

Inzwischen ist es zwei Jahre her. Diana liebt dieses Tier heiß und innig und ist froh und stolz, wie weit sie schon gekommen sind. Sie reitet sie gerne, bildet sie aus und Holly dankt ihr das alles mit einer tiefen Freundschaft und Zutraulichkeit. Sie ist ein selbstsicheres Pferd geworden und Diana hat es sich nicht leicht gemacht, aber sie sagt heutzutage, es war eine der besten Entscheidungen ihres Lebens.

Diana mit Legolas.

Meine Erfahrungen mit Fohlen

Doch nun, nach dem kleinen Ausflug in die Familie, zurück zu den Fohlen und den Geburten.

Ich habe in meinem Leben ca. vierzig Fohlengeburten erlebt und begleitet. Es ist immer ein sehr beeindruckendes Erlebnis, dabei zu sein, wie sich das neue Leben mit Entschlossenheit und Kraft präsentiert, die Mütter unter großen Schmerzen stark und selbstbewusst das Kind gebären und mit Selbstverständlichkeit diese Arbeit leisten. Sie zeigen sich selbstlos und geduldig, verständnisvoll und uns Menschen gegenüber so voller Vertrauen, dass man sich schämen müsste, solch eine beinah heilige Stimmung mit Imprinten oder egoistischem Menschentum zu zerstören. Man kann das nur ehrfürchtig bewundern und der Natur dankbar sein, dass diese tollen Wesen uns immer wieder ihre Kinder schenken, denen wir mit Respekt zu begegnen haben.

Obwohl alle Fohlen verschieden sind, wie Menschenkinder auch, konnte ich doch Regelmäßigkeiten und Gemeinsamkeiten beobachten. Alle liegen ja unmittelbar nach der Austreibung im Stroh bei den Hinterfüßen der Mutter und schon jetzt spürte ich eine gewisse Erwartung der Kleinen an die Situation, an das Leben. Sie schienen viel mehr Erwartung auszudrücken, als Verwunderung. Als wäre es das Natürlichste von der Welt, jetzt da zu liegen, zu atmen, zu sehen und zu hören. Da zu sein!

Nach wenigen Minuten fordern die Stuten ihre Fohlen durch leises Grummeln auf, einen Ton zu machen. Sie wollen die Stimme ihres Kindes hören, um sie sich für immer einzuprägen. Kaum „sagt" die Mutter etwas zu ihrem Kind, antwortet es umgehend mit seiner kleinen hellen Kinderstimme. Es weiß was zu tun ist, als hätte es auf diese Aufforderung gewartet, löst es sie ein.

Es staunt nicht, dass die Mutter da ist, sondern irgendwie erwartet es das, setzt es genau das voraus. Das ist für es völlig normal. Ich habe immer wieder gestaunt, mit welcher Selbstverständlichkeit das Fohlen die Gegebenheiten so annimmt, wie sie sind.

So ist für es das Leben, genau so.

Es sucht in einem dreieckigen Winkel das Euter, die Nahrung. Das hat die Natur ihm mitgegeben. Gute Mutterstuten „wissen" das und positionieren ihren eigenen

Körper immer wieder so zu dem Fohlen, dass es in dem Winkel Mutterbauch/Oberschenkel die Milchquelle suchen und finden soll. Sind die Mütter unerfahrener oder von der Geburt sehr erschöpft, dann lassen sie das Fohlen alleine ohne Unterstützung suchen und dann geschieht es nicht selten, dass sie in einem Winkel der Boxenwände suchen, unter den Vorderbeinen der Mutter oder auch unter dem Arm des Menschen. Der Instinkt leitet sie lediglich an, das Dreieck zu finden und alle möglichen Dreiecke werden abgescannt.

So wie das junge Fohlen sich mit seiner Umwelt, in die es hineingeboren ist, als normal abfindet, so löst es die Erwartungen der Natur ein. Es antwortet und es bemüht sich, alles für das Leben richtig zu machen. Es übt Laufen und aktiviert seine Muskeln, und erkennt alles, was ihm begegnet, als gut und zum Leben dazu gehörig an. Auch den Menschen. Es unterscheidet nicht großartig zwischen Mutter und Mensch. Es wird nicht gefüttert, es sucht aktiv selbst die Nahrungsquelle. Es sucht bei beiden – Mensch und Pferd – Milch, und es redet auch mit beiden. Instinktiv schubst es die Mutter oder auch den Menschen an, wenn es etwas will, es erwartet von jedem der beiden eine Antwort, eine Reaktion.

Es ist kein passiver, kleiner Nesthocker, der in hoher Abhängigkeit versorgt werden muss, sondern sehr aktiv am Leben und seiner Zukunft beteiligt. Es kümmert sich um die Dinge und „arbeitet", es strengt sich an. Es zeigt sich frühzeitig als ein Mitglied einer sozialen Gemeinschaft, und bemüht sich, alles schnell zu erfassen und richtig zu machen. Es könnte schon zwei Stunden nach seiner Geburt mit der Herde galoppieren und flüchten, wenn es sein müsste, ohne die Mutter zu gefährden.

Aus seiner Sicht ist der Mensch ebenso ein vollwertiges Mitglied dieser Gemeinschaft gleichermaßen wie die Mutter. Deswegen unterscheidet es auch mit seinen Ansprüchen an die Welt nicht zwischen den beiden doch sehr verschieden aussehenden Lebewesen. Es lernt sehr schnell, wo genau die Milchquelle ist und bedient sich selbständig, aber es beschränkt sich in anderen Bedürfnissen nicht auf die Mutter, sondern bindet den Menschen genauso in sein Leben ein. Das ist eine wichtige Erkenntnis für mich geworden. Es richtet sich mit seinen Informationen gleichermaßen an beide. Das bedeutet, so wie es von der Mutter Reaktionen erwarten darf, die naturgemäß zur Lage passen, so erwartet es auch von uns Menschen nicht weniger Kompetenz dahingehend als von der Mutter. Es sagt was, wir sollen antworten oder passend reagieren, genauso als wären wir auch ein Pferd.

Diese wichtige Erkenntnis konnte ich mir nicht genug bewusst machen. Seit Jahren wusste ich, die Pferde reden miteinander, weil sie Pferde sind und eine soziale Gemeinschaft bilden, in der kommuniziert werden muss. Jetzt zu erleben, wie so ein junges Leben sich unmittelbar einfügt, sofort versucht mitzureden und eifrig bemüht ist, soviel wie möglich an Vokabeln zu lernen, war grandios.

Die wichtigste Erkenntnis aber schien mir zu sein, dass die Erwartung des Fohlens an den Menschen als Gesprächspartner nicht geringer ist als an die Mutter selbst. Ich verstand den Zusammenhang zwischen Prägung, Erwartung und Kommunikation beim Fohlen.

Das war neu!

Die Fohlen lehrten mich zu unterscheiden zwischen Vokabeln, sozialen Regeln und sozialer Kompetenz. Als erstes galt es für sie die Pferdesprache zu lernen, ähnlich wie bei uns das Vokabellernen.

Eindeutig hatten sie keine Ahnung von den Regeln. Die würden sie im Laufe der nächsten Zeit lernen müssen, was sich durch das Leben in der Gemeinschaft zwanglos ergibt. Soziale Kompetenz war noch gar nicht nötig. Solange das Fohlen in der Obhut der Mutter läuft, hat es ihren sozialen Rang und kann einfach erst mal wachsen und gedeihen, sich entwickeln.

Dazu eine kurze Erklärung:

Die Vokabeln der Pferde sind quasi die Wörter, beziehungsweise Sätze, die die Pferde sich untereinander mitteilen wie zum Beispiel:

Geh zur Seite, komm nicht näher, wollen wir uns kraulen und ähnliches.

Die sozialen Regeln sind eine Art Gesetze, an die sich jedes Herdenmitglied halten muss.

Zum Beispiel: Der Ranghohe darf zuerst wälzen, wer den anderen überholen kann, ist ranghöher, wer zuletzt markiert, hat gewonnen …

Die soziale Kompetenz wird erst im Laufe des Lebens erworben, wie bei Menschen auch.

Pferde können unterschiedliche Fähigkeiten im sozialen Bereich aufweisen, die sie zum Wohle der Gemeinschaft einsetzen. Es gibt welche, die sich wie Sozialarbeiter um andere kümmern; dann gibt es welche, die kompetent führen und wieder andere, die für Entspannung sorgen und nach Stress in der Herde deeskalieren, um nur einige zu nennen. Darüber habe ich in meinem Buch **Geheimnisse der Pferdesprache** geschrieben.

✦✦✦

Der Gedanke, dass wir, wenn wir die Pferdesprache sprechen können, im Grunde die lang gehegte Erwartung der Pferde einlösten, war mir wichtig. Das bedeutete ja im Umkehrschluss, wenn man das nicht tut, dann enttäuscht man die Tiere, dann warten sie umsonst.

Man konnte durch die Wildpferdforschung über vieles gar keine Informationen bekommen, man musste die Domestikation und die Prägung auf den Menschen in den Vordergrund stellen. Das ging nur mit der Forschung an Hauspferden und ihren Bedürfnissen und Verhaltensweisen. Darüber hatte ich noch niemals irgendetwas gelesen und deswegen war der Entschluss, selbst ein Buch zu schreiben, endlich gereift.

Mein Leben mit Pferden hatte nun einen wichtigen Aspekt hinzubekommen.

Allein der Gedanke, was erwartet mein Gegenüber von mir, lässt einen sein eigenes Verhalten ändern, man ist behutsamer mit seinen Aktionen. Es ging nicht mehr darum, was soll das Pferd, sondern was braucht es, was erwartet es mit Recht und schlussendlich, was will es denn von mir.

Der Buchtitel war damit geboren: **Was Pferde wollen!**

Mein Leben mit Pferden mit allen Höhen und Tiefen hatte einen Sinn. Ich hatte den Entschluss gefasst, ein Sprachrohr für sie zu werden, ihr Anwalt, der ihre Rechte erklärt und sie ins rechte Licht rückt. Kein bescheidenes Ansinnen, das war mir klar, aber ein so dringendes Bedürfnis, dass mich niemand davon hätte abbringen können. Der Entschluss stand fest. Ich schreibe!

Das Schwierigste war jetzt, wie ich das machen sollte. Ich hatte nie ein Buch geschrieben und ich hatte kein Handwerkszeug. Bis zu dem Zeitpunkt dachte ich, keinen Computer zu brauchen. Ich lebte mit meiner Familie, den Pferden, meinen Reitkunden und den Seminarteilnehmern, ich brauchte diese Technik nicht. Sie faszinierte mich auch nicht so, wie meine Kinder. Ich ließ ihnen den Spaß, aber für mich war das nichts.

Doch … was tun. Es wäre auch nicht in Frage gekommen, auf einer alten Schreibmaschine loszulegen. Ich spürte einen Widerstand gegen die Technik, obwohl ich natürlich verstandesmäßig nicht gegen das Argument ankam, einen PC zu brauchen.

Das Buch war mir so wichtig, ich sprang über meinen eigenen Schatten, fuhr nach Bielefeld, ließ mich beraten und kam mit einem Laptop zurück. Aufgrund der schlechten Beratung war es zu teuer gewesen und nicht das Richtigste, aber egal. Ich hatte eines, mein Sohn half mir es einzurichten, installierte alle Programme, die ich brauchen würde und nun hatte ich ein Schreibgerät. Einen funktionierenden Laptop.

Toll. Ich setzte mich an das Gerät und wollte schreiben. Die Zeiten, in denen ich irgendwann einmal Schreibmaschineschreiben gelernt hatte, mit Zehnfingersystem, waren längst verstrichen, ich konnte das nicht mehr. Das größere Problem war aber eigentlich schon die Maschine zu starten und die richtigen Tasten zur richtigen Zeit zu bedienen. Es passierte mir immer wieder, ich hatte eine Taste gedrückt, die ich nicht wollte und der Computer entfachte ein Eigenleben und tat etwas, was ich gar nicht beabsichtigt hatte. Ich bekam immer mehr Ablehnung gegen die Maschine, ärgerte mich, wenn ich hilflos wurde und wieder jemanden brauchte, der mir weiterhalf. Bald schon hatte ich keine Lust mehr mit dem Gerät etwas zu machen. Meine Stimmung war so schlecht, wenn ich am Laptop saß, dass ich so kein Buch schreiben konnte. Ich dachte an die Maschine und wie man sie bedient, anstatt an meine Inhalte.

So ging es nicht! Frustriert sprach ich mit meinen Kindern darüber. Da hatten sie eine gelungene Idee. Sie installierten mir ein Spiel – Zoo Tycoon – auf den PC und zeigten mir, wie ich das spielen konnte. Ich muss zugeben, es machte mir Freude, Wölfe zu züchten und Gehege zu bauen, viele Kunden zu haben und während ich als Zoobetreiber unterwegs war, hatte ich keine Zeit, mich über den PC zu ärgern und musste auch nicht logische Gedanken für ein Buch zu Papier bringen. Ich konnte einfach entspannt spielen, bauen, züchten und die Maschine verlor ihre Schrecken. Ich gewann sie bald schon lieb und mich packte der Ehrgeiz, einen großen Zoo zu haben. Die Technik wurde mir vertrauter, und meinem Buchschreiben stand bald nichts mehr im Weg.

✳ ✳ ✳

Franziska war inzwischen ein Schulkind geworden, und ich erfuhr von dem ehemaligen Hofinhaber, wo man unkompliziert über Winter mittelgroße Ponys leihen kann. Ein Ferienhof im Emsland gab sie über Winter ab, zu den Osterferien sollte man sie zurückgeben oder aber kaufen und behalten. Das fand ich eine gute Idee. Franziska und etliche andere Kinder ritten auf unseren Knabstruppern, die eigentlich zu groß für sie waren. Ich hatte die Vision, eine sinnvolle Kinderreitstunde mit gutem Unterricht ins Leben zu rufen. Also setzte ich das in die Tat um und es wurden einige dieser Ponys geliehen. Der Hof dort hatte mehrere hundert Tiere zur Auswahl. Es war kein Problem, schöne Ponys zu finden.

Meine Vorstellung von einer Kinderreitstunde entsprach nicht der Norm. Ich hatte ja selbst erlebt, wie es ist, auf einem großen Pferd zu sitzen, lenken zu sollen, Rhythmus zu erlernen, loszulassen und entspannt zu sein, Hacken tief und Reithilfen erlernen und geben. Das ist schon für einen Erwachsenen nicht leicht.

Also dachte ich mir eine Methode aus, wie man den Stress minimieren und Reiten lernen lustvoller, einfacher, effektiver und vor allem auch ungefährlicher für Kinder machen könnte. Ich kam auf die grandiose Idee, die Eltern mit ins Boot zu nehmen. Die wenigsten davon konnten selbst reiten, so setzte ich sie auf ein Pferd und ließ sie einmal ausprobieren, wie es sich für ihre Kinder dort auf dem Pferderücken anfühlte. Ein kurzer Trab gehörte auch dazu, damit sie verstanden, so leicht ist es nicht, da ruhig entspannt zu sitzen. Das Erstaunen war groß, sie hatten teilweise sogar Angst und bekamen deutlich mehr Verständnis für ihren Nachwuchs. Ich schlug vor, die Eltern führen ihre Kinder in der Reitstunde. Das Pony ist am Halfter, die Kinder sitzen nur drauf und die Eltern führen, während die Kinder von mir unterrichtet wurden. Ich hatte dadurch viel mehr Möglichkeiten, Reiten zu vermitteln. Ich setzte die Kinder korrekt hin, korrigierte ihre Haltung, sie lernten die Hilfengebung, durften und konnten fühlen. Mit geschlossenen Augen sollten sie fühlen, wie das Pferd sie bewegt. Sie spürten, wann der linke und rechte Hinterfuß des Ponys sich nach vorne schwingt, was dann mit ihrem Rücken passiert. Sie lernten die Zusammenhänge zwischen der Rückenbewegung des Pferdes und ihrer eigenen herzustellen. Meine Idee, wie wenn Holz auf Wasser schwimmt, war ja noch nicht aufgegeben. Ich verstand jetzt immer besser, warum es damals für mich so schwer war, Reiten zu verstehen. Reiten ist nicht einfach eine Technik, Reiten ist Gebärdensprache. Der Mensch lernt bestimmte Gesten, die man auch dem Pferd beigebracht hat und über diese Gesten verständigt man sich. Wenn das Pferd versteht, was der Mensch sagt, und der Mensch seine Gebärden auch richtig vermittelt, dann bewegen sich Pferd und Reiter einvernehmlich miteinander. So wie bei einem Tanz, einer führt, der andere kommt mit. Eigentlich einfach.

In der Art, wie mir das damals vermittelt wurde, konnte ich es nicht lernen. Während ich schon gnadenlos auf dem Pferd hoppelte, wurden mir Befehle zugerufen, die ich dann ausführen sollte, ohne zu wissen, was genau gemeint ist.

Nur durch Versuch und Irrtum konnte ich nicht lernen, wie man richtig reitet und das auf Pferden, die lange schon die Freude am Gerittenwerden verloren hatten, falls sie diese Freude jemals empfunden hatten.

Das konnte man auch machen, davon war ich überzeugt. Reiten lernen soll und kann Freude bereiten; beiden – Mensch und Pferd – und das wollte ich beweisen.

Ich muss zugeben, im Anfang waren die Mütter nicht begeistert, dass sie sozusagen arbeiten mussten, weil ihr Kind reiten lernen wollte. Bei anderen Reiterhöfen, und davon gibt es einige in unserer Nachbarschaft, gab man das Kind einfach ab und holte es nach der entsprechenden Zeit wieder nach Hause. Bei uns hingegen halfen die Eltern, das Pony zu bürsten und zu satteln unter meiner Anleitung und führten dann ihr eigenes Kind fünfundvierzig Minuten lang in der Reitbahn. Mir wurde prophezeit, dass das niemals funktioniert, Eltern lassen sich so was nicht lange bieten.

Es sollte aber ganz anders kommen. Meine Reitstunde boomte und bald schon war klar, wir brauchen solche Ponys, wir kaufen sie. Allerdings waren zwei dabei, die sich nicht so gut eigneten wie die anderen. Deswegen gaben wir diese zurück und kauften stattdessen zwei andere dazu. Bald hatten wir eine schöne Gruppe von acht Tieren zusammen, die miteinander in einem Offenstall lebten. Das hatte den Vorteil, dass sie alle Ranggeschichten Tag und Nacht miteinander klären konnten. In der Reitstunde waren sie deswegen ausgeglichen und friedlich. Die Mütter gewöhnten sich schnell an ihren „Job" und die meisten sagten, sie genießen es. Manch eine meinte, sie gewinne an Kondition, das Gehen in der Reithalle halte sie

Gazellen früher
Die Gazellen von links nach rechts:
Marion Sander
Ulrike Henke
Sandra Thiel
Anja Militschke
Kerstin Eggert
Ulrike Hüttemann

fit. Ein zusätzlicher wichtiger Punkt stellte sich erst mit der Zeit heraus. Die Kinder genossen es, diese Stunde die Mutter für sich zu haben, wichtig für sie zu sein und sozusagen ein gemeinsames Hobby zu teilen, auch dann, wenn die Positionen am Pferd etwas ungerecht schienen. Die Mütter einer Reitstunde befreundeten sich miteinander, verabredeten sich und diese Reitstunden wurden Kult.

Nach einigen Wochen Reitunterricht stellte ich dann fest, ob die Kinder genug gelernt hatten, um alleine zu reiten. Dann wurden sie am Ende der Stunde für eine kurze Zeit „abgenabelt." Die Mütter machten ihren Strick los, die Kinder hatten Zügel ins Halfter eingehakt bekommen und die Mütter beobachten bei mir stehend von der Mitte der Halle aus, was das Kind schon konnte. Sie wurden Lehrassistenten, wussten selbst schon, was ich immer korrigierte und manch eine meinte, ich kann jetzt alles so gut verstehen, ich will selbst reiten. Nicht wenige wechselten dann in die Abendreitstunden für Erwachsene.

Dort hatten wir für Anfänger das gleiche Prinzip eingeführt und im Gegenzug die Longenstunden völlig abgeschafft.

Meine Methode bewährte sich, und an vielen Tagen in der Woche hatten wir zwei volle Kinderreitstunden. Wirtschaftlich war das gut, für meinen Zeitaufwand aber nicht. Ich brauchte Lehrpersonen, die in meine Fußstapfen treten konnten, um mich zu entlasten, ich wollte ja auch noch schreiben und forschen und mein Tag hatte auch nur vierundzwanzig Stunden.

Ich versammelte acht Reitkundinnen um mich, die ich mir ausgesucht hatte, und bot ihnen eine Spezialstunde bei mir an, immer am Dienstagsabend. Es sollte eine gute Stunde Reitunterricht geben und anschließend eine Stunde Theorie bei einer Tasse Tee. Das nahmen sie gerne an. Sie kamen alle freudig und regelmäßig zum

Gazellen heute
Und? Sie haben sich kaum verändert, sie sind weiser geworden und meine guten Freundinnen, die ich nicht missen möchte.

Unterricht. Alle waren schlank und in ähnlichem Alter. Da meinte ein Reitkunde eines Tages: „Die sind alle so zart wie Gazellen". Seit dem Tag heißen sie so, bis heute.

***

Jetzt, nach mehr als siebzehn Jahren, sind es zwar keine acht mehr, aber sechs sind übriggeblieben. Mit diesen Gazellen entwickelte sich eine neue Ära. Wir trafen uns regelmäßig am Dienstag.

Ich hatte ein gutes pädagogisches Reitunterrichtskonzept ausgearbeitet und baute das Lernen systematisch auf. Es machte allen Spaß und im Anschluss konnten wir beim Tee noch Fragen klären, Theorie vermitteln und Probleme wälzen. Nicht selten wurde es spät am Dienstagabend, weil wir immer mehr in Probleme einstiegen, die sich beim Reiten zeigten, aber seelischer Natur waren und durch das Pferd und das Reiten bemerkt wurden. Es fiel mir auf, dass bestimmte Personen zu den gleichen Fehlern oder Unzulänglichkeiten neigten, und diese sich auch im normalen Lebensalltag ähnlich zeigten. Natürlich war meine Forscherseele sofort angesprochen und ich beobachtete und recherchierte und wurde immer wissbegieriger. Ich sprach das Problem in der Gazellenrunde an.

Ich erklärte, einen Zusammenhang festzustellen von ihrem Verhalten auf dem Pferd und ihrem Alltagsverhalten. Ich sah Überschneidungen von Dingen, die sie sich nicht merken konnten, Probleme mit der Körperhaltung, die nicht nachhaltig zu korrigieren waren, obwohl es eigentlich leicht gehen sollte. Ich drückte meine Vermutung aus, dass ich da seelische Konflikte sähe, die bereits vorhanden seien, sich aber beim Reiten darstellten und bot ein völlig neues Seminar an.

Ich nannte es: „Bewegte Gefühle".

Meine Idee war, den Dingen auf den Grund zu gehen, einmal, um besser reiten zu lernen aber auch, um sich selbst besser zu verstehen und kennenzulernen.

Warum kann man die Hände nicht tief halten, obwohl man es will,

warum hält man sich am Zügel fest, obwohl es Quatsch ist,

warum zieht man die Beine hoch, wenn sie doch lang sein sollen?

Jeder kannte diese Korrekturen im Reitunterricht und dass sie sich seit Langem wiederholen. Über den reinen Willen, es ändern zu wollen, waren sie kaum zu beeinflussen. Die Gazellen zeigten sich sehr interessiert, fanden das auch spannend, und wir machten gleich den ersten Termin dafür aus.

Schon 1980 hatte ich das Buch von Jean Liedloff gelesen: „Die Suche nach dem verlorenen Glück". Das wollte ich zu Grunde legen.

In dem Buch wird beschrieben, wie die Yequana Indianer ihre Kinder aufziehen und dass sie in dieser Indianerkultur sehr früh sozial und kompetent sind. Die Eltern trauen den Kindern viel Eigenverantwortung zu.

Die Grundidee dabei ist, dass der Mensch als Tragling die Entwicklungszeit auf dem Arm der Mutter braucht. Damit sind ca. die ersten neun Monate gemeint, bis das Kind anfängt zu krabbeln. Liedloff nennt es das *Kontinuum,* die Nähe der Mutter kontinuierlich zu spüren und niemals auch nur eine kurze Zeit dem Stress ausgesetzt zu sein, alleingelassen zu werden.

Diese Kinder erleiden niemals ein Verlustgefühl der Mutter, die Angst nicht geliebt zu werden oder nicht gut genug zu sein. Sie verlieren den Glauben an sich nicht und es bestätigt sich durch diese Aufzucht die Erwartung des Neugeborenen, in dieser Welt geliebt und willkommen und total richtig zu sein. Es gibt keinen Grund für ihn, an sich zu zweifeln. Er verliert nicht seine Glücksfähigkeit.

In unserer Kultur und bei unserer Art Kinder aufzuziehen, werden ganz andere Prioritäten gesetzt. Schon der junge Säugling hat sein eigenes Kinderzimmer, sein Bettchen oder seine Wiege, und die Mutter plant schon früh, wieder zu arbeiten, um den Arbeitsplatz nicht zu verlieren. Es wird zeitnah nach einem Kitaplatz gesucht und das Kind nicht selten fremdbetreut.

Unsere Kinder erleben das Kontinuum meistens nicht, im Gegenteil.

Ich habe gehört und auch gelesen, wenn es bei der Mutter im Bett schläft, wenn es nach Verlangen gestillt wird, wenn es nicht lernt, alleine zu sein, dann wird es verwöhnt und wird ein schwieriges Kind. Auf dieser Theorie, diesen unterschiedlichen Umgehensweisen mit dem Neugeborenen und dem Säugling in seinen ersten Lebensjahren, wollte ich mein Seminar aufbauen.

***

Es bot sich der Gedanke an, das Pferd als Muttersymbol ernst zu nehmen. Es ist ein großes Lebewesen, welches uns tragen kann. Wir wollen, dass es uns liebt. Diese Kompetenz des Pferdes therapeutisch einzusetzen, lag auf der Hand.

Wenn wir uns mit Defiziten aus der frühen Kindheit beschäftigen wollten, war es natürlich auch interessant, sich anzusehen, wie in unserer Kultur das Leben für einen Menschen beginnt. Ich besorgte unterschiedliches Filmmaterial über Geburten in Deutschland und im Ausland und die entsprechenden Vergleiche der Kinderaufzucht in verschiedenen Kulturen. So haben wir gestartet, und inzwischen sind wir seit vielen Jahren zusammen, treffen uns immer noch einmal im Monat für ein Wochenende und es wird nicht langweilig.

Das Pferd bewegt unsere Gefühle, auch dann, wenn es uns nicht bewusst ist. Lässt man sich willentlich darauf ein, kann man deutlich mehr tun, als lediglich zu reiten.

Das Pferd mit seinen Kompetenzen ist zusätzlich ein Spiegel für uns. Wenn man hinsehen will, und einem vielleicht nicht alles gefällt, was man im Spiegel sieht, dann hilft es einem auch, sich verändern zu können. Es ist ein Lehrer, Therapeut und Tröster, man muss es nur zulassen und annehmen.

Es war und ist schön, in dieser Runde gemeinsam über Probleme nachdenken zu können und Phänomene zu diskutieren. Hierzu will ich wenigstens ein Beispiel erzählen, man kann gar nicht alle Inhalte aus den vielen Jahren in diesem Buch darstellen, aber dieses eine soll doch einmal erwähnt werden.

Ich fragte in der Runde der Gazellen nach, wer von ihnen schwimmen kann. Spenge ist nur gute zwei Autostunden von der Nordsee entfernt, also liegt es für den Wasserfan nahe, diese Gelegenheit öfter zu ergreifen und an der See schwimmen zu fahren. Die Nordsee ist von ihren Temperaturen nicht einladend aber es gibt reichlich schöne Hallenbäder, die mit großen Pipelines Nordseewasser in ihre Becken pumpen und uns die Möglichkeit bieten, in sauberem, warmem, basischem Salzwasser zu schwimmen.

Alle meinten, sie seien keine Schwimmer vor dem Herrn, sie könnten zwar schwimmen, aber seien unsicher und nicht unbedingt scharf auf sowas. Für mich ist es ja andersherum, ich schwimme für mein Leben gern und fahre dreimal im Jahr für einige Tage in den Norden, um zu schwimmen aber inzwischen auch, um in dieser Ruhe meine Bücher zu schreiben. Allmählich ist der Aufenthalt in dem Bad zu einem Forschungsprojekt geworden. Ich weiß, dass ich schwimmen kann und erfahre, ich kann in dem Wasser mit minimalster Bewegung, also mit fast gar keiner Bewegung, einfach *sein* und gehe nicht unter. Ich probierte das in tiefem und flachem Wasser aus und es geht ganz leicht. Ich mache beinahe nichts und ich schwebe im Wasser, egal in welcher Haltung. Ich kann liegen oder beinahe senkrecht schweben, es passiert nichts; ich kann einfach *sein* und das Wasser trägt mich sanft durch die Gegend.

In dem Wellenbad werden halbstündlich große kräftige Wellen erzeugt. Viele Badegäste gehen dann ans Ufer, dort, wo sie stehen können, und hüpfen im sicheren Areal in der Brandung. Ich kann auch dort ohne Probleme durch die Wellen pflügen oder auch mit minimalen Bewegungen darin schweben, *wie wenn Holz auf Wasser schwimmt*, genau so. Das Wasser trägt mich einfach und ich habe nichts zu tun, als da zu sein und zu genießen. Ich gebe mich dem Wasser hin, lasse mich von ihm tragen und setze ihm keinen Widerstand entgegen. Weil ich angstfrei bin, kann ich einfach entspannt atmen und mich stressfrei unangespannt treiben lassen. Bei dem hohen Salzgehalt der Nordsee ist es ein wahrliches Vergnügen.

Alle meine Gazellen aber, sie kennen dieses Bad, machen andere Erfahrungen darin. Sie haben Angst in und vor den Wellen, sie können im Prinzip schwimmen, aber sie gehen unter, wenn sie nicht regelrechte Schwimmbewegungen ausführen, sich anstrengen und im Wasser „arbeiten".

Dadurch angeregt habe ich viel nachgedacht und immer wieder im Bad Menschen beobachtet, wie sie sich im Wasser verhalten. Ganz kleine Kinder mit Schwimmflügeln sind oft sehr entspannt und dümpeln kompetent so vor sich hin. Fangen die Eltern an, Schwimmunterricht zu geben, Arme und Beine zu koordinieren und Schwimmbewegungen zu fordern, atmen die Kinder sofort anders, werden hektisch und schlucken Salzwasser, weinen und würden ohne Schwimmflügel untergehen. Bei Erwachsenen sehe ich auch, viele ältere Menschen schwimmen artig mit ordentlichen Bewegungen auf und ab, fast niemand bewegt sich frei im Wasser, genießt so dieses Element und lässt sich eher entspannt auf das Getragenwerden ein.

Als Fazit kann man sagen, wenn jemand denkt und weiß *ich kann schwimmen*, dann muss er fast nichts tun, weil er schwimmt, und das Wasser ihn trägt. Denkt jemand aber, *ich kann nicht schwimmen*, also der sogenannte Nichtschwimmer, geht er gnadenlos unter, egal, was er macht; und der ungeübte Schwimmer, der prinzipiell schwimmen kann, der muss sich ordentlich bewegen und schwimmt dann, wird dabei aber auch müde und kann nur eine bestimmte Zeit durchhalten, dann braucht er Erholung. Der Nichtschwimmer investiert mehr Kraft als der Schwimmer und kann sich dennoch nicht über Wasser halten.

Bei mir ist das Schwimmen die Erholung, weil mein Gehirn weiß: *Ich kann's, das Wasser trägt – einfach relaxen.*

Das heißt ja, schwimmen können findet im Kopf statt, es hängt nur davon ab, was ich denke. Tiere, die nicht darüber nachdenken, die die Kategorie des Schwimmers und Nichtschwimmers nicht haben, schwimmen einfach. Egal ob es große Tiere sind wie Pferde oder Elefanten, Bären oder kleine Tiere wie Mäuse. Im Grunde können alle Säuger schwimmen.

Bei Affen geht man davon aus, dass sie wasserscheu sind, aber neuerdings zeigen Studien, dass auch Primaten schwimmen und tauchen können, und wenn sie es tun auch sehr viel Freude daran haben.

Wir haben in der Gazellenrunde also nachgedacht darüber, was es bedeutet, wenn wir dann etwas können, wenn wir glauben, dass wir es können oder besser sogar wissen, dass wir es können? Welchen Einfluss die Gedanken nehmen, was die eigene Vorstellung vom Leben und Vertrauen in unsere Fähigkeiten in uns bewirkt.

Dieses beschriebene Phänomen mit dem Schwimmen bezieht sich ja auch auf andere Fertigkeiten im Leben. Schwimmen ist nur ein sehr eindrückliches Beispiel dafür, das jeder kennt und mit dem jeder auf seine Wiese Erfahrung hat.

Natürlich spannten wir den Bogen mit diesen Überlegungen zum Reiten. Was ist dann, wenn wir wissen, wir können reiten und dann wenn wir denken, wir können nicht reiten?

Es ist nicht genau identisch wie beim Schwimmen, weil das Pferd ein Wesen ist, welches unsere Gedanken und Gefühle lesen kann, und eigenständig darauf reagiert. Dennoch fanden wir heraus, je eher man sich dem Element Wasser anvertrauen kann, desto eher schafft man es anscheinend auch, sich dem Pferd und seinen Bewegungen anzuvertrauen. Setzt man den Bewegungen des Tieres keinen Widerstand entgegen, sondern lässt sich einfach hineinsinken in das Heben und Senken des Rückens und blockiert auch die leichte Seitenbewegung nicht, dann sitzt man geschmeidig, stört das Pferd nicht in seinem Bewegungsablauf, spürt daher seinen Rhythmus und kann die reiterlichen Hilfen viel einfacher anwenden. So wird Reiten dann auch zu einem Vergnügen und ist weniger anstrengend und schwierig, als wenn man dem Pferd einen Rhythmus aufdrücken will und sich gegen die Bewegung seines Rückens steifmacht.

Im Gegenzug fühlt das Pferd sich mit solch einem Reiter wohler, es spürt eine Einvernehmlichkeit, die seiner Natur eher entspricht, und kann die Verbindung zum Menschen aufnehmen und halten.

Auf dem Gedanken basierend entwickele ich eine Reitlehre, die in erster Linie auf den Bewegungen des Pferdes aufbaut und dem widerstandslosen Hingeben in diese. Darüber kann ich jetzt aber noch zu wenig sagen, damit stehe ich noch zu sehr am Anfang der Forschung.

Was ich sagen kann, ist, ich kenne gute Schwimmer, die auch intuitive gute Reiter sind und auch Menschen, die Probleme mit Wasser und schwimmen haben und auch beim Reiten weniger Entwicklung zeigen, als eigentlich der Übung angemessen stattfinden sollte.

Auch bestätigte sich noch einmal die Idee, *wie wenn Holz auf Wasser schwimmt*, hat viel mehr mit Reiten zu tun, als man vielleicht denkt.

Motiva bahnt sich einen Weg

Je mehr ich das Pferd aus dieser Warte ansah, und je mehr ich von seiner Sprache verstand, desto feiner wurde ich auch in den Motivakursen. Anfangs ging es mir vorwiegend um das Verstehen der Vokabeln und der richtigen Beantwortung. Ich hatte inzwischen etliche Rangordnungsrituale aufgeschrieben, und hundertdreißig Vokabeln auf der Liste, die ich herausgefunden hatte.

Es brauchte auch bei mir eine gewisse Zeit, das von mir selbst erforschte Pferdekommunikationssystem so zu beherrschen, dass ich gut fließend sprechen konnte und spontan wusste, was ich antworten würde. Ich musste ein Sprachgefühl entwickeln, gleichermaßen wie für eine andere Fremdsprache. Als ich das konnte, war es viel leichter, die Emotionen des Pferdes mitzukriegen, es zu verstehen.

Im Anfang ist man einfach zu sehr damit beschäftig, was man sagt, wie man sich verhalten muss. Man muss sich und seine Körperhaltung sehr kontrollieren und das macht Mühe, wodurch man vom Pferd abgelenkt wird. Je selbstverständlicher man reden kann, desto feinfühliger wird man auch für die Situation, den Dialog mit dem Pferd. Wenn man nicht mehr nach einem richtigen Ausdruck suchen muss, sondern alles einfach von der Hand geht und logisch geworden ist, wird man dem Pferd auch ähnlicher. Es ringt ja auch nicht nach Worten in dem gemeinsamen Dialog.

Wenn ich selbst mit dem Pferd redete, konnte ich eine tiefe Verbindung zu dem Tier eingehen und wir beide waren einfach zu zweit und setzten uns auseinander. Die Welt um uns herum schien unwichtig, es ging nur darum, sich zu verständigen und sich zu vertrauen.

***

Motiva zu lehren ist aber eine ganz andere Herausforderung. Dabei hat man mindestens drei Aufgaben gleichzeitig:
Man muss den Menschen schützen, damit er keine gefährlichen Fehler macht.
Man muss den Dialog so anleiten, dass Pferd und Mensch zusammenkommen.
Man muss den Schüler Mensch während des Dialogs lehren, was er tun und lassen soll.

***

Das kann man erst zeitgleich bewältigen, wenn man Motiva selbst sehr gut beherrscht.

Sobald es für mich leicht war, das Pferd zu verstehen, konnte ich mich in den Motivadialogen meiner Kursteilnehmer noch mehr auf den Menschen konzentrieren. Ich wurde sensibler für das, was zwischen den Zeilen mitschwang, konnte häufig voraussehen, was das Pferd „dachte" und was es sagen wird.

Es begann eine unfassbar spannende Zeit. Jetzt erst erkannte ich, wie fein Pferde wahrnehmen, wie sie den Menschen abscannen und sofort wissen, woran sie sind.

Sie erspüren Angst, Aggression, Unsicherheit, Wut, Freude, Unehrlichkeiten, bevor der Mensch es selbst weiß. Sie sind Seismographen.

Es entwickelte sich im Grunde in drei Richtungen.

Es gab Motivadialoge, in denen es ausschließlich darum ging, dem Pferd zu helfen, es zu therapieren, sich in seiner Welt wieder zurechtzufinden, nachdem es in seiner Laufbahn irgendwelche Traumata erlebt hatte. Das geschieht leider nicht selten in der Ausbildung zum Reitpferd.

Die zweite Kategorie waren die Situationen, in denen eine Beziehung zwischen Mensch und Pferd hergestellt oder verbessert werden sollte, um beiden ihr Miteinander entspannter und sicherer zu machen.

Die dritte Variante galt der Therapie des Menschen. In der half das Pferd dem Menschen zur Selbsterkenntnis oder Selbstkorrektur.

Dazu fallen mir folgende Geschichten ein:

Schon im Hunsrück hatte ich eine Frau kennengelernt, die bei uns ein Seminar mitmachte: Bewusstes Leben – Lebendiges Reiten. Sie war sehr freundlich und meinte, sie wolle sich sicher irgendwann einmal ein eigenes Pferd zulegen. Davor aber müsse sie ihre private Situation verbessern, umziehen und eine neue Arbeit finden. Wir verloren uns aus den Augen. Durch unseren Umzug nach Spenge machten wir auch die Hunsrücker Reiterseminare nicht mehr. Es gab noch kein Internet, wo man sich leicht verabreden und an und abmelden konnte.

Wir waren schon einige Zeit in Spenge, da tauchte diese Frau plötzlich auf. Ich erkannte sie wieder und sie erzählte weinend, dass sie sich endlich vor ein paar Monaten ihren Traum vom eigenen Pferd erfüllt hat. Ein schönes Tier und sie sei glücklich mit ihm gewesen. Als sie es dann ritt, merkte sie den Unterschied zwischen solch einem jungen kaum ausgebildeten Tier und unseren Knabstruppern, die zuverlässig und brav machten, was sie sollten. Sie wusste nicht, wo wir jetzt sind und überlegte sich, das Pferd zu einem Profi in Ausbildung zu geben. Das war zwar teuer, sie musste ja jetzt auch Stallmiete, Tierarzt und Hufschmied zahlen, aber es war ihr klar, ein Pferd ist halt ein sehr teures Hobby. Ohne einen Beritt konnte sie nicht genug mit ihrem Pferd anfangen und deshalb wollte sie das Geld investieren. Sie suchte sich einen Trainer in ihrer Region, damit sie das Pferd zwischendurch schnell besuchen konnte. Die Trennung fiel ihr schwer, als sie es im Trainingsstall abgab. Dort musste sie auch noch einen Ausbildungsvertrag unterschreiben und im Büro des Trainers sagte man ihr, es sei nicht gerne gesehen, wenn die Besitzer beim Training zusehen. Da dachte sie sich noch nicht viel dabei und meinte, sie wolle dennoch ihr Pferd zwischendurch besuchen. Auch das wurde ihr versagt. Es wurde dubios begründet, aber weil sie jetzt schon mal da war, den Aufwand mit dem Transport betrieben hatte, unterschrieb sie und ging unfroh nach Hause.

Das Pferd fehlte ihr jeden Tag, sie dachte an es und machte sich Gedanken. Irgendwie fühlte es sich für sie falsch an. Sie sprach mit unterschiedlichen Pferdeleuten. Die einen meinten, das sei völlig normal, wenn das Pferd in der Ausbildung sei, nicht zu stören und die anderen fanden es sonderbar, weil man ja den Kontakt zum eigenen Tier weiterhin auch beibehalten und pflegen möchte. Sie zwang sich täglich dazu, nicht zum Stall zu fahren und fühlte sich immer unwohler. Nach etwa zwei Wochen hielt sie es nicht mehr aus. Sie setzte sich über das Verbot hinweg und fuhr heimlich hin zu dem Trainingsstall. Es war Wochenende und nichts los. Sie ging zu der Box, wohin sie ihr Pferd gebracht hatte. Da stand es, völlig apathisch und hatte blutende Maulwinkel. Es sah sie nicht an. Sie erschrak zu Tode, rief seinen Namen. Es reagierte nicht. Sie ging in die Box und es zitterte, sobald es merkte, dass die Tür geöffnet wurde. Die Frau war entsetzt. Sie erkannte ihr Pferd nicht mehr wieder. Das liebe, ruhige, vertrauensselige Tier war ein Bündel Angst. Es verweigerte den Kontakt, war völlig verstört.

Die Frau verließ die Box und ging wutentbrannt in das Büro. Dort traf sie tatsächlich den Trainer an. Sie schmetterte ihm den Ärger entgegen und wollte wissen, was das sollte, was er da verbrochen hatte. Er meinte, sie solle sich nicht anstellen, das sei normal, bisschen Schwund sei immer. Sie kochte vor Wut, ihr kamen die Tränen und sie kündigte den Vertrag umgehend. Sie drohte an, ihr Pferd heute noch aus dem Stall zu nehmen und ihm sollten Konsequenzen daraus entstehen. Doch er blieb relativ gelassen und meinte, sie solle mal gescheit in dem Vertrag lesen. Da hatte sie unterschrieben, das Pferd bleibt sechs Wochen, er hat freie Hand und sie kommt nicht in der Zeit. Im Grunde sei sie gerade illegal hier und er verbiete ihr jetzt, zu bleiben. Er forderte sie auf, sofort die Anlage zu verlassen und drohte selbst Konsequenzen an.

Die Frau war aufgelöst. Der Schreck, ihr Pferd so zu sehen, die Frechheit und Unverschämtheit des Trainers und ihre eigene Einfältigkeit, solch einen Vertrag je unterzeichnet zu haben, machten sie fertig. Sie verließ das Grundstück und nahm Kontakt zu einem Freund auf, der ihr mit Rat und Tat zur Seite stehen sollte. Es war klar, im Grunde blieb nichts anderes, als das Pferd dort wegzuholen. Aber die Rechtslage war umstritten. Sie wollte sich auch nicht mit Anwalt und Klagen oder Ähnlichem befassen, es würde ja alles zu lange dauern. Sie wollte dem Pferd jetzt helfen und nicht erst in Wochen oder Tagen. Sie hatte auch Bedenken. Da der Trainer jetzt recht wütend auf sie war, konnte er das an dem Pferd auslassen. Es gab dringenden Handlungsbedarf und zwar noch am selben Tag. Die beiden schmiedeten den Plan, das Pferd dort rauszuholen. Das ging nicht auf einfachem, legalem Weg, meinten sie und deswegen „entführten" sie das Pferd in der gleichen Nacht. Am späten Abend fuhren sie mit einem geliehenen Pferdehänger auf die Trainingsanlage, packten das Pferd ein und verschwanden. Zum Glück ließ es sich gut verladen, sodass sie sich nur kurz auf dem Gelände aufhalten mussten. Sie hinterließ eine Nachricht, dass sie das Pferd abgeholt habe und war weg. Sie brachte ihr Pferd zurück in den heimatlichen Stall und pflegte es. Die Maulwinkel heilten, aber es blieb verstört. Es war gar nicht zu reiten, der Versuch, sich nur draufzusetzen, scheiterte kläglich. Jetzt hatte die Frau das Pferd wieder, ihr Geld würde der Trainer ja sicherlich behalten und sie stand schlechter da als am Anfang. Sie merkte, sie konnte dem Pferd nicht aus dieser traumatischen Erfahrung heraushelfen und suchte nach mir. Über gemeinsame Bekannte erfuhr sie die Adresse und machte sich auf den Weg nach Spenge, um mit mir zu reden.

Als ich diese Geschichte hörte, tat sie mir wirklich sehr leid. Solche Trainingsmethoden sind mir prinzipiell nicht neu und überraschten mich nicht, aber wenn man es dann so hautnah von Freunden oder Bekannten erzählt bekommt, geht es einem noch mehr unter die Haut.

Ich hatte ihr Pferd noch nie gesehen und ich bot ihr an, mit ihm zu arbeiten, wenn sie will. Dazu musste es aber für eine Weile zu uns kommen. Damit war die Frau einverstanden. Sie brachte es auf unseren Hof und ich konnte mir ein Bild von dem Tier machen.

Es hatte den Glauben an die Menschen verloren, war sehr eingeschüchtert und schreckhaft. Wir wussten nicht, was der Trainer mit ihm veranstaltet hatte, aber man konnte ahnen, es hatte Bestrafungen mit der Peitsche oder Gerte erlitten. Es hatte Angst vor unseren Händen und wenn man auf es zuging, lief es weg, um sich in Sicherheit zu bringen. Schlimm!

***

Wenn ich einem Pferd zum ersten Mal begegne, muss ich zuerst herausfinden, ob es seine Sprache kann, ob es redegewandt oder die Muttersprache verkümmert ist. Pferde, die eine einsame Kindheit verbringen, ohne die Gelegenheit mit Artgenossen zusammen zu sein, können oft nicht viel von der eigenen Sprache und sind ungeübt darin.

Dieses Pferd war im Anfang so schüchtern, dass es nichts sagen wollte. Leider gibt es viele Trainingsmethoden, die, ohne dass es den Trainern bewusst ist, den Pferden das Maul verbieten. Es wird der sprachliche Ausdruck systematisch wegtrainiert und dann nennen Menschen das sogar groteskerweise Pferdekommunikation. Es war zu vermuten, auch dieses Pferd hatte Erfahrungen damit machen müssen. Deswegen dauerte es einige Motivaeinheiten, es aus seiner Reserve zu locken und ihm klarzumachen, dass es reden darf und soll. Hier musste das Pferd erst wieder sein Selbstvertrauen erwerben, um anschließend dem Menschen vertrauen zu können. Meine Forschung bewährte sich, das geschundene Tier durchlief einige Therapiesitzungen und schaffte es aber, wieder zu sich zu finden. Es fing irgendwann an, munter Rangordnungsrituale vorzuschlagen und sich der Situation zu stellen. Bei diesen Machtdemonstrationen blieb ich Siegerin und das Pferd fing an zu vertrauen. Ich zeigte ihm durch die Motivadialoge, dass ich ein guter Entscheidungsträger bin, dem es sich vertrauensvoll anschließen kann. Zum Schluss jeder Sitzung durften die Freundschaftsbekundigungen nicht zu kurz kommen. Die konnten wir zusammen genießen und allmählich auch wieder daran denken, das Pferd zu satteln. Ich brachte Sattel und Zaumzeug vor dem Motiva in die Reithalle, und wollte dann nach der Motivaeinheit behutsam mit dem zweiten Teil der Traumabearbeitung fortfahren. Das war auch zum Glück kaum mehr ein Problem. Der Sattel schien es zuerst wieder zu erschrecken, aber nach dem Motiva brachte das Pferd die Bereitschaft mit, sich auf mich einzulassen. Man konnte es satteln, wenngleich es auch viel Spannung im Gesicht zeigte. Es war deutlich zu sehen, wieviel Mühe es sich gab. Es wollte mir vertrauen, aber die eigene innere Stimme sagte ihm, der Sattel sei gefährlich und füge ihm Schmerzen zu.

Motiva löscht ja nicht die Erinnerungen aus, ist keine Gehirnwäsche. Deswegen wusste das Pferd auch noch ganz genau, was ihm unter dem Sattel angetan worden war. Interessanterweise konnte man ihm aber auch anmerken, dass es sich dafür entschied, vertrauen zu wollen. So hatte ich das noch nicht erlebt. Man konnte ihm den inneren Kampf ansehen, einerseits der eigenen Erfahrung zu vertrauen und andererseits mir, der Entscheidungsträgerin, zu überlassen, was gut für es ist. Man konnte den inneren Zwiespalt förmlich sehen. Aber Motiva bewährte sich. Das Pferd ließ es zu, den Sattel zu tragen.

Allerdings waren damit noch nicht alle Probleme gelöst. Reiten lassen wollte es sich nicht. Sobald es die Schenkel am Bauch fühlte, kam wieder Panik auf. Auch das Gebiss war unsagbarer Stress für das Pferd. Es war klar, trotz des Vertrauens, was zu uns Menschen weitgehen wieder hergestellt war, musste man behutsam die traumatischen Erfahrungen des Beritts Schritt für Schritt abbauen. Die Schenkel des Menschen lösten beinahe den Fluchtreflex aus. Was hatte man diesem Pferd angetan und was ist mit all den Pferden, die immer noch dort in Beritt stehen? Nicht auszudenken.

Am besten konnte das Pferd entspannen, wenn man nicht in der Reithalle ritt, sondern mit ihm ins Gelände ging. Dazu hatte ich wenig Zeit und so kam es, dass eine „meiner Gazellen" Freude daran hatte und sich ab jetzt regelmäßig um das Pferd kümmerte und auch mit ihm ausritt. Am Wochenende kam die Besitzerin und sie ritten dann zu zweit mit zusätzlich einem unserer Pferde. Und nach einiger Zeit war es dann soweit, dass das Pferd als geheilt entlassen werden konnte und in den Heimatstall zurückzog.

***

Die zweite Kategorie, die Beziehung zwischen Mensch und Pferd zu stärken oder erst herzustellen, ist zugleich auch die häufigste. Viele Menschen kommen in meine Seminare und sagen: „Ich habe mein Pferd seit vielen Jahren und es ist sehr brav, ich kann fast alles mit ihm machen. Ich habe schon sehr viele Trainingsmethoden ausprobiert, aber es fehlt mir immer etwas. Irgendwie bleibt eine Wand zwischen uns, ich spüre Vorbehalte des Pferdes, bis hierhin und nicht weiter. Das möchte ich ändern."

Oder: „Ich liebe mein Pferd und wir vertrauen uns voll gegenseitig, aber es geht nicht mit mir ins Gelände, nur wenn andere mitgehen."

Dazu kann ich folgende wahre Begebenheit erinnern.

Eine Frau kommt in einen Motiva-Wochenendkurs. Sie erzählt in den höchsten Tönen von ihrem Pferd, beschreibt halberlei ein Fabelwesen und ist hin und weg von ihrem Schatz. Es hat nur einen Fehler. Es geht gnadenlos nicht mit ins Gelände. Sie hat alles versucht, Trainer zu Hilfe gezogen, andere Reitkollegen draufgelassen, aber nichts. Das Tier ist nicht dazu zu bewegen, den Hof zu verlassen. So traumhaft er auch in der Halle läuft, es nutzt nichts. Auch nicht mit Tricks und Möhren ist er vom Hof zu locken. Sie kommt nur mit ihm vom Hof, wenn andere Reitkollegen mitkommen, was aber ein Problem ist, da sie beruflich fast immer nur früh morgens zum Stall kann, wenn die anderen noch arbeiten. Meistens ist sie alleine da, was für die Hallennutzung patent ist, nicht aber fürs Ausreiten.

Ihr Wunsch an mich war, ich soll das ändern. Ich soll ihr helfen, dass ihr Pferd Lust hat, mit ihr ins Gelände zu gehen. Sie war alleine da, ohne ihr Pferd. Am ersten Tag des Wochenendes erklärte ich viel zu Motiva, zu Pferden und auch, was es für uns Menschen heißt, authentisch zu sein. Ich brachte Beispiele dafür, dass wir dem Pferd gegenüber ehrlich sein müssen, es sowieso merkt, wenn etwas nicht stimmt. Wenn man unsicher ist, merkt es das, auch wenn wir so tun, als sei es anders.

Sie war eifrig dabei, als wir dann praktische Übungen in der Reithalle machten und sie schien wirklich bemüht, alles zu lernen, was ein Wochenende hergibt.

Am nächsten Tag traute ich ihr zu, einen kleinen Motivadialog mit einem unserer Shettys zu probieren. Sie sollte mit dem Pony im Motivaviereck sein und ich versprach ihr, sie von der Tribüne aus sicher und konstruktiv zu coachen. Es war mir schnell klar, wo ihr persönliches Problem lag. Sie traute sich nicht, Grenzen zu setzen, wollte sich nicht „unbeliebt" machen. Durch den inneren Widerstreit, den sie mit sich trug, wirkte sie zerrissen und unsicher, was das Pferd auch unmissverständlich spiegelte. Ich konnte sie anleiten, aus dem Verhalten jetzt auszusteigen, und sagte ihr, was unmittelbar in diesem Moment vom Pferd gesagt wurde und was sie antworten sollte. Sie tat es, und siehe da, das Blatt fing an, sich zu wenden. Sie erlebte sich anders als noch vor zehn Minuten. Sie machte die Erfahrung, dass es niemandem schadet, wenn sie sinnvolle Grenzen setzt. Sie spürte am eigenen Leib, *es tut gut, und sie kann*. Sie kann sagen, was sie nicht will und nichts Schlimmes passiert. Das tat ihr gut und war ein Aha-Erlebnis für sie. In der späteren üblichen Nachbesprechung sagte ich ihr noch mal, wie wichtig es für sie ist, darüber nachzudenken und sich zu entscheiden, wie sie in Zukunft leben will, nicht nur mit dem Pferd sondern auch mit den Menschen, mit denen sie privat und beruflich zu tun hat. Sie fuhr am Sonntagabend zufrieden und voll neuer Informationen nach Hause. Am Dienstag rief sie an und meinte, sie wolle mir Folgendes erzählen:

„Ich bin gleich am Montag in den Reitstall gefahren. Es war wie immer keiner da. Ich habe mein Pferd gesattelt und in der Halle geritten. Es war wie immer schön und harmonisch. Nach der Stunde reiten, gehe ich normalerweise zurück in den Stall, sattele ab und stelle das Pferd weg. Heute aber dachte ich, egal, ich versuche es jetzt. Ich reite aus, bei dem Wetter. Und ich ritt aus. Ich ging einfach vom Hof, mein Pferd zögerte nicht einmal. Stell dir vor, dabei habe ich nicht mal *Motiva gemacht*. Ich bin so glücklich, so erleichtert, achtzehn Jahre ging das nicht und jetzt sowas. Vielen, vielen Dank!"

Sie hatte ihre Einstellung geändert. Sie war in dieser Situation für das Pferd „ein anderer Mensch geworden", jemand, dem es vertrauen konnte, dem es sich anvertrauen konnte und mehr braucht es nicht dazu. Die Erfahrung mit dem Motivadialog bei uns, die Selbsterkenntnis und der Wille, es besser zu machen, hatten bei ihr den Durchbruch gebracht. Dieser Besitzerin mit dieser Einstellung konnte das Pferd sich anvertrauen, was es vorher nicht wollte.

Pferde sprechen immer

So einfach oder so schnell geht es nicht immer, aber ich möchte noch von folgender Begebenheit berichten:

Eine Frau kam in den Kurs, weil sie zwei schwierige Pferde hatte, beides Hengste, die sich gar nicht vertrugen. Einer davon gab auch nicht die Hufe, was ein Problem ist, denn domestizierte Pferde laufen sich die Hufe nicht ab wie ein Wildpferd. Sie müssen in regelmäßigen Abständen geschnitten, geraspelt und gepflegt werden. Die Frau kam auf den Kurs, um Techniken zu lernen, wie sie an die Pferdehufe herankommt und wie sie außerdem die beiden Hengste zusammenbringen kann.

Ich erklärte ihr, dass Motiva keine Trainingsmethode und erst recht keine Technik sei. Aber dass es das komplexe Kommunikationssystem ist, wodurch man sich mit dem Pferd verständigen kann.

In dem Kurs sprachen wir viel darüber, dass man jede Sprache der Welt nutzen kann, um friedliche Botschaften zu vermitteln und Konflikte zu lösen, aber leider auch um Krieg zu entfachen und Streit zu schüren. Die Sprachfähigkeit alleine macht nicht den Frieden und löst nicht den Konflikt. Es liegt in der Fähigkeit und der Verantwortung des Sprechenden, was er vermittelt. Nichts könnten wir in dieser Welt mehr gebrauchen als eine sichere Friedenstechnik, die bei Anwendung jedweden Streit und Uneinigkeit eliminiert. Das wäre eine zu schöne Utopie, das wäre Frieden auf Erden.

Es bleibt dabei, dass es immer in der Verantwortung des Einzelnen liegt, wie friedlich ein Miteinander stattfinden kann. In der Beziehung Mensch – Pferd gelten keine anderen Regeln oder Bedingungen als zwischen zwei Menschen. Zu einem friedlichen Dialog gehören zwei, die sich verstehen wollen, sich irgendwie einigen wollen.

Unsere Verantwortung liegt darin, das Pferd verstehen zu wollen in seiner Natur. Es fällt ihm schwer, sich einfach jemandem zu unterwerfen, der zeitgleich andeutet, schwach und unwissend zu sein, oder aggressiv Dinge fordert, die wider seine Natur sind. Pferde fragen in der Regel freundlich an, wer von beiden – Mensch oder Pferd – das Sagen hat und meistens antwortet der unbedarfte Mensch, das Pferd solle bestimmen. Das tut es dann und dafür kassiert es eine Strafe. Es versteht den Menschen nicht und erfährt, er ist unberechenbar und man kann ihm nicht trauen.

Damit es keine reine Theorie bleiben sollte, forderte ich die Frau auf, mit uns allen zusammen einmal nach draußen zu gehen und eines unserer Pferde aus dem Stall zu holen und zu putzen, so als wollte sie es später satteln und reiten. Sie brauchte nichts Spezielles zu können, sondern sollte im Grunde nur tun, was sie immer tut und kann.

Das Pferd wurde von uns vorher in eine Box gestellt, damit es so authentisch wie möglich für die Seminarteilnehmerin war.

Das sah dann folgendermaßen aus:

Sie nahm sich das Halfter und öffnete die Boxentür. Das Pferd kam auf sie zu und schnupperte an ihrer Hand, was sie freundlich geschehen ließ. Das mittelgroße Pferd hob seinen Kopf hoch über den ihren hinweg, woraufhin die Frau lächelte und meinte: „Das macht meiner auch immer." Sie steckte den Kopf des Pferdes in das Halfter und beim Schließen des Halfters hob das Pferd seinen Kopf wieder über ihren in die andere Richtung. Dann knipste sie den Strick ans Halfter, sagte „Komm mit!", und ging los. Das Pferd ging auch mit und schob sie ganz zart mit einer Kopfbewegung in den Rücken. Der Frau fiel das nicht weiter auf, sie ging an die Anbindestelle, knotete den Führstrick mit Sicherheitsknoten fest und bekam von mir das passende Putzzeug. Sie hatte Erfahrung im Pferdeputzen, wusste mit den einzelnen Utensilien richtig umzugehen.

Sie bürstete die linke Pferdeseite und dann tauchte sie geschmeidig unter dem Hals des Pferdes durch, um die rechte Seite zu bürsten. Auf dem gleichen Weg kam sie auch wieder zurück zum Putzkasten, wechselte dort vom Striegel zur Kardätsche. Das Pferd stand recht brav da, machte inzwischen einen kleinen Schritt in ihre Richtung, den sie mit Rückwärtstreten ihrerseits beantwortete. Das geschah, nachdem sie wieder unter dem Hals zur rechten Seite gewechselt war, auch rechts. Das Pferd kam einen kleinen Schritt ihr entgegen, sie fand das zu eng und verschaffte sich Platz, indem sie selbst ein wenig zurücktrat. Sie bürstete liebevoll und behutsam und das Pferd roch an ihr und rieb zart den Kopf an ihrem Ärmel. Im Anschluss tauchte sie wieder zum Putzkasten und nahm sich den Hufauskratzer, um die Hufe des Pferdes zu reinigen. Es gab artig den Huf, legte dabei „vertrauensvoll" den Kopf auf ihren Rücken, während sie die Strahlfurche reinigte. Nachdem sie alle vier Hufe bearbeitet hatte, sagte sie: „Man merkt, dass es ein braves Schulpferd von euch ist, so lieb und wohlerzogen. Ganz so leicht macht es mir mein Pferd nicht und das eine gibt die Hufe nicht mal." Sie durfte das Pferd zurückbringen und wir setzten unsere Theorie im Seminarraum fort.

Was hatten wir denn nun gesehen? Was hatten wir erlebt? Die noch sehr neuen Seminarteilnehmer waren sich unsicher, ob sie etwas Neues gesehen oder gelernt hatten. Es herrschte Unsicherheit in den Gesichtern. Sie wollten doch Pferdesprache lernen und nun hatten sie einer Frau beim Putzen eines Schulpferdes zugesehen, was sie selbst täglich auch machen. Da war nichts Neues dabei. Ratlosigkeit.

Eine fragte sogar mutig: „Wann machen wir den Motiva?"

Damit wollte sie mir anscheinend übermitteln, dass sie sehr gerne was lernen wolle. Dass sie doch gerne Pferdesprache lernen wolle.

Jetzt wollte ich die Seminarteilnehmer nicht länger auf die Folter spannen und das Rätsel lösen. Ich hatte theoretisch schon darauf hingewiesen, dass Pferde „tun" wenn sie „reden". Ihre Sprache ist vorwiegend nonverbal, also Körpersprache. Und sie haben Regeln.

Jetzt wollte ich mit den Seminarteilnehmern zusammen einmal erinnern, was wir gesehen hatten und dabei alle Regeln erwähnen, die durch das Pferd dargestellt worden sind. Bei dieser einfachen Alltagstätigkeit, die ruhig und ohne Zwischenfälle vonstattengegangen war, kamen folgende Regeln zum Tragen.

✽✽✽

Ranghöher ist: (Das tat das Pferd)
1. Wer den anderen zuerst berührt (schnuppern des Pferdes)
2. Wer den Kopf über den andern hebt
3. Wer den Kopf über den anderen hebt (zum 2. Mal)
4. Wer den Kopf über den anderen hebt (hat die Frau selbst hergestellt durch das Wegtauchen unter dem Hals und wieder zurück auf die andere Seite)
5. Wer dem anderen den Raum nehmen kann (das Pferd machte einen Schritt zur Frau hin, die Frau weicht)
6. Wer den Kopf auf den anderen legt

Rangniedrig ist: (das tat die Frau)
1. Wer dem anderen ausweicht
2. Wer dem anderen Platz macht
3. Wer rückwärts weicht

✽✽✽

Das Pferd berührt die Frau zuerst und bestätigt damit seinen höheren Rang.
Das Pferd verstärkt seine Berührung, um seinen Vorrang zu bestätigen.

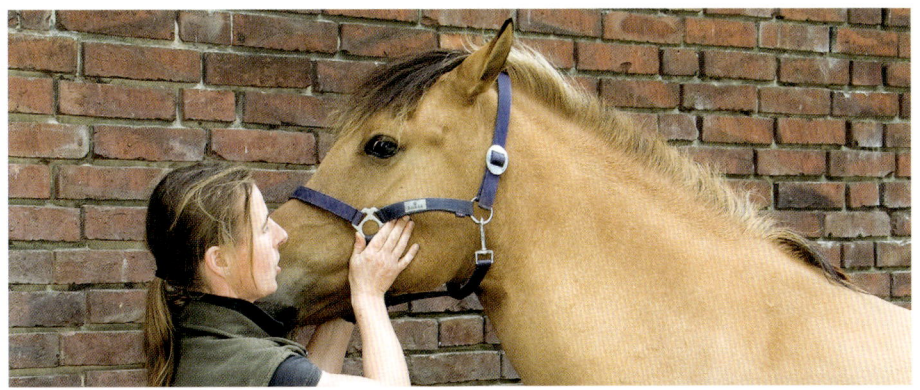

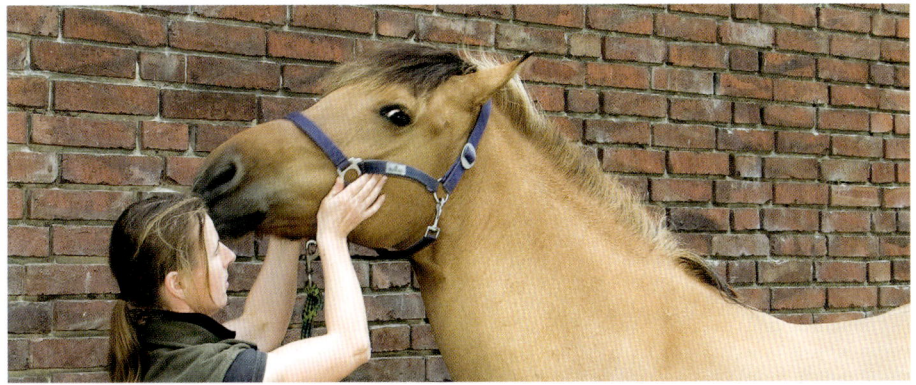

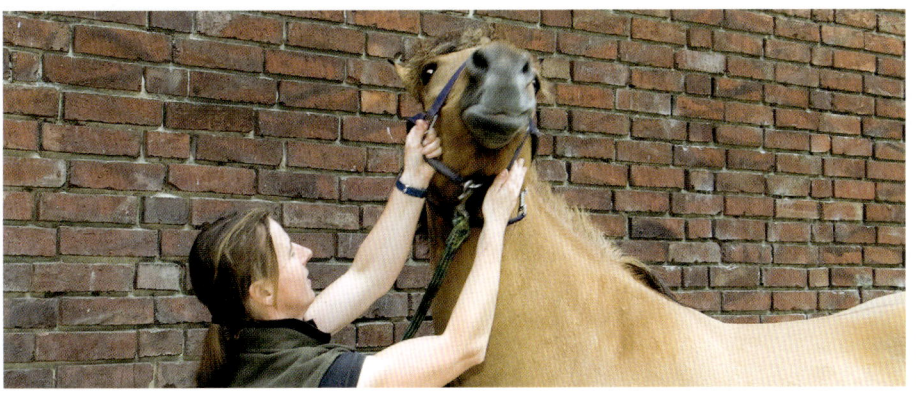

Kopf über den Menschen heben wird nicht zugelassen und gezielt verhindert.

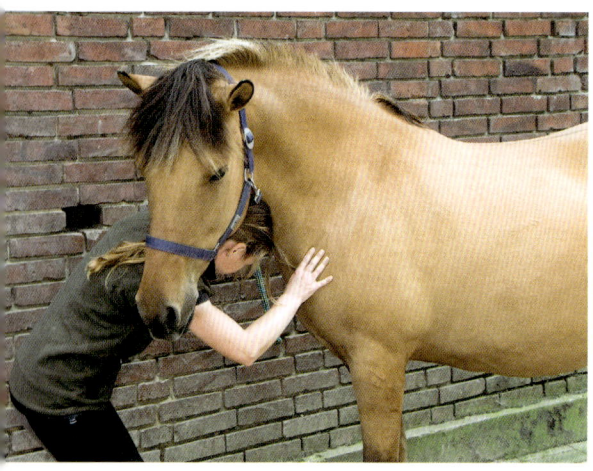

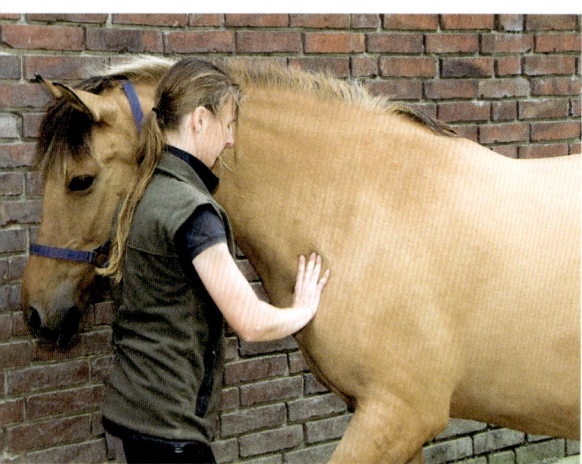
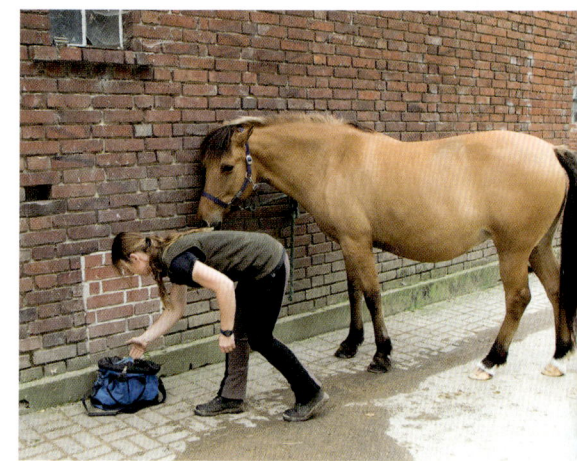

Das Pferd versucht, dem Menschen den Platz wegzunehmen, um seinen Vorrang zu zeigen, was der Mensch nicht duldet.

Oh je, Schweigen. Jetzt erkannten alle, dass während des Putzens ein heftiger Dialog stattgefunden hatte. Das Pferd hat sich echt Mühe gegeben, herauszufinden, ob die Frau wirklich den Rang abgibt, beziehungsweise nicht haben will. Die Frau hat pausenlos und durchgängig behauptet, das Pferd habe den hohen Rang und sie wolle den Rang nicht. Bewertet man den gesamten Vorgang als Dialog und nicht als Tätigkeit (Mensch bürstet Pferd), sieht die Welt schon anders aus. Es ging den Teilnehmern des Kurses so ähnlich wie mir früher auf der Wiese, als mir bewusst wurde, Pferde kommunizieren dauernd. Das stellt man sich so nicht vor. Man bewertet die Tätigkeiten des Pferdes eben als zum Teil unbedeutende Tätigkeiten und nicht als Worte oder Sätze. Solange man denkt, das Pferd tut und nicht denkt, das Pferd sagt, interpretiert man die Situation auch falsch.

 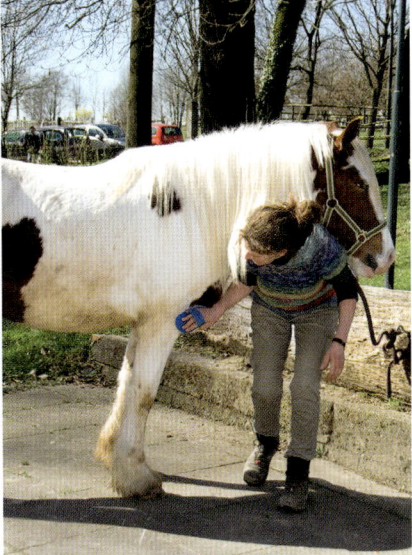 

Frau geht unter dem Kopf durch. Das ist falsch

 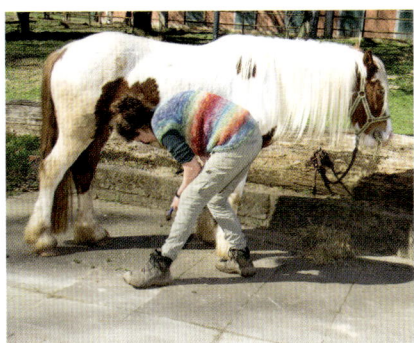 

Frau geht rückwärts und gebückt vom Hinterhuf zum Vorderhuf. Das ist falsch

Richtig ist, sich nach dem Huf aufzurichten und vorwärts zum nächsten Huf zu gehen.

Das ist allen durch dieses kleine Experiment bewusst geworden. Es fiel ihnen auf, dass jeder genau das zu Hause erlebt in unterschiedlichen Varianten. Ein Mann raufte sich die Haare und meinte: „Alleine für diese Demonstration und Erkenntnis hat es sich gelohnt herzukommen. So sieht man das einfach nicht. Jetzt gehen mir unterschiedliche Lichter auf."

Nachdem die Botschaft verkraftet war und alle erkannten, was sich unbemerkt zwischen Pferd und Mensch abspielt in der kurzen Zeit, kam dann die Erkenntnis, die noch mehr traf. Nicht nur, dass das Pferd dauernd redet und man unwissend nur Augen für die Sauberkeit des Fells hatte, muss man ja auch die Konsequenzen aus dem Dialog verstehen.

Nimmt man die Bemühungen des Pferdes ernst, herauszufinden wer der Ranghohe ist, und der Mensch gibt aber beharrlich alle Verantwortung an das Pferd ab, dann braucht man sich nicht wundern, wenn das Pferd später beim Reiten eigene Entscheidungen treffen will. Im Grunde muss es das ja tun, es hat sozusagen den Auftrag des Menschen erhalten, selbst für alles verantwortlich zu sein. So ist es unverzeihlich, hinterher dem Tier Vorwürfe zu machen, wenn es sich nicht dem menschlichen Willen und Kommandos unterwirft.

Wir schlossen eine Übung an: Zwei Teilnehmer redeten miteinander, einer bekam zehnmal hintereinander durch unterschiedliche Anfragen den Auftrag, die Führungsaufgaben zu übernehmen. Als er es dann tun wollte, wurde er böse abgestraft.

Mit der Übung kamen die Teilnehmer noch genauer und besser an die Gefühle heran, die wir in dem Pferd hervorrufen durch unser Verhalten. Erst dadurch wird einem wirklich bewusst, was wir Menschen mit den Pferden tun. Dabei meint es der Pferdebesitzer ja gut. Reine Unwissenheit führt zu dem Dilemma und nicht gezielte Ignoranz oder Aggression.

Das Problem ist, Menschen wissen nicht, dass die Aktionen des Pferdes Fragen sind und dass die Bewegungen des Menschen Antworten sind. Man ist in Dialoge eingebunden, von denen man nicht mal ahnt, dass sie stattfinden.

Bei der Pferd-Mensch Kombination, ist es förmlich immer so. Da bleibt nur, dass das Pferd sauer wird, oder es frustriert resigniert. In seinen Augen ist der Mensch niemand, der hohe Kompetenz hat und die Verantwortung für beide wirklich tragen kann. Er steckt voller Widersprüche und anmaßender Behauptungen. Deswegen übernimmt es die Führung, sobald es aus seiner Sicht notwendig ist, und entscheidet selbst.

Es wurde allen schmerzlich bewusst, was da bei vielen – auch bei ihnen selbst – falsch lief. Wie sollte das Pferd einem Wesen vertrauen, das sich unsicher, inkompetent und unzuverlässig darstellt. Dass das aus Unwissenheit passiert, weiß das Pferd ja nicht.

Es entstanden heiße Debatten unter den Kursteilnehmern, dass das, was man überall als Pferdekommunikation und vertrauensbildende Maßnahmen propagiert, deswegen auch nicht funktionierte, als sie es versuchten, weil es beides nicht ist.

Jetzt verstanden sie, nachdem sie es mit eigenen Augen erlebt hatten, wie Pferde wirklich kommunizieren.

Es war ein sehr lebendiger und interessanter Kurs. Aber auch der ging zu Ende. Am Dienstag teilte mir die Frau mit, als sie nach Hause kam, ging sie in den Stall. Sie war noch so voller Eindrücke und guter Vorsätze, dass sie es nicht erwarten konnte, ihren Hengsten zuzuhören. Auch wenn das, was sie an einem Wochenende lernen konnte, nur die Spitze des Eisberges war, wusste sie so viel mehr, was sie dringend in die Tat umsetzen wollte.

Und sie staunte nicht schlecht, ihre beiden Hengste vertrugen sich auf einmal. Sie standen zusammen und fraßen, ein Herz und eine Seele. Sie hatte gar nichts gemacht, wie sie meinte, aber **sie** war anders geworden. Die Atmosphäre war anders, und so reagierten die Pferde darauf und auf sie. Sie konnte sogar das schwierige Pferd zum Schmied stellen, es war noch nicht leicht, aber es ging. Ihre Welt hatte sich verändert, sie hatte sich verändert.

Ich könnte noch unzählige Geschichten aufschreiben, und das Buch nur damit füllen. Die Erkenntnis, dass die Pferde sprechen (und das nicht nur in der Heiligen Nacht), ist bahnbrechend. Es hat mein Leben umgekrempelt und nachhaltig geprägt und so geht es anderen Pferdehaltern auch. Wenn man sich darauf einlässt, dann eröffnen sich Welten, an die man nicht im Traum gedacht hätte.

Pferde sind sehr kommunikativ und sensibel. Sie haben außerdem sehr feines Empfinden für Situationen und ihre Herden beziehungsweise Gruppenmitglieder. Dadurch sind sie prächtige Helfer für Menschen mit seelischen Belastungen und Defiziten, welche auf dem Pferd gespürt und bearbeitet werden können.

Ich habe sehr viele Pferd-Mensch-Kombinationen erlebt, in denen das Pferd der Therapeut war, und kann mich kaum entscheiden, welche dieser Geschichten ich hier erzählen soll. Sie sind alle sehr beeindruckend und fast unvorstellbar. Und immer wieder dachte ich, das musst du aufschreiben, das muss man erzählen und Menschen helfen, sich wirklich mit ihrem Pferd zu verstehen.

✳✳✳

Die folgende Geschichte möchte ich aber keinesfalls versäumen, hier aufzuschreiben.

Für einige Jahre hatte ein Schauspieler des Bielefelder Stadttheaters Cheyenne übernommen und schöne Zeiten mit ihr verbracht. Er besuchte auch eifrig meine Motivakurse und eines Tages philosophierten wir beide darüber, ob man die Pferdesprache nicht auch nutzen kann, um mit Pferden Theater zu spielen. Wir wussten, wie man sich verhalten muss, um sich in der die Pferdeherde sicher zu bewegen. Die Entscheidung, das auszuprobieren, war schnell gefallen. Ein Freund von ihm konnte gut Cello spielen und so bauten wir ein kleines Podest in der Reithalle auf, auf dem live mit dem Cello musiziert werden konnte, ohne dass die Pferde zu dicht auf den Musiker aufliefen. Der Schauspieler brachte einen Text mit:

Heinrich, der junge König, die Nacht vor der Schlacht. Von der Ausstattung und den Kostümen wollten wir es minimalistisch halten, das Hauptaugenmerk auf die Kooperation und die Kommunikation mit den Pferden richten. Wir probten einige Male und sahen schon, es funktioniert ohne Probleme. Es war faszinierend. Im Grunde verlief jede Probe anders, weil die Pferde gar nicht dressiert oder geschult wurden, sondern sich immer so einbrachten, wie es gerade zur Stimmung passte. Drei Pferde spielten mit:

Calvin, Conchita und Cheyenne.

In der Handlung ging es darum, dass der junge Heinrich am Abend vor der Schlacht Skrupel und Zweifel bekommt, die jungen Soldaten als Kanonenfutter zu opfern und verzweifelt ruft: „Ist da niemand, der mir hilft, die Antwort zu finden?" In dem Augenblick wurden die Pferde in die Halle reingelassen, sie liefen frei herum, während der junge Heinrich in Monologen seine Gewissensbisse formulierte und seine Fragen an die Richtigkeit, den Frieden, den Krieg. Die Pferde gestalteten diese Momente frei mit, sie zeigten friedliches Verbinden untereinander, kamen tröstend zu dem jungen Mann und man konnte erkennen, sie wissen, was sie sollen, sie verstehen die Gefühle und niemals tat eines etwas, was nicht gepasst hätte. Es ging eine Faszination von dem Ganzen aus, man hätte eine Stecknadel fallen hören.

Sie halfen Heinrich durch ihre friedliche, versöhnliche Art einen Weg zu finden, nicht den Krieg, sondern den Frieden zu wählen, das Gespräch mit dem Heeresführer der Feinde zu suchen. Heinrich setze sich zum Schluss auf Cheyenne und ließ sich in Begleitung der beiden anderen Pferde von ihr heraustragen.

Während des Stückes spielte der Musiker live auf dem Cello, dramatisch oder friedlich, je nachdem. Es war sehr beeindruckend, wir spielten dieses Stück mehrfach erfolgreich. Immer wieder wurden wir gefragt, wie wir den Pferden das beibringen, so zu agieren. Dass wir ihnen gar nichts beibringen, dass sie das können, weil wir sie verstehen, glaubte man uns nur bedingt, weil es so fantastisch ist und man den Pferden viel zu wenig zutraut, zu wenig über sie weiß.

Bei der Probe zu dem Stück „Heinrich vor der Schlacht".
Der Beginn des Pferdetheaters.

    Nach dem erfolgreichen Stück für Erwachsene, kamen wir auf die Idee, ein kleines Stück für Kinder zu spielen. Dazu schrieben Isabell und ich ein Märchen. Es handelte von Königskindern, die in ihrem Königreich das Problem haben, dass die Wasserspiegel in den Brunnen sinken und die Ponys und die Menschen bald kein Trinkwasser mehr haben. Der Prinz macht sich heimlich auf den Weg nach der bösen Macht zu suchen, um sie zu bekämpfen. Die Schwester erfährt von den Ponys, wohin er gegangen ist und macht sich auf, ihn zu suchen. Dabei begegnet sie einem Waldwesen, welches ihr hilft, das Wassergeheimnis zu lüften und gegen den bösen Wassergnom vorzugehen. Dazu wurden dann Kinderhände gebraucht und es wurden interaktiv Kinder aus dem Publikum dazugeholt, um zusammen als Gemeinschaft zu schaffen, was man alleine nicht kann.

Pferde sprechen immer

So verfrachteten sie den Gnom ans Ende der Welt, befreiten den Bruder, und das Waldwesen musste verabschiedet werden. Tränenreich war die Trennung von dem liebgewonnen Freund. Zur Erleichterung der Kinder und aber auch der Erwachsenen kam das Waldwesen heimlich zu den Königskindern ins Schloss und alle zusammen feierten den Sieg und alle Menschen und die Ponys tanzten mit einer selbstkomponierten Musik den Freudentanz.

Das Stück wurde zigmal gespielt, mehrere Jahre, und war immer wieder wunderbar, herzerwärmend und spannend. Die Ponys aus dieser Gruppe heißen heute noch Theaterponys auf unserem Hof, weil sie als ganze Gruppe die „Schauspieler" waren.

*Die Theaterponys:
Tara, Domino, Freitag, Angelo, Europa und Annelie.
Sie spielten viele Aufführungen des Stücks „Wassser des Lebens" mit. Faszinierend, wie sie sich immer wieder in ihre Rolle hineinfanden, ganz ohne Dressur. Sie aggierten immer frei, passend zur Situation.*

Sie kannten sich untereinander, es gab keinen Stress, wenn sie als Herde zwischen den Menschen liefen. Es machte ihnen Spaß, das war deutlich zu sehen. Sie begriffen ohne Dressur, was ihr Part war, und auch hier unterschieden sich ihre Aktionen in den unterschiedlichen Vorstellungen. Dennoch passte es im Grunde immer, was sie taten und die Menschen konnten ihre Dialoge und Fragen so variieren, dass es auch inhaltlich immer gut auskam. Auch während des Theaters gingen sie fein auf die Schauspieler ein und spiegelten deren Tagesform, mal waren sie „wilder" und manchmal ruhig und besonnen. Dadurch entstanden die leicht unterschiedlichen Verhalten in den verschiedenen Aufführungen.

***

Mich hat es in der Erfahrung mit Pferden wieder weitergebracht. Es war interessant, die Pferde in dieser völlig anderen Welt zu erleben und zu beobachten, wie flexibel sie sind. Es war nicht vergleichbar mit einer Show oder Zirkus, weil die Pferde immer die Aufgabe hatten, ohne jede Dressur zu machen, was sie wollten. Sie wollten aber eben machen, was gebraucht wurde, und das war fantastisch, fast unglaublich.

Es bestätigte einmal mehr für mich, dass ich mein Wissen über Pferde nicht aus der Literatur beziehen kann, sondern in erster Linie aus der Beobachtung und Interpretation ihres Alltagverhaltens.

So zum Beispiel machte ich folgende Beobachtung:

Eines unserer Minishettys wurde über den Hof geführt. Dort hatte ein Kind ein Stoffpferd in der Größe eines mittleren Hundes am Scheunentor stehen lassen. Das Shetty stutzte, regte sich auf, zog zu diesem Stofftier hin und beroch es von allen Seiten. Es schob seine Nüstern unter die Plastikmähne und roch intensiv an diesem Pferdchen. Es versuchte mehr über dieses „Pferd" herauszufinden indem es unermüdlich an ihm schnupperte. Da aber nichts als ein Geruch nach Kunstfell und Plastik vielleicht gepaart mit Verunreinigung kleiner ungewaschener Kinderhände und Hosen, ermittelt werden konnte, war auch nichts über die Identität dieses „Tieres" herauszufinden. Das Shetty an der Hand war aufgeregt und wollte nicht von dem Spielpferd ablassen.

Anscheinend hat es der Silhouette des Ponys so viel Aussagekraft zugeordnet dass der Geruch, der ja sicherlich nicht natürlich nach Tier war, so nicht akzeptiert wurde. Es suchte unaufhörlich eine olfaktorische Aussage zu diesem Ding zu erkennen. Die Silhouette des Pferdchens hatte ihm gesagt, dass da ein Pferd steht und das galt es zu erforschen.

✳✳✳

Ich habe auf einem Video im Netz gesehen, ein künstliches Spielpferd steht bei einem echten Pferd. Dieses fordert das Plastiktier zur Unterhaltung und Reaktion auf. Natürlich kommt keine Reaktion von dem Spielzeugpferd und da tritt das Pferd das Plastiktier aus dem Gehege. Menschen finden das lustig, der Film hat viele Likes, aber was es bedeutet, wird sich oft nicht genügend bewusst gemacht. Auch an diesem Film ist eindeutig das Bedürfnis des Pferdes auf Kommunikation zu erkennen und auch, dass es dieses Spielpferd als seinesgleichen identifiziert und deswegen auch einen Kommunikationsanspruch an es richtet.

Wenn man Pferde erforschen will, ist es unabdingbar viel zu beobachten und sich danach Gedanken über den Sinn zu machen.

Das versuchte ich auch immer wieder unseren Reitkunden klarzumachen. Ein mühsamer aber vielleicht doch lohnender Weg.

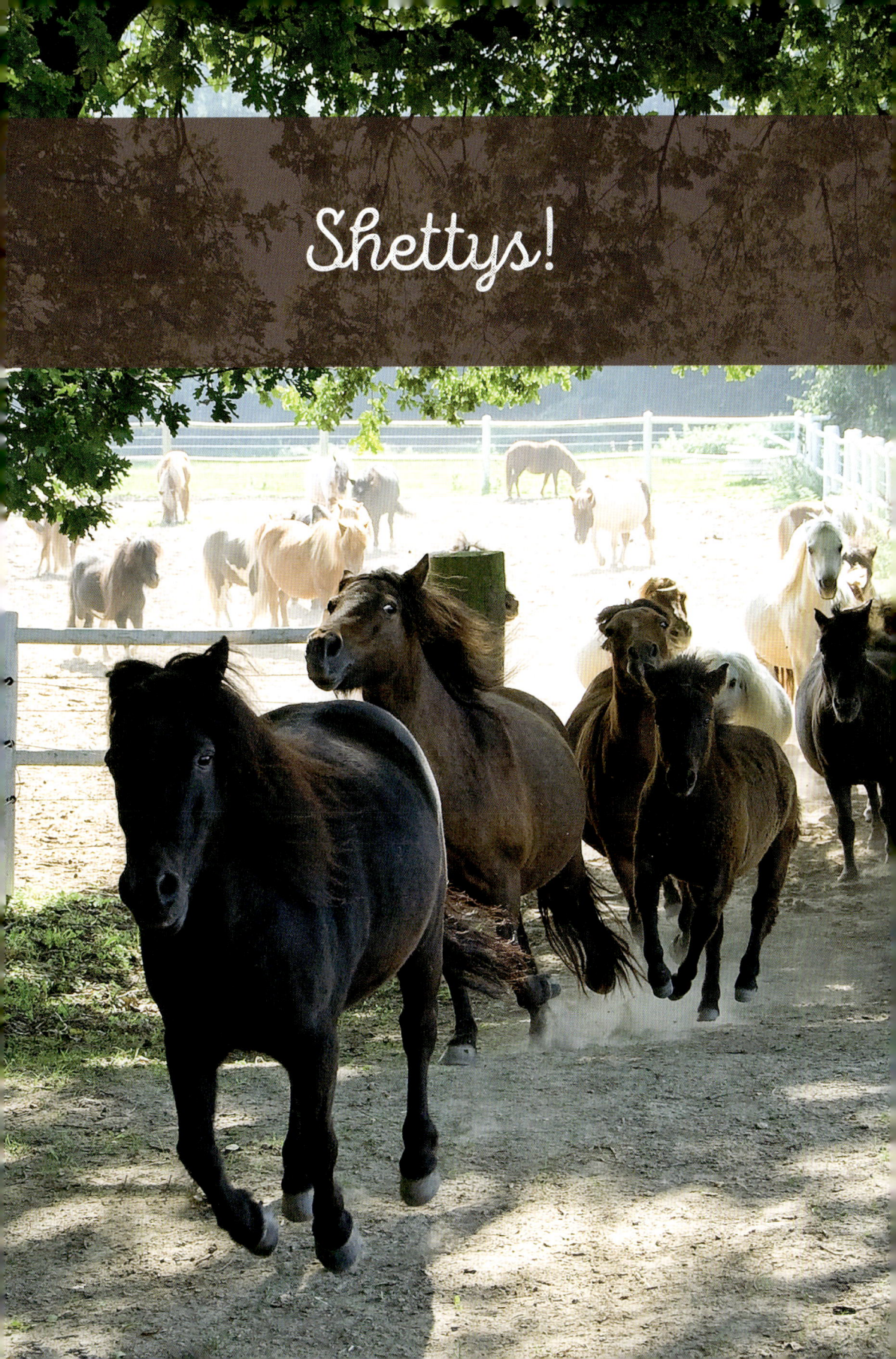

Durch das Theaterspielen waren wir in der Umgebung bekannter geworden und unsere Kinderstunden wurden immer stärker frequentiert.

Deswegen hatten Manfred und ich inzwischen einige interessierte Frauen aus der Gazellenrunde ausgebildet, bei uns in der Reitschule zu unterrichten.

Wir brauchten Lehrer und aber auch Ponys. Das Durchschnittsalter der Reitkinder sank, es kamen Eltern mit sechsjährigen Kindern an, die auch reiten wollten, und daraus entwickelte sich die Entscheidung, wir kaufen Shetlandponys. Ich wusste, die Tiere haben den Ruf stur und schwierig zu sein, aber das Vorurteil konnte mich nicht abschrecken. Wir planten eine ganze Herde zu kaufen und deswegen musste erst ein ordentliches Gehege her für die Bande.

Es gab ein älteres Steinhaus mit unterschiedlichen integrierten Räumlichkeiten. Ein Teil war Werkstatt, ein Teil Garage und der andere Teil Stall. Hinter diesem Haus lagen sehr praktisch vier große Weiden, die wir dann als Shettyweiden nutzen konnten.

Das Gebäude sollte das Shettyhaus werden. Alles wurde herausgeräumt und die nicht tragenden Wände entfernt. So entstand ein schönes Gesamtgebäude, mit viel Platz und unterschiedlichen Ein-und Ausgängen.

Die Inneneinrichtung wurde in Schlaf und Ruhezonen sowie Fresszonen aufgeteilt. Draußen sollte ein guter Auslauf entstehen. Dort war bis dahin noch so eine Art Niemandsland, große Eichen und darunter Holunderbüsche, Brennnesseln und Gestrüpp. Das wurde nun gerodet, die Eichen bekamen einen Schutz um die Baumstämme und auf der Erde wurden Bodengitter verlegt, damit der Auslauf trocken und gemütlich für die Tiere sein sollte. Ein Shettyzaun aus Holz grenzte alles ein, weil ein gewöhnlicher Elektrozaun uns nicht sicher genug schien. Die Weiden hinter dem Haus zäunten wir vierfach mit Elektrozaun ein, auch sicher für kleine Zaunexperten, die gerne mal auskommen und die Landschaft erkunden.

Das wollten wir von vornherein unterbinden. Wir schufen praktische Wegeführungen vom Auslauf aus auf die jeweiligen Weiden.

Als alles vorbereitet war, konnten die Shettys kommen. Im Internet fanden wir nicht das Richtige, und machten uns deswegen auf zu dem Ponyhof im Emsland, wo wir schon die anderen Ponys gekauft und gute Erfahrungen gemacht hatten.

Shettys kommen satt und zufrieden von der Weide.

Der Vorteil, hier Shettys auszusuchen, lag auf der Hand. Wir hatten Auswahl, konnten sehen, wie Kinder mit den Tieren zurechtkamen und hatten die Option, wenn es bei uns mit einem Shetty Schwierigkeiten gäbe oder wir umtauschen wollten, dann könnten wir das tun. Wir kauften neun Tiere und ließen sie uns mit einem Pferdetransporter bringen. Wir tauschten tatsächlich einen Wallach später wieder um, er gefiel uns nicht von seinem Gangbild und war auch in der Reithalle sehr schwierig für Kinder. Im Rahmen des Umtausches nahmen wir noch weitere neun sodass wir auf die stolze Zahl von achtzehn Reitshettys kamen. Nach kurzer Zeit entschieden wir uns noch einmal für einen Umtausch. Wir hatten eine Stute mitgenommen, die sich bei uns offensichtlich nicht wohlfühle. Aus unserer Menschensicht hatten alle es gut, ein großzügiges Gehege und saubere Unterkünfte, reichlich Essen und Gesellschaft. Aber diese Stute schien immer unzufrieden, sie wurde zusehends schwieriger, wollte gar nicht mehr geritten werden und wehrte sich gegen alles. Weil es immer schlechter wurde, sie aber gesund schien, nur unwillig,

Shettys!

brachten wir sie zurück zu den Verkäufern. Schon als wir den Pferdehänger holten und sie hineinführten lief sie beinahe freudig hinein und wollte mitfahren. Dort im Emsland angekommen, luden wir sie aus, sie betrat den heimatlichen Boden, wieherte sofort laut und vernehmlich und drängte zügig in Richtung Herde. Wir waren angemeldet und man sagte uns, sie einfach zurück in die Herde führen zu dürfen. Dort standen ca. zweihundert Tiere, vom großen Tinker bis zum kleinsten Shetty alles gemeinsam und durcheinander. Dieses Shetty bahnte sich sofort unbeirrt seinen Weg, während es immer wieder wieherte. Irgendwann bekam es Antwort, es pflügte durch die Reihen und fand, was es gesucht hatte. Da standen sie dann beide, ein mittleres Pony und unseres. Sie hatten sich wieder, wir hatten durch unseren Kauf zwei Freunde getrennt, ohne es zu wissen. Diese Freundschaft schien so existenziell zu sein, dass ein schönes Gehege oder sonstige Annehmlichkeiten gar nichts ausgleichen konnten. Das Herz hatte gesprochen, es musste den Freund suchen und hatte offensichtlich schon eine Art Ahnung, als wir mit dem Pferdehänger ankamen. Es hatte eine Vorstellung, dass es nach Hause kommt und alles gut werden wird.

Wir waren sehr beeindruckt von dieser Tierfreundschaf und der Kraft dieser Emotionen. Außerdem freuten wir uns, die richtige Entscheidung getroffen zu haben und nicht noch länger zu experimentieren, ob sich das Shetty noch bei uns eingewöhnt.

✳✳✳

Zwischendurch hatte ich mal wieder im Internet nach Shettys geschaut und einen kleinen Wallach gesehen, der dort von der Tierrettung inseriert worden war. Jemand hatte ihn einem Schausteller abgekauft, das Tier hatte vorher etliche Zeit alleine mit einem Mann in einem Bauwagen gewohnt. Bei der Tierrettung sollte er nicht bleiben und so schauten wir uns ihn dort an. Er war klein, schmutziges weißes Fell, etwas verfilzt und wirkte depressiv. Er nahm von uns keine Notiz, ließ sich anfassen, aber genoss das Streicheln nicht. Er wirkte so, als sei ihm alles egal, selbst fressen war nicht so wichtig, wie es schien. Man weiß nicht, was er in der Einzelhaltung genau erlebt hat, aber es war deutlich, es hatte ihm die Lebensfreude genommen, er wirkte nicht lebendig und lustig. Er hatte sein Leben aufgegeben und stand da so vor sich hin, als hätte er nichts Tolles mehr zu erwarten.

Da standen außer ihm noch andere kleine Shetlandponys. Wir bekamen erklärt, auch sie sind aus der Tierrettung dort gelandet, sie kamen vom Pferdemarkt, wo sie als Schlachttiere deklariert waren und auf dem Transporter nach Italien standen. Der Mann hatte sie dort runtergekauft aber selbst keinen Platz und kein Geld, sie langfristig zu versorgen. Wir nahmen den kleinen Prinz und einen Kumpel mit. Die beiden anderen kauften wir auch, ließen die jungen Hengste dort noch kastrieren und holten sie dann später nach. Jetzt hatten wir vier Minishettys und Minishettymischlinge. Sie passten noch gut in unsere Herde und wir wussten, hier können sie zufrieden mit Freunden leben. Das allerdings war nicht so einfach.

Herr Prinz, der Weiße hinten an der Wand, findet endlich den Mut, sich zum Schlafen hinzulegen, und seine beiden Freunde, Mr. Spock und Sandokan, hüten seinen Schlaf. Im Vordergrund liegt Herr Nielsson, der kann auch gleich mitbewacht werden.

Herr Prinz hat sich gut erholt und lebt jetzt zufrieden in der Herde.

Ich sah, auch wenn die Bedingungen aus menschlicher Sicht super sind, heißt das nicht, das Pferd fühlt sich auch so.

Herr Prinz, der lange Jahre gar keine Pferdegesellschaft gekannt hatte, stand immer alleine da. Er mied die anderen und nach einigen Tagen sahen wir an seinem Fell, er legt sich auch niemals hin zum Schlafen offensichtlich auch nachts nicht. In Herden ist es üblich, dass es einen Wachposten gibt, wenn andere schlafen, der die Schläfer warnen würde, wenn Gefahr auftaucht. Es gibt Pferde, die sich nur dann hinlegen, wenn es diesen Wachhabenden auch gibt. Den hatte Herr Prinz viele Jahre nicht gehabt und jetzt hatte er das Vertrauen, sich einfach schlafen zu legen, verloren. Obwohl er ja Mitglied einer großen Herde war, traute er sich nicht. Er blieb relativ einsam, pflegte sich mit keinem anderen Pony und fraß oft auch alleine irgendwo. Es dauerte lange, aber irgendwann, nach vielen Monaten, nahm eines der Shettys von dem Ponyhof Kontakt zu Herrn Prinz auf und signalisierte ihm, er sei nicht alleine. Er zeigte ihm Freundschaftsgesten und bedeutete ihm, dass er ruhig schlafen kann, er würde dann die Wache übernehmen. Und tatsächlich, irgendwann fasste Herr Prinz sich ein Herz, legte sich und Mr. Spock, der Shettywallach, stellte sich dazu und bewachte den Schlaf.

In der Weihnachtszeit freut man sich über frisches Tannengrün!
Herr Prinz und Shettykollegen aus der Tierrettung.

Die beiden sind seitdem unzertrennlich und Mr. Spock hat noch einen weiteren Freund in die Riege integriert, den Sandokhan. Die beiden Großen sind schwarz-weiß und Herr Prinz ist ganz weiß. Interessanterweise wurde 2012 noch ein Shetty geboren, auch schwarz-weiß und das wurde von den dreien in die Schwarz-Weiß-Riege aufgenommen. Es scheint, als sei es nicht egal für Pferde, welche Farbe das Fell hat, sie fühlen offensichtlich auch darüber eine Art Zugehörigkeit. Herr Prinz ist ein sehr selbstbewusster „junger König" geworden, er hat sich einen guten Platz in der Herde erwirtschaftet und nicht selten führt er die Herde an. Wenn sie auf eine weiter weg gelegene Weide galoppieren, sieht man die kleine weiße Gestalt in vollem Galopp den Hügel hochlaufen und hinter ihm „seine Herde". Er hat die kürzesten Beine und ist nur etwa achtzig cm hoch, aber er hält mit den Großen locker mit. Er hat sein Leben wieder.

Es war einer der Zufälle, die es nicht gibt, der den Herrn Prinz zu uns geführt hat. Dabei sollte es aber nicht bleiben. Das Internet ist zu verlockend, manchmal muss ich einfach einen Blick riskieren und so passierte dann eines Abends Folgendes:

Ich schaute im Netz noch einmal nach, ob die Leute aus der Tierrettung die anderen Ponys vermitteln konnten, einfach so, aus Interesse oder Neugier, und fand aber deren Seite nicht gleich wieder. Stattdessen fand ich wieder eine Anzeige: Minishettys in Holland.

Es ging aus der Anzeige hervor, dass es da einige Hengstfohlen gab. Minishettyhengste, die zu groß sind, um mit ihnen zu züchten, werden häufig zum Schlachter gegeben. Zu große Fohlen sind für die Stuten ein erhöhtes Geburtsrisiko, also werden sie auf diese Art aussortiert.

Wir entschlossen uns, noch am gleichen Abend dort hinzufahren und zwei davon zu retten. Wir fuhren gegen 19.00 Uhr los und kamen im Dunkeln in Holland an. Ein Lob auf den, der die Navigationsgeräte erfunden hat, sonst wären wir vielleicht nie angekommen, so war zumindest unser Eindruck. Jedenfalls fanden wir den Verkäufer an seinem Privathaus und der lotste uns dann zu den Shettys. Er hatte eine ganze Ladung irgendwo abgeholt und die kleinen Kerle in einem Pferch untergebracht. Da standen sie nun, viele kleine Hengstlein, mit großen Augen und genauso großer Angst vor uns Menschen und der Gesamtsituation. Sie standen dicht aneinandergedrängt in zwei Gehegen von vielleicht zehn Quadratmetern. In dem vorderen Gehege war noch weniger Platz als in dem anderen und wir sollten nun entscheiden, welche zwei dieser erschreckten Todeskandidaten wir retten wollten. Man kann sagen, das ging gar nicht. Wenn man sich zwei aussucht, hat man alle die anderen nicht ausgesucht und weiß, was geschieht. Aber natürlich kann man nicht alle retten oder mitnehmen, und so war es seelisch die Hölle, da zu stehen und zu entscheiden.

Wir wussten auch nichts über die Kleinen. Sie waren nicht geimpft, nicht tierärztlich untersucht. Sie hatten einen Pferdepass für den Transport und das war's. So schön, aber auch so erbärmlich standen sie alle da, und weil der Mann auch nicht ewig Zeit hatte und wir die Heimfahrt noch vor uns hatten, entschieden wir, die mitzunehmen, die wir am besten fangen konnten. Es war nämlich nicht möglich, einfach in das Gehege zu gehen und ein Tier herauszunehmen. Die Hengstlein hatten einiges hinter sich und kein Interesse an einer Berührung. Wir mussten also irgendwie zwei herausfangen und der Mann sagte, dass zwei Bestimmte ein Pärchen seien, zusammen aufgewachsen sind und etwas älter wären. Also sagten wir, diese beiden Freunde nehmen wir mit und sie wurden gefangen: winziges Halfter ins Gesicht und los. Aber nein, das ging irgendwie nicht. Man hatte den Eindruck, obwohl die Kleinen massive Angst hatten, spürten sie doch, dass wir so was wie ein Rettungsboot sein konnten. Sie schauten mit ihren dunklen Augen unter den ungepflegten Mähnen hervor und beobachteten uns. Spontan entschieden wir: Zwei gehen noch in den Hänger, und wir sagten dem Mann: „Wir nehmen vier mit."

Ihm war es recht. Wir entschieden uns wieder, die handzahmsten Tiere mitzunehmen. Beim Betreten des kleinen, überfüllten Geheges, bekam ein sehr schöner schwarzer Hengst mit wenig weiß im Fell solche Panik, dass er auf die Rücken der anderen sprang und dort zitternd stehenblieb. Man kam an ihn gar nicht heran und die anderen schoben sich unseretwegen irgendwie durch den Stall hin und her. Wir nahmen dann noch zwei Haflingerfarbene heraus, mit braunem Fell und heller Mähne. Sie schienen noch am ehesten zugänglich zu sein, ließen sich berühren, und so entschieden sie mit, dass ihr Schicksal hier eine Wende nehmen sollte. Wir bekamen kleine Halfter von dem Besitzer, schafften es, die kleinen Nasen reinzuschieben und dann kam noch ein eher merkwürdiger Strick dran. Jetzt ging es los. Wir waren vier Menschen und vier nicht halfterführige Shettys. Sie hatten vermutlich nie ein Halfter am Kopf gehabt und kannten es erst recht nicht, ordentlich mit einem Menschen mitzugehen. Unser Auto mit Pferdehänger hatten wir ein Stück weiter weg am Straßenrand geparkt. Zuerst mussten wir jetzt durch diesen Hinterhof kommen. Es war inzwischen dunkel, man sah Pfützen schimmern, Matsch, Autoreifen, Holzstangen, Tonnen, Gerümpel. Der Mann ging vor mit einem der Shettys an der Hand. Die Kleinen mit ca. 70–80 kg hüpften und stiegen an der Leine, versuchten, rückwärts aus dem Halfter auszusteigen. Ich hatte Angst, die vier nicht heil in den Hänger zu kriegen. Als wir den Hof hinter uns hatten, mussten wir einige hundert Meter auf dem Bürgersteig laufen.

Aber wir kamen an, der Hänger wurde aufgeklappt und wir schafften es, die armen ängstlichen Tierchen heil hineinzuführen. Die Klappe wurde geschlossen, der letzte Mensch kam vorne durch die Türe wieder raus, alles wurde noch einmal kontrolliert, und die Heimfahrt begann. Wir waren müde, aufgeregt und von den Eindrücken des Abends teilweise sprachlos. Irgendwann fingen wir an zu überlegen: Wie sollen sie denn heißen? Wir besaßen schon etliche Shettys mit schönen Namen und wollten auch gerne durch den Namen diese Freunde als zusammengehörig darstellen. Da kam uns die Idee, sie nach dem A-Team zu benennen. Das taten wir, sie wurden Hannibal, BA, Murdoc und Faceman genannt.

Es war nach Mitternacht, als wir endlich zu Hause ankamen. Die Fahrt war gut gegangen, die Kleinen hatten brav im Hänger gestanden. Wir waren erleichtert, alle unversehrt zu Hause ausladen zu können. Dort hatten schon treue Freunde auf uns

Die erste Nacht nach der Rettung. Die jungen Hengste sind erschöpft und haben endlich Platz zum Liegen und Ausruhen. Einer muss Wache stehen, auch wenn er selbst müde ist. So ist nun mal die Regel.

gewartet und wir konnten die Hengstlein recht stressfrei in eine riesige, dick mit Stroh eingestreute Box bringen, mit frischem Wasser und genügend Heu für alle. Wir standen noch eine ganze Weile mit unseren Freunden an der Box und schauten erschöpft und zufrieden zu, wie die Shettys sich ihr neues Zuhause eroberten und fraßen, tranken, wälzten. Einige unserer Freundinnen wollten sofort eine Patenschaft übernehmen, und sich um ein spezielles Shetty intensiv kümmern, es pflegen, zähmen und beschmusen.

Irgendwann gingen alle ins Bett, sowohl die Shettys, als auch wir Menschen, müde, erschöpft, und fast zufrieden.

Aber nur fast.

Der kleine schwarzweiße, überängstliche Shettyhengst ging mir nicht mehr aus dem Sinn. Mit welchem Schreck in dem Kindergesicht er auf den Rücken der anderen Ponys stand, wieder herunterfiel, sich aufrappelte und panisch versuchte, irgendwie zu entkommen, ohne zu wissen, wem oder was er entkommen musste.

Oder wusste er es? Konnte so ein Tier ahnen, dass ganz schlimme Zeiten auf es zukommen würden? Konnte es ahnen, dass es das Ganze nicht überleben würde, oder können nur wir Menschen solche Pläne schmieden und sich Zukunftsszenarien ausdenken?

Jedenfalls war sein Urteil gesprochen, außer es gab noch andere Leute wie uns, die sich erbarmten und einem schwierigen Tier ein Zuhause boten.

Es war mir sonnenklar, es ging nicht nur darum, solchen Fohlen eine Rettung anzubieten, weil sie so „süß" aussahen. Wenn man sich dafür entschied, übernahm man eine hohe Verantwortung, die über dreißig Jahre dauern konnte, wenn alles gut ging.

Übernimmt man denn auch die Verantwortung dafür, wenn man solch ein überängstliches Tier nicht freikauft, und es möglicherweise niemandem *vermittelbar sein wird? Dann wird es keine Chance kriegen?*

Ich lag lange wach im Bett, und konnte die Fragen in meinem Kopf nicht beantworten. Es war ein langer Tag gewesen, es war genau genommen nach Mitternacht, schon der nächste Tag.

Bald ist es Morgen, aufstehen und den Alltag meistern.

Vor dem Frühstück ging ich schnell in den Stall, um die Neuankömmlinge zu besuchen. Es ging ihnen gut, sie standen zufrieden umher und fraßen Heu. Sie hatten gut geäppelt, man konnte noch Schlaf- und Liegeplätze erkennen. Sie schienen alle recht munter zu sein. Ich ging in die Box, um herauszufinden, welches Pony sich schon anfassen ließ. Ich ging in die Hocke und sie schauten mich neugierig an. In dieser Haltung war ich nicht zu groß und sie schienen zu überlegen, ob man sich mir nähern konnte. Eins der Ponys ließ sich dann sogar kraulen und so beruhigt ging ich erst mal zum Frühstück.

Wir sprachen alle miteinander über unser gestriges Abenteuer und waren mit dem Ergebnis einigermaßen zufrieden, wenn nicht der kleine Schwarze uns Sorgen gemacht hätte. Ich erzählte noch mal, wie er uns angesehen hatte, wie viel Angst er hatte, und welche Chancen im Leben er sich noch ausrechnen konnte. KEINE. Es wurde nicht mehr lange geredet. Wo vier sind, können schließlich auch fünf sein, und deswegen entschieden wir, dass ich wieder bei dem Ponybesitzer anrufen würde, um zu fragen, ob der kleine Kerl noch zu haben war. Der Mann ließ sich sofort darauf ein, wusste auch, um welches Shetty es sich drehte, und wenige Tage später waren wir wieder mit Hänger unterwegs. Dieses Mal fuhren wir bei Tageslicht und fanden alles schneller. Man sah jetzt den Hof mit dem ganzen darauf Gerümpel genauer, konnte erkennen, wo man hintrat, und sah auch die Shettys, die immer noch in demselben Pferch standen.

Da war er, der Schwarze. Er nahm gleich Blickkontakt mit uns auf, ängstlich, aber irgendwie auch munter. Ich denke, er ahnte oder spürte, dass unser Kommen ihm galt. Es war nicht leicht, ihn zu fangen, aber wir schafften es, zogen ihm ein kleines Halfter an und brachten ihn vor die Tür. Der Mann gab uns seinen Pferdepass und eigentlich konnten wir jetzt los.

Aber nur eigentlich. Denn es war ja Platz im Hänger für zwei. Da standen noch solch kleine Gestalten, die auch sehnsüchtig schauten, und wir wollten es nicht wieder so machen wie letztes Mal und auf der Fahrt schon denken: Man hätte doch noch den oder den … Also, um es kurz zu machen, es wurde noch einer ausgesucht und noch einer und noch einer … Zum Schluss hatten wir noch fünf „gefunden", die unbedingt mit mussten. So brachten wir die Hengstlein wieder, wie schon mal vor wenigen Tagen, durch den Hof über den Bürgersteig in den Hänger. Klappe zu und los.

Im Auto schauten wir uns an, sagten nichts. Dann lachten wir.

So sind wir halt und jetzt fahren wir los.

Wir waren sehr zufrieden mit uns, der Entscheidung und den kleinen Personen da hinter uns im Hänger. Wir hatten den Schwarzen mit der weißen Zeichnung, der, weil wir ihn so gerne wollten, von dem Mann gleich auch teurer verkauft worden war. Der Besitzer witterte ein gutes Geschäft und meinte, weil der Hengst „bunt" sei, kostete er fünfzig Euro mehr.

Auch egal. Wir zahlten, was er haben wollte, und jetzt gehörte der Hengst uns. Keiner wusste, auf was wir uns wirklich eingelassen hatten, aber wir waren sicher, es war die richtige Entscheidung gewesen. Zufrieden und beruhigt fuhren wir nach Hause, wo wir schon erwartet wurden. Alle Interessierten wollten sehen, was wir da mitbringen, wie der Schwarzweiße aussieht und wie alles wohl werden wird.

Mit Hilfe von engagierten Helfern, bekamen wir die jungen Herren auch gut in die Box zu den Kollegen. Sie erkannten sich wieder, liefen in der großen Laufbox umher, schauten alles an und niemand von ihnen fremdelte. Sie schienen selbst erleichtert.

Noch mal gut gegangen. Glück gehabt.

Irgendwie begriffen alle, dies war die Wende im Leben. Sie fraßen, tranken und pflegten sich gegenseitig und nach kurzer Zeit gingen sie alle erschöpft „ins Bett." Es war ein Bild fürs Herz. Wie in einem großen Schlafsaal lagen alle neben- und beieinander und schliefen zufrieden und entlastet in ihr neues Leben. Es wurde leise gegrunzt und geschnarcht, sich gedehnt und gestreckt und Wohlbehagen gezeigt. Das war ein sehr schöner Lohn für den ersten Einsatz von uns, und alle Beteiligten waren zufrieden.

Jetzt allerdings kam Teil zwei auf mich zu. Ich musste planen, wie alles weitergehen sollte. Die erste Rettung war gelungen, den Shettys ging es gut. Wir hatten beim Ausladen gesehen, dass sie schlechte Hufe hatten. Sie waren alle etwa ein Jahr alt, und niemand hatte sich bisher um ihre Füße gekümmert. Also war klar, als erstes muss ein Fachmann her, der uns da weiterhilft.

Der Hufschmiedetermin wurde vereinbart für die kommende Woche und bis dahin wollten wir üben, so gut es ging. Die Hengste sollten handzahm werden und sich an die Beine fassen lassen und wenn möglich, auch die Hufe geben. Es waren neun Tiere und da hatten wir alle Hände voll zu tun. Wir waren mehrere Frauen, teilten die Shettys unter uns auf und mehrmals täglich schlichen wir uns in den Laufstall zu den Kleinen. Wenn sie schliefen, setzten wir uns daneben und streichelten sie, strichen dabei auch an den Beinchen entlang, berührten die winzigen Hufe. Dabei merkte man schon, sie waren unterschiedlich belastbar. Bei einigen gab es schnell sichtbare Erfolge und bei anderen war es viel schwieriger. Nach kurzer Zeit gab es schon welche, die sich

Isabell hält den kleinsten der Hengste, B. A. im Arm. Er hat überlebt und kann sich nun auf sein Leben freuen.

über den Besuch des Menschen freuten und die sich ihr Kraul-Kontingent abholten.

Die ersten Eifersüchteleien begannen, die Ponys zeigten Ansprüche an einen bestimmten Menschen, und so kam der Schmiedetermin näher. Zum Glück war unsere weibliche Helfergruppe groß genug. Wir nahmen ein Shetty nach dem anderen heraus, lenkten es mit Futter ein wenig ab und mit viel Geduld bekamen wir die meisten Hufe in den Griff.

Weil die Hengste auch noch relativ handlich waren, konnte man mit drei Leuten auch gegenhalten, wenn sie versuchten, wegzulaufen. So war ein gewisser Druck da, der aber als Preis für ordentliche Hufe gezahlt werden musste, um nicht länger Fehlstellungen zu akzeptieren. Nach der ersten Hufaktion mit Festhalten und Zwang, übten wir mit den Shettys weiterhin Hufe geben, auskratzen, und konnten auch hier und da einmal kurz über die Kanten raspeln.

Außer bei einem ganz schwarzen, der Mungo hieß, bei ihm war nichts zu machen. Er regte sich sehr auf, trat dann auch und weil wir nicht weiterhin immer mit mehreren Leuten und Druck an seine Füße wollten, versuchten wir es über das Motiva-Training.

Der Kleine wurde also in die Reithalle geführt, die zur Hälfte abgesperrt war, und losgelassen. Im Motivaviereck begegnete er jetzt einem Menschen, der mit der Sprache der Pferde, mit all seinen über 100 Vokabeln vertraut war. Wir sahen dem Hengst an, er wusste nicht, wie ihm geschah und er hatte auch nicht damit gerechnet, dass es Lebewesen gibt, die aussehen wie wir aussehen, mit zwei Beinen und recht merkwürdig aus seiner Sicht, die aber dennoch genau verstehen, was er sagt.

Er markierte erst einmal das Revier, indem er wenige kleine Pferde- oder Ponyäpfelchen ablegte. Damit wollte er schon mal ausdrücken, er habe hier das Sagen, das sei sein Territorium, niemand sollte ihm etwas tun. Der Mensch war darauf eingestellt und hatte wohlweislich einige geknotete Baumwollschals dabei. Er legte einen solchen Knoten auf den kleinen Kothaufen, schnaubte zufrieden ab und entfernte sich geruhsam von der Stelle. Das Hengstchen, sichtlich erregt und auch erstaunt, ging sofort schauen, was dort passiert war. Was hatte der Mensch denn da gemacht? Das hatte er noch nie erlebt. Er war in einer Herde aufgewachsen, wusste genau, was es heißt, wenn einer über den Kothaufen eines Pferdes eine Markierung mit dem eigenen Duft setzt. Es ist ein Widersprechen seiner Behauptung, er sei hier der Bestimmer, das Leittier.

Das ist doch nicht zu fassen.

Er beschnupperte den Baumwollklumpen immer wieder, war verblüfft und „sprachlos". Das blieb aber nicht lange so, er ging etwas weiter. Er hatte noch einen Vorrat an Pferdeäpfeln, wie ein guter Hengst. Er setzte also einen neuen Kothaufen, und schaute, ob die Aussage des Menschen da drüben nun Zufall war, oder wie man sich das als Pferd so vorstellen soll. Der Mensch war ganz ruhig und gelassen, ging zu dem zweiten Haufen hin und markierte auch diesen. Er hatte nämlich ebenfalls einen guten Vorrat mitgebracht, weil gute „Hengste" das tun. Mungo überprüfte auch diesen Kothaufen und stellte fest:

*Das erste Mal war das **kein** Zufall, der Mensch da weiß, was er sagt, und was das Verrückte ist, er spricht in seiner Sprache und versteht, was man als Ponyhengst meint.*

Dieser Dialog erweiterte sich dann, jeder der beiden brachte neue Vokabeln ins Spiel, und es war spannend und interessant zu erleben, wie sich in dem kleinen scheuen Hengst eine Wandlung vollzog. Er hatte die Erkenntnis: Das Wesen, was da mit mir redet, zeigt sich eindeutig als jemand, der meine Sprache mit vielen Facetten kann, mir richtig antwortet, die Regeln kennt wie ich und sich als Leittier zeigt.

Er war jung und klein und schutzbedürftig. Das war es, was er brauchen konnte. Jemand Großes, der die Verantwortung übernehmen konnte und wollte und ihn entlastete, nicht für alles selbst verantwortlich zu sein und selbst entscheiden zu müssen. Er schnaubte zufrieden ab, entschied sich, zu diesem Menschen als Leitwesen gehören zu wollen und sich diesem anzuvertrauen. Es kam zu einem sehr schönen Abschluss in der Reithalle. Weil all das im Rahmen eines Motivaseminars stattgefunden hat, wurden alle Anwesenden Zeuge dieser Wandlung. Noch in der Halle konnte man Mungo die Hufe heben, alle vier, und das blieb auch so. Ab dem Tag hatte er etwas verstanden. Wir Menschen in seiner Umgebung können nicht nur seine Sprache, wir kennen auch seine Regeln, und man kann sich uns anvertrauen und das geht für ihn gut aus. Ab dem Tag hatte er mehr Zutrauen zu uns Menschen. Er konnte sich seelisch leisten, die Hufe zu geben, und als Fluchttier auf drei Beinen zu stehen. Das war vorher für ihn nicht möglich gewesen. Wir Menschen verzeichneten einmal mehr einen Erfolg über das Motiva-Training, als Zugang zum Pferd und Herstellung einer stabilen Vertrauensbasis.

Natürlich wurde diese Erfahrung nicht nur dem kleinen Mungo gegönnt. Alle kleinen Hengste hatten und haben, gleichermaßen wie alle anderen Pferde auf unserem Hof, die Chance und die Möglichkeiten, mit ihren Menschen in solch einen artspezifischen Dialog zu treten.

Nachdem wir die Shettys gekauft hatten, wurden alle dem Zahnarzt vorgestellt und nötige Korrekturen vorgenommen.

Wenn man einen Menschen zum Kraulen erwischen kann, dann nichts wie hin. Schmusen ist immer sehr attraktiv.

Unter dieser Betreuung und auf der dadurch entstandenen Vertrauensbasis, wurden die Kleinen groß. Jetzt sind sie durchschnittlich vier und fünf Jahre alt.

Auf dieser Vertrauensbasis war es auch möglich, alle regelmäßig dem Pferdezahnarzt vorzustellen. Bei der Erinnerung an unsere erste Begegnung in Holland, wäre es utopisch gewesen, sich solch einen Umgang vorzustellen. Wir haben durch unsere Arbeit, unseren Umgang und durch das Motiva die Wunden heilen können und unabhängig von traumatischen Erlebnissen aus der Vergangenheit, zuverlässige Pferdchen daraus werden lassen.

Da die Aufzucht inklusive der durchgängigen Betreuung durch Tierarzt, Zahnarzt, Osteopathen und Hufschmied für neun Tiere nicht billig ist, wird das Projekt wirtschaftlich vom gemeinnützigen Verein Motiva-Forum unterstützt. Dieser Verein ist als Förderverein auf dem Hof ansässig und hat sich zur Aufgabe gemacht, sowohl artgerechte Pferdehaltung als auch Kinder- und Jungenarbeit zu unterstützen. Zudem gibt es für einige Minishettys „Patentanten", die sich kümmern, pflegen und speziell für ihr Patenkind da sind. Gerade weil sie so schlau sind und auch sehr menschenfreundlich, brauchen sie neben der körperlichen Versorgung auch die psychische Zuwendung und Wichtigkeit. Betritt man den Auslauf, wo sie zusammen mit all den anderen Shettys ruhen, spielen, toben können, spürt man schnell einige kleine Nasen in den Kniekehlen, die gerne geknuddelt sein wollen und sich dafür interessieren, was jetzt hier getan wird. Man kann kaum handwerkliche Dinge wie Reparaturen erledigen, weil dann diverse Köpfchen dicht dabei sind und begutachten, was man macht. Sie haben jedwede Scheu verloren und wenn es ginge, kämen sie auf den Schoß oder in den Arm zum Kuscheln und sich lieben.

***

Murphy war der Ängstlichste von allen und hatte sich damals auf die Rücken seiner Freunde geflüchtet. Hier ist er wenige Tage nach der Rettung. Nach kurzer Zeit des Übens und vertrauensbildenden Maßnahmen konnte er dann auch zum Hufschmied, um besser auf den Füßen zu stehen.

Auf einigen von ihnen kann man schon kleine Kinder eine kurze Weile führen, sie sind einfach im Umgang. Ein Zureiten, wie man es kennt, mit Buckeln oder Widerstand, war bei keinem nötig. Weil sie so klein sind und nicht schwer tragen dürfen, sitzen nur sehr junge, leichte Kinder auf ihnen. Dennoch brauchen sie eine Ausbildung, damit sie zu Reitshettys werden können. Seit einigen Monaten gehen also alle in die „Schule". Sie werden an der Doppellonge ausgebildet, lernen so eine gewisse Hilfengebung, die die jungen Reiter und Reiterinnen sich später zu Nutze machen können. Sie werden gymnastiziert und man muss sagen, alle haben sehr viel Vergnügen daran. Die Menschen haben ihre Freude, wie schnell die Ponys lernen. Die Shettys, die sich als sehr schlau und lernfähig erweisen, verstehen in Windeseile, was man von ihnen will.

Zu Anfang, als ich mir überlegte, wie man die Verantwortung für die Tierchen trägt, was ihr Lebensinhalt sein wird, wusste ich noch nicht, was sie alles können und wollen. Sie haben sichtlich Spaß, wenn sie alle herausgeholt, fein geputzt und hergerichtet werden für die Doppellonge. Alle laufen sehr schön, lassen sich dirigieren, ohne ein Gebiss im Maul zu haben. Sie laufen am Halfter und machen das zusammen so gut, dass sie schon einmal eine Doppellongen-Quadrille vorführen konnten. Das war vergnüglich für alle.

Weil sie so klein sind, kann man als Mensch im Galopp mitlaufen, wenn man einigermaßen sportlich ist. So gehen sie drei Gangarten, lassen sich stellen und biegen, in unterschiedlichen Tempi und Gangarten bewegen.

Einen großen Applaus gab es, als alle sich dann mit einem kleinen Sprung aus der Reithalle verabschiedeten.

***

Hier endet für heute die Geschichte dieser Ponys. Wer sie einmal besichtigen oder begrüßen will, kann das gerne tun. Es grüßen Sie die drei Kumpels des Herrn Prinz Benjamin, Konstantin und Mogli, sowie die anderen acht „Holländer".

Das „A-Team": Murdoc, BA, (Hannibal ist gestorben) und Faceman, außerdem Kilowatt, Brutus, Murphy, Fiete und Mungo.

***

Zum Schluss noch ein Wort zu Murphy, dem Schwarz-Weißen, der auf dem Rücken seiner Kumpels stand vor Stress und Angst. Er ist kein Hengst mehr, ist rund und schön geworden, hat einen super kräftigen Rücken, zufrieden und gesund und man kann sicher kleine, zweijährige Kinder auf ihm spazieren führen. Er gibt artig alle Hufe, vertraut den Menschen hier und niemand würde heute noch vermuten, dass dieser hübsche Hengst einmal ängstlich und dadurch schwierig gewesen sein könnte. Er macht alles mit, man kann mit ihm spazieren gehen, ihn anbinden und waschen, alles was man braucht. Er hat sich super entwickelt und lohnt uns seine Rettung jeden Tag damit, dass er so ist wie er ist.

Damit, dass er da ist.

Ein Buch entsteht

Nachdem ich mich über das Computerspiel mit meinem PC vertraut gemacht hatte, war mein Widerstand der Technik gegenüber gewichen. Mein Sohn stellte fest, jetzt wäre der Zeitpunkt einen „anständigen" PC für mich anzuschaffen, auf dem ich dann auch wirklich meine Beobachtungen über Pferde und meine Forschungsergebnisse endlich zu einem Buch zusammenfassen sollte. Es wurde mir also alles für mich eingerichtet, inklusive einer Tastatur, die nicht klappert, sondern zart und leise schreibt.

Jetzt ging es los. Ich hatte ja einen riesigen Stapel Zettel noch aus Ellenberg, meine Aufzeichnungen vom Wiesenrand, nachdem mich das Erlebnis mit Cheyenne aus der Bahn geworfen hatte. Das galt es jetzt zu sortieren und irgendwie in einem Buch niederzuschreiben. Einfach war das nicht. Ich machte mir Gedanken, wenn ich selbst solch ein Buch lesen wollte, wie würde es mich ansprechen, wie könnte das aussehen. Inzwischen hatte ich ja nach meinen anfänglichen Forschungen sehr viel mehr Vokabeln herausgefunden, aber auch viele Erfahrungen mit Reitern und Reiterinnen gemacht.

Seit Anfang der neunziger Jahre hatte ich angeregt durch Gunda die Zeitschrift „Freizeit im Sattel" abonniert und mich monatlich informiert, was es in der Reiter- und Pferdewelt Neues gibt und auch Kritisches gelesen.

Inzwischen waren seit unserem Umzug nach Spenge schon zehn Jahre vergangen. Wir schrieben das Jahr 2004 und 1994 war der Umzug gewesen. In den zehn Jahren hatte ich viel dazu gelernt und viel mehr Pferdegruppen beobachten können. Aber nicht nur das!

Es war auch die Zeit der Pferdeflüsterer angebrochen, die Deutschland förmlich überrollte. Seit dem Film „Der Pferdeflüsterer" war es einfach beinahe so eine Art Mode mit dem Pferd zu flüstern.

Doch was beinhaltete das? Ich hatte ja inzwischen schon ein ansehnliches Repertoire an Vokabeln und Regeln erforscht und dann sah ich Menschen, die völlig überzeugt von Pferdekommunikation sprachen, aber in Wirklichkeit nur eine andere Art Bodenarbeit mit den Pferden betrieben. Ich sah schnell, es werden gar keine Vokabeln sinnvoll angewendet und erst recht keine Regeln beherrscht, geschweige denn eingehalten. Es war ein für Pferde merkwürdiges Gebaren, was der Mensch jetzt in den Roundpens veranstaltete. Abgesehen davon, sollte und durfte das Pferd nichts dazu sagen, es selbst kam nicht zu Wort. Das fiel aber auch keinem dieser „Experten" auf.

Aus Amerika hielt das runde Trainingsgehege, der Roundpen, Einzug auf Reitanlagen und Reiterhöfen. Man konnte oder kann darin einfacher als in der Reithalle ein Pferd vom Boden aus trainieren, es muss sozusagen in der Runde laufen, weil kein anderer Weg freigegeben ist. So kann man longieren leicht üben oder auch Freilongieren einfach für Laien umsetzen. Es wurde **der** Renner. Man musste nichts können, um ein Pferd in diesen Runden vor sich herzuschicken mit Peitsche oder Fähnchen, was immer man sich dazu ausgedacht hatte.

Es wurde als Pferdekommunikation verkauft und viel Propaganda nutzte viel. Die Menschen waren begeistert und glaubten, das sei die Pferdesprache. Einfach zu lernen, zehn Minuten, dann macht jeder das. Die Medien zeigten Interviews mit den „prominenten Flüsterern" und die Welle schlug hoch. Ich konnte teilweise nur kopfschüttelnd dasitzen und denken:

✱✱✱

Wenn das jetzt als Pferdsprache verkauft wird, dann brauche ich mein Buch gar nicht mehr zu schreiben. Wie soll ich der Welt klarmachen, dass das niemals Pferdesprache ist, keine Vokabeln gekannt, keine Regeln eingehalten werden und Pferde damit nicht zufrieden sind?

✱✱✱

Inzwischen ist diese Welle abgeebbt, sie hat sich nicht bewährt. Man kann im Internet Filme sehen und Forschungen aus den USA nachschauen, dass man bei dieser Art Bodenarbeit mit Pferden den Menschen, also den Flüsterer, durchaus mit einem Hahn oder ferngesteuerten Auto ersetzen kann und alles funktioniert gleichermaßen. Damit ist die Behauptung, das sei die Sprache der Pferde, widerlegt, aber dennoch hat es mir den Einstieg in die Pferdewelt nicht leichter gemacht.

Wenn ich sagte: *Ich lehre Pferdesprache,* hörte ich nicht selten:

„Pferdeflüstern kenne ich schon."

Ich wollte mich dennoch nicht unterkriegen lassen, nicht die Flinte ins Korn werfen und setzte mich trotzdem mutig an den Anfang meines Buches. Ich dachte mir, es ist klug, zuerst ein Problembewusstsein zu schaffen, in verschiedenen Kapiteln auf das hinzuweisen, was in unseren Stallungen inzwischen normal geworden ist. Wie man mit Pferden umgeht und wie leicht man auf den falschen Weg kommt. Ich zählte in verschiedenen Kapiteln Problemdenken und Handeln auf, welches mir seit meinem Weg mit Pferden begegnet ist. Viele Menschen sprachen mich später darauf an und meinten, es sei ihnen vorher gar nicht bewusst gewesen, man übernehme einfach Verhaltensweisen, weil sie einem vorgemacht werden, ohne zu erkennen, was nicht gut ist und wie es besser wäre.

Natürlich reicht es nicht, Missstände aufzuzeigen, sondern es ist auch dringend nötig, Lösungen und Verbesserungen anzubieten. Deswegen kamen die Erklärungen, was Pferdesprache wirklich ist, hilfreich beim Leser an.

Ich erstellte Listen der Vokabeln genauso wie der Regeln, nach denen die Pferde leben und kommunizieren und schrieb die Rituale auf, wie diese Regeln eingefordert und umgesetzt werden. Das war eine Weltneuheit und hatte eindeutig mit dem kommerziellen Pferdeflüstern nichts mehr zu tun. Ich beschrieb Übungen, wie man lernen kann, sich richtig zu bewegen und erdachte mir ein Hilfsmittel (Motivaseil), wie man sich sicherer in der Kommunikation mit dem Pferd behaupten konnte.

Es gab viel zu bedenken. Ich entschloss mich, unsere Reithalle zu dem Zweck mit Absperrungen zu halbieren, weil ich sicher nicht in einem Roundpen arbeiten wollte. Ich ließ in einer Seilerei Seile herstellen, die ich als Abstandhalter für das Pferd einsetzen konnte und als Hilfsmittel, um bestimmte Vokabeln für das Pferd verständlich darzustellen, weil wir als Menschen ja Zweibeiner sind, keinen Schweif und Ohren besitzen und auch in vielem dem Pferd unterlegen sind. Dennoch brauchte ich Möglichkeiten in einem Machtduell mich als stark und vertrauenswürdig zu beweisen. Ich gab dem Ganzen den Namen MOTIVA und ließ es auch in München als Marke eintragen.

Eine längere Zeit des Versuchs und Irrtums brauchte ich für den „Baumwollknoten". Schon lange wusste ich, dass Pferde ihr Revier durch Koten markieren. Ich hatte es ungezählte Male gesehen, wie sie koten, sich umdrehen, schauen und schnuppern, ob sie mit dem Ergebnis zufrieden sind und wegschreiten. Kommt

Der Baumwollknoten.

dann ein anderes Pferd hinzu, prüft es den Kothaufen und entscheidet sich häufig, darüber zu koten, dann, wenn es der Ansicht ist, einen höheren Rang zu bekleiden als das erste Pferd.

Als ich anfing mich im Dialog mit dem Pferd damit auseinanderzusetzen, räumte ich anfangs den Kothaufen einfach weg. Das aber gefiel mir nicht gut als Lösung, weil Pferde das ja auch nicht tun würden. Also nächster Versuch war, ich scharrte die Kothaufen einfach mit meinen Füßen auseinander. Als ich aber beobachtete, dass Pferde das auch tun, wurde mir die Technik und die Bedeutung erst richtig klar. Sie scharren einen Kothaufen dann auseinander, wenn ein zweiter darüber gekotet hat. Da die Regel heißt, die Pferdeäpfel, die oben auf liegen, sind von dem Sieger, dem, der zuletzt markiert hat, kann man nach dem Scharren nicht mehr erkennen, wer derjenige war. Alle Äpfel liegen durcheinander, nebeneinander nicht mehr übereinander. Das ist ein Ritual, was aber in meinem Fall gar nichts nützt, wenn ich einem Pferd seinen Haufen auseinanderscharre. Erst später im Laufe der Zeit kam ich auf die Idee, nur selbst darüber zu markieren wäre natürlich und würde vom Pferd verstanden, als Aussage von mir, mich als ranghoch zu betiteln. Nur wie kann man das als Mensch. Man wollte ja nicht leibhaftig mit Exkrementen markieren, wie kann es sonst gehen?

Ich hatte die Idee, es mit einem Kleidungsstück von mir zu versuchen, das ich getragen hatte und nicht nach Waschmittel roch, sondern nach mir. Wenn Hunde einen Menschen am Geruch identifizieren können, dann können es Pferde sicherlich auch. Also nahm ich ein T-Shirt von mir, machte einen Knoten daraus und legte es über einen Kothaufen. Sofort drehte das Pferd sich dem „Turm" zu und untersuchte meinen Baumwollknoten, der auf seinem Äpfelhaufen prangte. Es roch lange ausführlich daran herum, und dann ging es wenige Schritte weiter und setzte einen nächsten Haufen und sah mich an, als wollte es sagen: „Und, was sagst du? Kannst du das auch, wer zuletzt äpfelt, ist der Sieger."

In dem Fall hatte es Recht, ich hatte nur dieses eine Shirt dabei, also verlor ich das Duell.

***

Dennoch war ich begeistert. Das Pferd hatte meine Markierung ernst genommen und sofort reagiert. Nicht anders, als hätte ein Pferd darüber gekotet. Das war die Lösung! Ich hatte eine neue Errungenschaft, ich konnte mitreden, wenn es ums Markieren des Reviers ging! Welch eine Freude und wie viele Jahre hatte ich gebraucht, auf diese geniale Idee zu kommen. Es ist mir auch nie mehr passiert, dass ich mit nur einem „Haufen" in eine Auseinandersetzung mit Pferden gestartet bin. Es wurde ein Beutel angeschafft mit immer reichlich Vorrat an geknoteten Hemden, die ich stets mitnahm, man weiß ja nie!

Auch das musste in das noch zu schreibende Buch eingefügt werden … mit Bildern! Dachte ich.

Mette, mein Seelenpferd und ich. Wie man auf dem Bild sieht, liest sie gerade meine Gedanken. Das konnte sie wie kein anderes Pferd.

***

Es gab reichlich Unterbrechungen in meiner Schreibarbeit und teilweise große Schreibpausen aus familiären oder auch geschäftlichen Gründen, sodass ich im Grunde erst 2011 in den Endspurt des Schreibens kam. Aber das Manuskript wartete ja immer brav auf mich im PC und so konnte ich es nach und nach fertigstellen.

Eines Morgens wurde ich wach und es war noch sehr früh, da hatte ich die Idee für ein bestimmtes Kapitel, was mir im Buch noch als Abschluss fehlte. Ich ging an den PC, alles schlief noch im Haus und ich hatte Ruhe zum Schreiben. Irgendwann war es fertig, ich speicherte den Text und machte den letzten Punkt in meinem Manuskript.

FERTIG, dachte ich.

Es war niemand da, dem ich das jetzt gerade hätte sagen können, mit dem ich diesen Moment teilen konnte. Doch da war jemand, meine Mette.

Ich ging zu ihr in den Stall und erzählte ihr, dass ich jetzt endlich fertig sei, was ich noch geschrieben hatte und sie mümmelte ihr Heu derweilen. Sie war eine alte Dame geworden und schon seit einer Weile blind auf beiden Augen. Sie orientiert sich dennoch gut draußen mit ihren anderen Sinnen und Miss Marple, ihre Tochter, war ihr ständiger Scout, wenn sie draußen waren.

Ich streichelte sie und redete so vor mich hin, wie ich es immer getan hatte. Sie war meine Buchbegleiterin und oft auch Ratgeberin gewesen, sie war in diesem meinem bewegten Pferdeleben an meiner Seite, hatte die Höhen und Tiefen miterlebt und meine Fragen ausgehalten, sowie meine Unsicherheiten. Sie hat mir Kraft gegeben und das Durchhaltevermögen, was ich so viele Jahre gebraucht habe, immer wieder zu suchen und zu probieren, mich zu irren, zu verwerfen und zu bestätigen. Unermüdlich hörte sie zu, legte den Kopf auf mich oder teilte mit mir ihr Heu. Sie war da. Sie war für mich da, wann immer ich es brauchte, immer mit der gleichen Geduld und Liebe.

Nachdem wir eine Weile geredet hatten, ging ich ins Haus, machte Frühstück für alle und ein ganz normaler Tag ging los mit allen übliche Tätigkeiten. Irgendwann am frühen Abend kam jemand und sagte, dass es Mette nicht gut geht. Sie wurde in die Box geführt und dort legte sie sich hin, um nie mehr aufzustehen. Sie hatte, wie der Tierarzt meinte, eine Art Schlaganfall, war orientierungslos und konnte nicht mehr. Ich setzte mich an ihren Kopf und hielt ihr meinen Handrücken an die Nüstern. Das war seit Langem unsere Verbindung, seit sie nicht mehr sehen konnte. Ich sprach zu ihr und ich sagte ihr auch, sie müsse sich für mich nicht quälen, sie dürfe gehen, falls jetzt ihre Zeit gekommen sei. Sie stöhnte, hatte Schmerzen, ich weiß nicht wo, aber ich spürte, das ist jetzt der Abschied. Sie war ein wunderbares Pferd, etwas Besonderes. Sie hat mir so viel gegeben, ich werde immer in ihrer Schuld bleiben. Wenn es unter Pferden so etwas wie Heilige oder Auserwählte gibt, dann war sie das. Auf ihr hatte ich geritten, sie hatte mir gezeigt, es gibt das Gefühl, wie wenn Holz auf Wasser schwimmt. Bei ihr und mir war es einfach so, eine Verbindung, die über die körperliche Ebene hinausging. Wenn Sie auch solch ein ähnliches Pferd haben, dann wissen Sie, wovon ich rede. Es gibt nicht genug Worte auszudrücken, wie sich solch eine Pferdliebe anfühlt. Man kann sie nur dankbar und ehrfürchtig annehmen und das Vertrauen rechtfertigen, was wir geschenkt bekommen.

Im Frühjahr 2012 ergab es sich, dass der Narayana Verlag mir anbot mein Buch zu veröffentlichen und ich sagte zu. So erschien die erste Auflage im September 2012 auf dem Buchmarkt. Es blieb bei dem Titel:

„Was Pferde wollen", als Antwort auf die Frage, die ich mir schon vor sehr vielen Jahren gestellt hatte.

Plötzlich Autorin

Jetzt plötzlich war ich Autorin. Diese Welt kannte ich noch nicht. Der Verlag sorgte dafür, dass unterschiedliche Journalisten über das Erscheinen dieses Buches informiert wurden. Ich bekam Anfragen für Interviews und lernte eine neue Welt kennen. So hatte ich mir das nicht vorgestellt. Im Grunde hatte ich mir halt nichts vorgestellt, aber das eben auch nicht.

Es ist verständlich, dass ein Journalist, der ein Interview macht oder eine Reportage schreibt, sich nicht unbedingt in der Thematik auskennt. Jetzt kam so jemand zu mir auf den Hof und sollte einen Artikel für die Tageszeitung schreiben, hatte aber keine Ahnung von meiner Arbeit oder Forschung. Ich erzählte in kurzen Sätzen, was ich erforscht habe und wurde schnell unterbrochen mit der Aussage: „Also sind Sie eine Pferdeflüsterin."

Natürlich bemühte ich mich, das zu widerlegen und dem Mann verständlich den Unterschied zu erklären. Das war nicht möglich, er signalisierte auch wenig Zeit zu haben und wollte es sich einmal ansehen, wie ich mit einem Pferd rede und dann ein Foto für die Zeitung schießen und weiterfahren.

Ich gab mir alle Mühe ihn aufzuklären und Motiva zu beschreiben, aber in der Zeitung standen dann Sätze wie:

„Der kleine Monti Roberts (Pferdeflüsterer) in Spenge" oder „Frau Pysall redet mit Pferden und wälzt sich auch mal gerne im Dreck."

Oder nach stundenlangen Erklärungen mit einer freundlichen Dame von der Lokalpresse, nachdem ich alles Mögliche über meine Pferdeforschung erzählt hatte, dass alle Pferd diese Sprache verstehen, auch im Ausland, meinte sie: „Geht das auch mit Arabern?"

Ich stellte fest: *Alles ist ganz anders als erwartet.*

Ich hatte geglaubt, wenn das Buch erst einmal draußen ist, dann läuft es einfach. Niemals hatte ich mir vorgestellt, wie schwer bis unmöglich es ist, Menschen die Pferdesprache zu erklären. Ihnen zu vermitteln, dass es wirklich ein ganzes Kommunikationssystem unter den Pferden gibt und ich das erforscht habe. Obwohl es auf der Hand liegt, dass Menschen das einmal erforschen könnten, ist es irgendwie utopisch für viele, dass es tatsächlich gemacht wurde und man jetzt ein Wissen zur Verfügung hat, wie Pferde kommunizieren, was es vorher nicht gab.

***

Ich wurde auch oft gefragt: „Frau Pysall, warum gerade Sie?"

„Warum haben Sie das gemacht und diese Sprache so lange erforscht?"

Was soll man darauf sagen? Sie, die Leser des Buches, können es jetzt vermutlich nachvollziehen, warum es dazu kam, was mich angetrieben hat, diese Forschung durchzuziehen. Die Journalisten, die ja auch dieses Buch hier nicht kennen, verstehen das nicht und die meisten Menschen glauben es nicht.

Woran liegt das?

Ich denke, eine Schwierigkeit ist, dass viele sich vorher mit den Pferdeflüsterpraktiken beschäftigt haben in der Vorstellung, **das** sei die Pferdesprache. Sie erkannten früher oder später, dass das so gut wie keinen Sinn gibt und sind aus der Enttäuschung heraus nicht mehr motiviert, etwas anderes zu versuchen. Es wurde fast 20 Jahre in den Medien als Pferdesprache verkauft und kaum einer stellt sich vor, **das** war es zwar nicht, aber es gibt sie doch die Pferdesprache. Viele glauben nicht mehr daran.

Wäre es vielleicht anders gelaufen und ein Studie an einer Universität hätte dann dieses Ergebnis gebracht, fiele es leichter, das zu glauben. So kommt es den Menschen anscheinend unglaublich vor, dass ich, Gertrud Pysall, in Spenge bei Bielefeld das einfach über zwanzig Jahre lang gemacht habe. Es ist ja auch unglaublich, das gebe ich zu!

Dann ist da aber auch ein anderer Punkt. Es ist einfach schwer, diese Fremdsprache zu erlernen. Man muss nicht nur ca. hundertdreißig Vokabeln der Pferde deuten und verstehen können sondern auch ca. vierzig Gesten erlernen, die ich entwickelt habe, um die Sprache auch für den Menschen sprechbar zu machen.

***

Der Mensch geht seit über 2000 Jahren mit Pferden um und nutzt sie und braucht sie. Verhaltensforscher aus aller Welt erforschten zum Beispiel die Bienensprache, Jane Goodall versteht die Schimpansen und kann auch bestimmte Laute nachmachen. Und es gibt sogar einen Forscher, der die Signale des weißen Haies deuten kann und mit ihnen schwimmt.

Es ist also nicht wirklich neu, dass Tiere einer Spezies sich untereinander verständigen, aber komischerweise kam niemand auf die Idee, diese Sprache bei Pferden zu erforschen, dem Tier, mit dem wir so viel zu tun haben.

Die Forschung ging eher in die gegenteilige Richtung. Man erfand Möglichkeiten und Hilfsmittel, das Pferd sprachlos zu machen, ihm das Maul zu verbieten, das Maul zuzubinden und es gefügig zu machen. Die meisten Reitlehren und Pferdebücher haben ein gemeinsames Ziel, nämlich das Pferd zu verändern.

Auch insofern ist mein Buch revolutionär. Es sagt, das Pferd ist Muttersprachler, kann alles, was es braucht, der Mensch muss lernen, das Pferd kann bleiben, wie es ist. Es ist der Lehrer und der Mensch ist der Schüler. Das ist neu in der Pferdewelt.

***

Eigentlich liegt der Gedanke ja auf der Hand, wenn man mit einem Tier von mehreren hundert Kilo umgeht, dann ist es doch klug, sich gut mit dem Wesen zu verstehen und gewaltlosen Umgang pflegen zu können.

Das moderne Thema „gewaltloser Umgang" ist auch ein schwieriges für mich geworden, weil es sehr verfälscht ist. Mit dem Wort gewaltlos oder gewaltfrei wird ständig geworben, es wird sehr werbewirksam für unterschiedliche Trainingsmethoden eingesetzt, und anscheinend viel zu unkritisch angenommen. Nur weil etwas gewaltlos genannt wird, ist es das aber noch lange nicht.

Auf Messen und Pferdeveranstaltungen werden Pferde vorgeführt, die angeblich völlig gewaltfrei ausführen, was der Besitzer von ihnen will. Sie gehen vorwärts und rückwärts in den Hänger, legen sich in der Arena hin und lassen sich mit Plastikplanen zudecken oder treten Luftballons kaputt, um nur einiges zu nennen. Das alles geschieht auf Fingerzeig und „gewaltfrei". Die Zuschauer applaudieren begeistert.

Ich frage mich, denkt denn niemand einmal darüber nach, dass Pferde Fluchttiere sind, Bedürfnisse haben und glauben die Zuschauer tatsächlich, dass nicht mehr als der Fingerzeig dazu gehört hat, das dem Pferd beizubringen? Die Trainings, die notwendigerweise im Vorfeld stattfinden müssen, sind alles andere als gewaltfrei oder harmlos. Pferde werden unter körperlichen und seelischen Schmerzen und Ängsten trainiert, bis die Übung abrufbar ist. Das, was man dann auf der Show sieht, ist das Ergebnis, der Weg dahin kann schlimm für das Tier sein. Das sieht man an den Augen der Pferde, wenn sie ihre Vorführung absolvieren müssen. Schauen Sie mal hin!

Es gibt gute Pferdefotografen, die freie Pferde ablichten, wie sie durchs Wasser galoppieren oder über die Weiden rennen. Schöne Bilder von frohen Pferden.

Warum gefällt Menschen ein solch schönes elegantes Tier gut, wenn es ängstlich auf dem Sägemehl der Arena liegt und mit Plastik zugedeckt wird? Ist das noch **das** Pferd? Das, was wir so toll finden? Oder bewundern wir den Menschen, der das aus dem Pferd gemacht hat?

***

Ich merke immer mehr, wie schwer es den Menschen fällt, das Pferd so zu sehen, wie es ist und es in seiner Natur zu verstehen. Ich habe ein Vierteljahrhundert lang geforscht und eine grandiose Möglichkeit aufgetan, diese unsere Pferde zu verstehen, zu therapieren, wenn es sein muss, und eine Beziehung zu ihnen herstellen zu können, die einen berührt und meine Erkenntnisse dann in zwei Büchern aufgeschrieben. Das Wissen ist neu, spannend und anwendbar auf alle Pferde.

Dennoch geht es mir so, dass Journalisten fragen: „Haben Sie denn auch ein Pferd von einem Promi behandelt?"

In dem Fall, scheint es mir, wird der eigentliche Wert meiner Forschung und Tätigkeit nicht verstanden. Oder es kommt die Frage: „Was ist das Wichtigste an Motiva?"

Ich kann dann nur eine Gegenfrage stellen: „Was ist das Wichtigste an Englisch?"

Sie merken schon, die Frage geht einfach nicht, sie zeigt aber, es wurde nicht verstanden, was ich mache, MOTIVA ist die Pferdekommunikation.

***

Motiva ist eine Sprache, genau wie Englisch auch, es ist keine Trainingsmethode und ist eben nicht das, was man schon immer kennt. Es ist neu, ganz neu, es ist die Möglichkeit, sich tatsächlich mit einer anderen Spezies zu unterhalten, herauszufinden, was das andere Wesen will, wie es ihm geht, auf seine Ebene zu gehen und ihm dort zu begegnen, auf Augenhöhe, gleiche Rechte für alle. Es zu lieben!

Gertrud mit Tamino. Franziskas Friesenwallach.

*Mark mit mir in seinem ersten Jahr bei uns.
Sein Schopf ist noch kurz heutzutage muss man
ihn einflechten damit er etwas sieht.*

Mark

Dazu fällt mir spontan noch eine Geschichte ein.

Irgendwann 2011 schaute ich auf der Internetseite eines Pferde-Ferien-Hofes nach, welche Pferde zum Verkauf stehen. Ich sah ein Bild von einem Tinkerwallach, drei Jahre. Er sprach mich irgendwie an und fast täglich rief ich das Bild einmal auf, schaute ihn an und dann klickte ich es wieder weg, weil ich prinzipiell gar kein Pferd kaufen wollte, keines brauchte.

Immer wieder zog mich das Bild an, fast wie ein Zwang, das Pferd zu sehen. Meinem Mann erzählte ich das und er meinte, dann nimm ihn dir doch, ruf an, wir fahren hin. Ich rief an und der Hofinhaber sagte: „Das tut mir leid, der Mark ist nach Aschaffenburg verkauft. Letzte Woche haben wir ihn hingebracht."

An diesem Nachmittag saß ich mit meinem Mann und meiner Tochter Isabell in einem Café und ich erzählte, dass ich mich ein wenig über mich selbst ärgerte, dass ich nicht früher angerufen hatte. Ich sagte, irgendwie dachte ich, er sei mein Pferd. Jetzt war er weg und das Bild wurde auch aus dem Netz entfernt.

Isabell meinte: „Wenn der zu dir kommen soll, dann kommt er auch zu dir!"

Naja, das schien mir jetzt nicht mehr so, warum sollte das nun so werden? Etwa drei bis vier Wochen danach bekam ich einen Anruf von dem Hofinhaber: „Du hast doch nach dem Mark gefragt. Den nehmen wir zurück, die Leute sind damit nicht zufrieden, die Frau ist wohl runtergefallen und sie wollen den nicht behalten. Wenn du also noch Interesse hast, dann kannst du ihn dir ansehen kommen, wenn wir ihn wieder hierhaben."

„Ja, gerne, sagt mir Bescheid, wenn er da ist."

Nach ein paar Tagen sagten sie mir, dass Mark aus Aschaffenburg wieder abgeholt worden sei und jetzt wieder auf dem Ponyhof stünde. Ich meldete meinen Besuch an und mein Mann und ich fuhren hin, um ihn anzusehen. Als wir ankamen, hieß es, er ist noch auf dem Ausritt mit unterwegs, wir müssten warten. Das war kein Problem und nach kurzer Zeit sahen wir einen großen Trupp Kinder vom Ausritt zurückkommen. Er war auch dabei, wurde von einem Mädchen ohne Sattel geritten und direkt bis zu mir.

Da standen wir uns nun erstmalig gegenüber. Er hatte Milben an den Beinen, seine rosa Haut schimmerte durch das weiß Fell durch. Er stand eher unscheinbar da, mittelgroß, gute 150 cm Stockmaß, schwarz-weiß gefleckt. Auf den ersten Blick ein durchschnittlicher Tinker, sehr jugendlich und eher kindlich im Gesicht. Er berührte mich seelisch, ich hatte einen Draht zu ihm, obwohl er mich dort fast ignorierte. Er stand nach dem Ausritt eher teilnahmslos da, etwas geschwitzt und nicht lebenslustig.

Ich überlegte kurz mit meinem Mann und sagte dann zu, den Mark kaufen zu wollen. Die Besitzer wollten noch die Milben behandeln und ihn dann nächste Woche zu uns bringen. Dazu suchten wir noch ein Shetlandpony aus, hell mit kupferroten Tupfen. Wir nannten es Pfennig. So kamen dann nach einigen Tagen Mark und Pfennig zu uns nach Spenge.

✳✳✳

Ich freute mich auf ihn und fand es doch sehr spannend, was aus ihm und mir werden sollte. Seit Mette hatte ich mir kein eigenes Pferd mehr gekauft, alle Pferde waren für den Betrieb und die Reitkunden zugänglich, ich hatte zu keinem die persönliche Bindung mehr aufgebaut, wie damals zu Mette. Es waren andere Zeiten, ich hatte einen großen Haushalt mit vier Kindern, ein bis zwei Hunden und etlichen Katzen, die wir als natürliche biologische Nagerkontrolleure auf dem Hof hielten. Auf Reiterhöfen sind Mäuse oder auch Ratten nicht selten anzutreffen. Ihr Kot ist ungesund für Pferde und deswegen ist es schon wichtig, die Population nicht ausufern zu lassen. Viele Reitstallbesitzer legen Giftköder aus, um das Problem im Griff zu haben. Das wollen wir natürlich nicht und deswegen leben bei uns ca. fünfzehn Mäusefänger. Sie werden gefüttert und immer gut versorgt, sind tierärztlich betreut und dürfen teilweise auch ins Haus. Sie sollen ja handzahm sein, damit man sie pflegen und entflohen oder entwurmen kann. Manche sind bei den Reitkunden sehr beliebt, sitzen während der Seminare bei Teilnehmern auf dem Schoß oder reiten auch mit den Kindern auf einem Shetty mit bis zur Reithalle. Es sind also viele Lebewesen zu beachten und zu versorgen, und so hatte sich nicht ergeben, ein Pferd für mich persönlich zu besorgen.

Jetzt aber war er da, der Mark.

Ich wollte ihm Zeit lassen, bei uns anzukommen und auch noch mit dem Reiten warten, mit drei Jahren ist so ein Tinker nicht erwachsen und hat einfach auch das Recht auf ungezwungenes Großwerden. Er wurde vorsichtig in unsere schon bestehende Wallachherde eingegliedert. Er selbst war ständig sehr defensiv, aber er wurde von anderen angegriffen und teilweise gejagt. Ich konnte nicht verstehen, warum, für meine Wahrnehmung versuchte er immer eher zu deeskalieren als anzugreifen, aber irgendwie bekam er keinen Kontakt zu einem anderen Pferd. Ich fand das traurig, es fühlte sich vielleicht ein bisschen ähnlich an, wie wenn man als Mutter sieht, im Kindergarten spielt das eigene Kind immer alleine, kein anderes hat Lust, mit ihm etwas zu machen; und versucht das Kind die Kontaktaufnahme, dann wird es abgelehnt. So wurde es Herbst und ich brauchte ein Foto für das

Mark heute, mit langem Schopf und Vertrauen zu mir und den Menschen.

Buchcover. Ich wollte gerne mit einem Pferd zusammen auf dem Cover sein und suchte mir dafür den Mark aus. Ich hatte ihn erst einige Monate, aber ich traute ihm und mir zu, dass wir das hinkriegen. Wir gingen zusammen auf eine unserer Weiden, ich zog ihm sein Halfter aus und setzte mein Wissen über Pferdesprache ein. So konnte ich mit ihm über die Wiese laufen im Gleichschritt oder aber auch durch Freundschaftsgehen meine Beziehung zu ihm ausdrücken. Es waren schöne, wilde und leise Bilder dabei und eines davon wurde für das Cover genommen.

Seit Ende September das Buch erschienen war, ging also damit auch sein Bild in die unterschiedlichen Wohnzimmer. Manchmal, wenn er von der Weide kam und sich wieder genüsslich gewälzt und seine Mähne mit Dreck eingerieben hatte, dann sagte ich zu ihm: „Schau mal in den Spiegel wie du aussiehst, du bist doch das Coverpferd. Findest du das so richtig?" Und ich glaube, er verstand das dann, wir lächelten uns zu und entweder die Mähne wurde jetzt noch gereinigt oder morgen, wenn dafür jetzt keine Zeit übrig war. „Hauptsache, du bist glücklich!", dachte ich und das spürte er ganz genau.

Einmal wusch ich ihn in der warmen Sommersonne und dann glänzte seine Mähne im Licht, wie wenn er Silberstreifen im Haar hätte. Immer wenn ich mit ihm dann redete: „Ich glaube, in dir steckt ein Prinz, wie kann man nur so schön sein?", dann lächelte er, weil er irgendwie verstand, wie toll ich ihn finde.

Es wurde Winter und eines Morgens zwischen Weihnachten und Neujahr rief mich eine Frau, die uns morgens beim Füttern hilft: „Komm mal raus, dem Mark geht es nicht gut."

Ich eilte nach draußen und er sah schlimm aus. Er hatte sich wohl in der Nacht in seiner Box festgelegt. Das passiert, wenn Pferde in der Box wälzen und mit den Beinen zu dicht an eine Boxenwand geraten und sich sozusagen dort festklemmen. Dann können sie keinen Schwung mehr nehmen, um zurück zu wälzen und bleiben dann dort liegen. Manchmal kommen sie nach langer Zeit durch ständiges Drücken und Rucken von alleine wieder los, aber oft auch nicht. Manche Pferde sterben daran. Ich nahm ihn an die Hand, ging mit ihm in die Reithalle, um ihn zu bewegen, während wir auf den gerufenen Tierarzt warten mussten. Er war schlapp und schmerzvoll, das konnte ich sehen und versuchte ihn zu trösten und zu ermuntern, etwas zu laufen. Er gab sich Mühe, aber ich machte mir große Sorgen. Ich sprach mit ihm: „Du darfst nicht sterben, du bist doch mein Coverpferd. Streng dich an, wir wollen das schaffen!" Der Tierarzt erschien und machte mir wenig Hoffnung, er sagte, er höre keine Darmgeräusche, man müsse mit einer Darmdrehung rechnen. Er muss in die Klinik, konservativ auf dem Hof kann man da gar nichts helfen. Mark bekam ein Schmerzmittel und wurde dann von Manfred in die Klinik gefahren. Ich blieb zu Hause, weil es immer gut ist, wenn wenigstens einer von uns auf dem Hof bleibt. Nach einer bangen Stunde wurde ich aus der Klinik angerufen. Die Untersuchung hatte ergeben, dass er nicht nur eine Darmdrehung hatte, sondern der Darm irgendwie im Bauchraum durcheinandergeraten war. Anscheinend hatte er sich in der Nacht festgelegt und dabei auf dem Rücken gelegen und die Gedärme, die unten in den Bauch gehören, befanden sich jetzt in Richtung Wirbelsäule und es war wohl so ein Durcheinander der unterschiedlichen Därme, dass die Tierärzte sagten, auch eine OP könne ihn nicht retten. Die Prognose sei so schlecht, er habe so starke Schmerzen, ich soll das Okay zum Einschläfern geben. Das zog mir den Boden unter den Füßen weg. Ich setzte mich erst einmal auf den Boden und mir war schlecht. Ich erbat mir Bedenkzeit und würde mich wieder melden. Ich wollte Mark nicht leiden lassen, aber mein Gefühl sagte mir auch, nicht aufgeben zu wollen oder zu können. Mir gingen Gedanken durch den Sinn, *warum kommt er zu mir aus Aschaffenburg, warum sendet er Signale, wenn ich ihn jetzt töten lasse. Das kann doch nicht alles gewesen sein.*

Es fühlte sich falsch an, das Todesurteil zu fällen. Ich wollte ihm und mir zutrauen, dass er es schafft, dass wir es schaffen. Also gab ich mein Okay nicht, ich bat darum, ihm genug Schmerzmittel zu verabreichen, er hing sowieso am Tropf und ich wollte ihn gut homöopathisch versorgen, wenn auch die Medizin sagte, da geht nichts mehr. Schon seit Jahren behandelten wir unsere Pferde auch homöopathisch und hatten sehr gute Erfahrungen damit gemacht. Ich konnte nicht weg vom Hof, darum bat ich eine Freundin, Kerstin Eggert, zu ihm zu fahren und die Notfallapotheke mitzunehmen. Manfred war ja noch da und so konnten die beiden testen, was er braucht. Wir verabreichten nie einfach auf Verdacht irgendwelche Arzneien, sondern hatten uns seit langem angewöhnt, das Mittel erst an dem Tier zu testen, ob es gebraucht wird. Das taten sie auch, er testete stark auf Opium und Plumbum. Das bekam er auch. Die Ärzte ließen uns freie Hand, sie fanden das vielleicht sonderbar, aber hielten sich raus. Ihrer Ansicht nach war ja sowieso nichts mehr zu machen, also konnte man auch nichts falsch machen, und so ließen sie uns in Ruhe.

Mark bekam immer wieder etliche Liter Infusion und dann durfte man ihn bewegen, spazieren gehen oder in der Reithalle laufenlassen und dann kam er wieder an den Tropf und zwischendurch untersuchten die Ärzte rektal, ob sich an dem Befund etwas geändert hatte. Zuerst veränderte sich nicht viel, außer dass Mark wider Erwarten durchhielt. Er kämpfte mit, er ließ sich nicht hängen, gab sich nicht auf. Er konnte nicht koten, weil der Darm ja wie ein Wurstende an mehreren Stellen zugedreht war. So konnte sich im Darm nichts bewegen, nicht weiter transportiert werden. Am Abend meinten die Ärzte, es sei unsicher, ob er die Nacht überlebt. Nachts durfte man dort nicht bleiben, sie haben wohl schlechte Erfahrungen mit Pferdebesitzern gemacht, sodass es diese Regelung gibt, nachts keine Kunden und Pferdebesitzer im Klinikgelände haben zu wollen.

Die Nacht war schlimm für mich. Es wurde uns versprochen, wenn gar nichts mehr ginge und man ihn aus tierschutzrelevanten Gründen töten müsse, würden sie anrufen. Also wartete ich auf das Klingeln des Telefons, was aber zum Glück nicht läutete. Immer wieder sah ich das Bild vor mir, wie er im Internet zum Kauf angeboten wurde, was ich mir so oft angesehen hatte und nun, nicht mal ein Jahr später, sollte alles vorbei sein? Es war nicht vorbei. Morgens durfte man anrufen und ich bekam die Auskunft, er habe die Nacht überlebt oder auch überstanden, stehe noch unter Schmerzmitteln und sei stabil. Allerdings sei er noch nicht rektal untersucht worden, das würde noch gemacht. Immerhin, das haben wir schon mal, dachte ich. Es gibt noch immer eine Chance, solang er lebt, kann noch eine Änderung geschehen. Wir durften ihn besuchen und wieder verging der Tag ähnlich. Er testete im Wechsel auf Opium und Plumbum und bekam es von uns.

Die rektale Untersuchung ergab, dass der Darm sich irgendwie bewegt hat, besser liegt aber noch nicht durchgängig ist. Dennoch sei Bewegung zu tasten und die Ordnung im Bauch stelle sich irgendwie wieder her.

Abends rief ich noch mal die behandelnde Ärztin an, um mich nach Mark zu erkundigen und mehr zu erfahren. Sie beschrieb mir noch einmal seinen Gesundheitszustand und ich fragte, wie denn ihre Erfahrungen seien mit solchen Fällen und wie die Prognose sei. Sie meinte dazu: „Eigentlich müsste er schon tot sein, sowas überlebt man nicht. Es gibt keine Prognose und keine Erfahrungen, weil es so etwas wie Ihr Pferd nicht noch mal gibt. Ich kann Ihnen dazu und dem Verlauf solcher Situationen keine Erfahrungswerte nennen, keine Ahnung wie das ausgeht. Wir staunen hier alle."

Wir hatten wieder eine Nacht vor uns, wieder Sorgen und Angst, ob das Telefon läutet. Es tat es nicht. Am nächsten Morgen lebte Mark immer noch, der Tapfere, er hing am Tropf und konnte und durfte ja auch den dritten Tag nichts essen. Solange ein Darm zugeschnürt ist, darf natürlich auch keine Nahrung von vorne zugeführt werden, die den Innendruck ja noch erhöhen würde. Bei der rektalen Untersuchung am dritten Tag kam dem Tierarzt ein kleiner Kotballen entgegen. Irgendeine kleine Passage hatte sich wohl geöffnet. Der Tierarzt meinte es fühlt sich deutlich besser an, wenngleich es auch nicht wirklich alles durchgängig zu sein schien. Aber immer noch täte sich was, das Pferd lebt und der Darm bewegt etwas. Es herrschte Freude bei uns und auch beim Klinikteam. Mark war beliebt, weil er trotz der Schmerzen und der auch schmerzhaften und schwierigen Untersuchungen immer ruhig blieb und freundlich war. Dann am Abend kam die sensationelle Botschaft: Mark hatte geäpfelt! Er hatte einen Kothaufen abgesetzt der recht normal aussah, etwas dünn, aber egal, es waren echte Pferdeäpfel. Ein schöneres Bild als Pferdeäpfel hinter dem Pferd kann man sich in dem Moment nicht vorstellen. Auch die rektale Untersuchung ergab, der Darm war am rechten Platz und durchgängig. Er hatte es geschafft, wenigstens die erste Staffel. Jetzt galt es, ihn vorsichtig aufzubauen und wieder an verdauen und essen zu gewöhnen und abzuwarten, ob sein Darm das unbeschadet überwunden hatte und wieder die Verdauungsvorgänge übernehmen konnte wie zuvor.

Er bekam eine schöne Portion warmes Mash, das ist so eine Art warmer, leicht verdaulicher Brei und durfte drei Möhren essen. Der Tropf wurde abgehängt und die Kanüle noch liegengelassen, falls man den Venenzugang doch noch mal brauchen würde. Es schmeckte ihm vorzüglich, er schmatze und schlürfte wohlig in dem Mash herum und tauchte immer wieder seine dicke Tinkerschnute in das warme Futter ein. Es war eine Freude, wie er aus den Augen sah, zufrieden, wenn auch erschöpft, aber so, als wäre ihm dieser Sieg bewusst. Er hatte es nicht nur für sich sondern auch für mich getan, das wusste ich.

Er sollte noch eine Nacht zur Beobachtung bleiben, ob alles sich auch gut einschleift, er normal koten kann und frisst und trinkt. Alles klappte und so durfte er am nächsten Tag nach Hause kommen. Beim Abschied aus der Klinik streichelte die Ärztin ihn und sagte:

„Man merkt ihm an, dass er geliebt wird!"

***

Das wird er heute noch. Er ist wieder auf dem Cover des neuen Buches, teilt sich das mit anderen Pferden von unserem Hof, aber er ist dabei, er lebt! Und er ist ein toller Kerl.

Nach der Klinik stellte ich ihn nicht mehr in die Wallachherde zurück. Da war er ja nicht froh, hatte keinen Freund gefunden und ich wollte in keinem Fall, dass er wieder Stress hatte. Also integrierte ich ihn in die Gruppe der älteren Stuten, zu Chipsi und Cheyenne, die ich anfangs im Buch erwähnte. Beide waren ca. dreißig Jahre alt und lebten in einer Gruppe älterer Schulpferde, die nicht mehr im Schulbetrieb laufen und ihren Lebensabend bei uns genießen dürfen.

Sie fanden ihn sonderbar, so ein junger Hüpfer und auch noch männlich in ihrer Rentnerinnenrunde. Aber sie mussten zugeben, uninteressant war der Typ

Tamino und Mark haben Spaß beim Toben.

nicht. Man ging dann schon mal heimlich an ihm schnuppern, wenn die anderen nicht hinsahen. Chipsi konnte auch nicht umhin, doch Hormone zu produzieren und ihn anzurossen, was die Kolleginnen nicht ohne weiteres tolerieren wollten. Mark stieg es nicht zu Kopf, der alleinige Prinz in der Gruppe zu sein, er blieb bescheiden und freundlich zu jeder der betagten Damen. Im Sommer sollten sie alle auf eine Wiese laufen. Der Weg dorthin hat einen Winkel, ist nicht weit einsehbar. Da meinte die ranghöchste Stute Calvin, sie wolle den unbekannten Weg nicht einfach gehen, sie führte ihre Herde nicht dahin und alle verharrten hinter Calvin. Da standen sie auf ihrem Auslauf, das Weidentor weit offen und niemand ging aufs Gras.

Wenn er draußen ist, flechten wir den Schopf bei Mark ein, weil er sonst nicht richtig sehen kann, was mit ihm von den alten Damen „geredet" wird. Da auch kleine Gesten zählen, ist es gut, freie Sicht zu haben.

Das erkannte Mark irgendwie und er spürte, er musste entgegengesetzt der Herdenregel sich vor die Stuten begeben und die Herde führen. Er tat das mit solcher Bedachtheit, dass es wunderbar anzusehen war. Er ging sehr ruhig vorweg, schaute sich um, wartete und zeigte den alten Damen den Weg, zeigte, dass kein Puma hinter der Ecke lauert und man einfach „zu Tisch" gehen kann. Wenn alle, auch die Sehbehinderten, gut auf der Weide angekommen waren, machte er einen lustigen, starken Luftsprung, quietschte vor Freude und steckte sein Maul ins frische Gras, um auch an der Mahlzeit teilzunehmen. Dieses Ritual spielte sich seit dem immer wieder ab. Er hatte einen Job, er war jetzt wichtig für die Gruppe geworden, er wuchs daran. Es tat ihm sichtlich gut, von seiner Gruppe gebraucht zu werden und anerkannt zu sein.

Seine feine Art zeigte sich auch später noch mal. Cheyenne war kein Fan von ihm. Sie lebte in der Herde, aber als er dazu kam, konnte sie schon nicht mehr sehr gut sehen und irgendwie wurde sie nicht richtig warm mit ihm. Sie hielt sich von ihm fern, kam er mal näher als ihr recht war, hob sie den Huf gegen ihn und drohte Treten an. Er deeskalierte dann sofort und ging, ließ es niemals auf einen Kampf ankommen, den er locker gewonnen hätte.

✳✳✳

Im Sommer 2014 hatte sich Franziska einen jungen Friesenwallach gekauft, der auch in die gleiche Pferdegruppe eingegliedert worden war. Er war endlich ein richtiger Kumpel für Mark, die beiden mochten sich auf Anhieb und endlich hatte er auch einen ebenbürtigen Freund, der mit ihm toben, kämpfen und spielen wollte. Es gefiel mir gut, zu sehen, wie schön die beiden zusammen harmonierten und welchen Spaß sie gemeinsam hatten. Jeden Morgen, wenn sie aus ihrem Nachtquartier auf den Auslauf geführt wurden, gingen die Begrüßung und das Gerangel los. Spielen, Wettrennen, Steigen, sich pflegen, sofort waren die beiden zusammen.

Nun an einem Morgen war es wieder genauso, als wir dann nach und nach auch die älteren Stuten in die Gruppe brachten, wie jeden Morgen. Auch Cheyenne wurde hingebracht, bekam wie immer das Halfter ausgezogen und wir wollten gehen. Da sahen wir, sie sieht nichts. Sie ging sehr unsicher kleine Schritte tastend nach vorne immer geradeaus und man musste vermuten, sie geht einfach in den Elektrozaun, sie sieht tatsächlich nichts seit der Nacht. Wir überlegten schnell, ob wir sie wieder mit zum Stall nehmen sollen, so konnte man sie sich wohl nicht selbst überlassen. Da plötzlich sah Mark sie tastend kommen. Er unterbrach unmittelbar sein Spiel mit dem Friesen Tamino und ging auf Cheyenne zu. Sie stand bereits am Zaun. Er wusste in diesem Moment, dass sie nichts sieht, im Gegensatz zu uns, wir erkannten das erst später. Er ging zügig ganz dicht zu ihr hin, obwohl er wusste, dass sie nicht auf ihn steht. Er grummelte ganz leise, damit sie nicht erschrak. Sie verstand das auch und so konnte er ganz dicht an sie heran und vor sie hin, schob sie mit seinem Kopf und Schulter so zur Seite, dass sie sich drehte, und dann der Weg vor ihr frei war. Er hatte sie vom Zaun weggedreht. Seit dem Tag nahm er sich ihrer an, er schaute nach ihr, ob er gebraucht wurde, wenn nicht spielte er entspannt mit Tamino, aber wenn es wichtig war, kam er an. Cheyenne konnte auf diese Weise doch den Sommer noch recht genießen und mit auf die Weide gehen.

Sie ist dieses Jahr gestorben, und ich stelle mir vor, wie sie inzwischen mit Mette irgendwo sein kann, falls es einen Ort gibt, an dem man sich nach dem Tod begegnet.

Aus Mark wurde ein beliebtes Reitpferd. Er läuft bei jungen guten Reiterinnen in den Schulstunden mit, hat eine sehr tolle Mähne bekommen, die ihm beim Reiten geflochten werden muss, weil sie so lang ist. Er ist jetzt erwachsen und hat seitdem auch keine Kolik mehr gehabt. Und dass er geliebt wird, das weiß er immer noch.

✳✳✳

Mir sind in meinem Leben viele Pferde begegnet und einige davon sind mir besonders ans Herz gewachsen. Was aber für alle gleichermaßen galt, ich wollte sie nicht verändern. Je mehr ich verstand, wie sie sind, umso weniger wollte ich sie anders haben, als sie sind. Irgendwann kommt es einem anmaßend und arrogant vor zu behaupten, *ich weiß, wie du besser oder richtiger wärest.*

Das heißt aber nicht, jedes Pferd bleibt so, wie es ist. Im Gegenteil, nur ich war nicht der Mensch, der sie verändern wollte, sondern die Pferde haben sich teilweise sogar sehr verändert, aus eigenem Entscheiden.

Ich will das gerne erklären. Dazu kann ich noch einmal an den Punkt anknüpfen:

Motiva ist eine Sprache. Seine Sprache, die des Pferdes. Ich habe mir viele Gedanken darüber gemacht und oft vor mich hin philosophiert, und diese Gedanken haben mein Leben mit Pferden in der kommenden Zeit sehr beeinflusst.

Sokrates hat einmal gesagt: „Rede, damit ich dich sehe."

Lässt man die Pferde reden, erteilt man ihnen sozusagen das Wort, dann kann man sie sehen, in voller Schönheit und Anmut, dann sind sie wirklich PFERDE.

✳✳✳

Traditionell haben wir Menschen seit ewigen Zeiten Pferde gehalten, um sie zu reiten oder auch als Arbeitstiere zu verwenden. Man kam gar nicht auf die Idee, sie könnten oder wollten etwas sagen. Was auch? Sie sollten einfach wohlerzogen machen, was man will.

In meinem ersten Buch schrieb ich schon, es gibt unter anderem die Statussymbole unter den Pferden, die gut aussehen müssen und hochwertige Vorfahren nachweisen, die Freizeitpferde, die zur Freude und zur Freizeitgestaltung dienen, die Sportpferde, die für den Ruhm und Erfolg ihrer Besitzer und Reiter sorgen müssen, aber es war da keine Kategorie dabei, die dem Pferd in seiner Wesensart gerecht wird.

Natürlich ist auch die nicht mal geringe Gruppe der Menschen vorhanden, die ihr Pferd haben, um es zu lieben und sich an ihm zu freuen. Drum werden arme, bedauernswerte Tiere vom Schlachter gerettet, aus Schulbetrieben freigekauft oder aus der Tierrettung übernommen. Bei diesen geht es tatsächlich um die ehrlich wohlgemeinte Fürsorge des Menschen dem Tier gegenüber. Man will ihm gut, man will sein Bestes. Und da geht es los. Was ist sein Bestes?

Da scheiden sich die Geister. Es heißt immer so schön, man soll nicht von sich auf andere schließen. Aber vielleicht doch. Vielleicht sollte man beim Pferd mal von sich auf andere, auf es, schließen.

Wir fühlen uns am wohlsten in einer Beziehung, wenn wir ernst genommen werden in unseren Bedürfnissen, wenn der andere unsere Bedürfnisse überhaupt wissen will oder kennt. Wenn wir verstanden werden, wenn wir nicht zu Unmöglichem gezwungen oder erpresst werden, wenn wir *unser Leben leben* dürfen, unseren Bedürfnissen nachgehen können und so geliebt werden, wie wir sind.

Wenn wir jetzt von uns auf das Pferd schließen, dann glaube ich, kann man das eins zu eins übernehmen. All das gilt auch für das Pferd, wenn wir es so nehmen, wie es ist, wenn wir es verstehen in seinem Wesen, in seinem kompletten „Pferd sein".

Dazu muss man sich mit ihm verständigen können, seine „Kultur" kennenlernen, wir müssen uns seine wirklichen Bedürfnisse erschließen. Hierbei können wir nicht vom Wildpferd auf das domestizierte Pferd schließen. Durch die Domestizierung und die Prägung auf den Menschen sind die Bedürfnisse angepasst an das Zusammenleben mit uns. Sie sind anders, diese unsere Pferde wollen mit Menschen zusammen sein, sie wollen mit uns reden, sie erwarten unsere Antworten und wollen verstanden werden. Das, was für ein Wildpferd völlig unsinnig ist, sich irgendwie mit Menschen und den Lebensumständen mit uns zu befassen, macht für das domestizierte Pferd einen großen Teil seiner Alltagstätigkeiten aus. Es befasst sich damit, hinter einem elektrischen Zaun zu stehen. Wir erwarten, dass es ein- bis zwei Mal die Erfahrung macht, bei Berührungen einen Stromschlag zu bekommen und daraus zu folgern diesen Zaun nie mehr in Frage zu stellen, ihn nie mehr zu berühren und sicher diese Grenze als eine solche in seinem Leben zu akzeptieren. Die meisten Pferde tun das, weil sie ein gutes Gedächtnis haben, schnell lernen, und den Schmerz fürchten.

Genau diese Eigenschaften kann das Pferd aber nicht wahlweise abschalten, es ist immer so, meidet Schmerz oder vermeintliche Gefahren, merkt sich alles gut. Alle Situationen oder Lebewesen die ihm unangenehm sind, will es meiden, so ist es eben. So kommt es, dass es unter Umständen Hunde, Tierärzte, Hufschmiede, Menschen, Anhänger, Reithallen Peitschen, Gerten, Sporen, um nur einiges zu nennen, meiden will, weil es gelernt hat, das bekommt ihm nicht.

Unser Verständnis für das Pferd fängt hier schon an, hier schon zu ergründen, warum das Pferd vor diesem und jenem Bedenken hat. Ein Fehler ist bereits, eine Beurteilung auszusprechen wie Zicke, sturer Bock, Angsthase, faules Ding … (die Schuldfrage ist schon geklärt).

Jeder kennt diese Bewertungen des Verhaltes. Die Falle dabei ist, man sucht durch solch eine Betitelung nach keinem anderen Grund mehr, man hat die Lösung ja bereits ausgedrückt, stur, faul, zickig. Was soll man darüber noch nachdenken.

Der Mensch will das Problem einfach nicht haben und ist zufrieden mit einer Lösung, die gut genug ist, sich selbst zu täuschen.

Wenn wir unsere Pferde verstehen wollen, geht es so nicht.

Wir sind die Menschen mit dem größeren Verstand und sollten uns herleiten können, wenn da Stress herrscht, dann gibt es Gründe und **wir** sollten versuchen, denen auf die Spur zu kommen, um nicht ungerecht zu werden.

Das hat mit Respekt dem Pferd gegenüber zu tun, es ernst nehmen in seinem Lebensausdruck in unserer Menschenwelt. Es wird von dem Fluchttier Pferd sehr viel verlangt, sehr oft muss es gegen seinen Instinkt handeln und es muss sehr viel lernen, was für Pferde unnatürlich ist.

Meine Gedanken, wie kann man es dem Pferd leichter machen, fanden eine Lösung in seiner Sprache. Wenn man dem Tier in seiner Vorstellung vom Leben gerecht werden will, muss man sich mit seiner Kultur befassen, seinen Regeln und Ritualen, wie **es** Leben darstellt und selbst versteht. Die Mühe lohnt sich.

Meine Frage, die ich nun schon so viele Jahre in mir trug, bekam wieder Bedeutung. Wie sind Pferde, was wollen sie, was brauchen sie, um gesund und zufrieden zu sein? Mir fiel etwas auf. Kaum wurde in den Medien und in Pferdekreisen innovatives Denken laut, Pferde brauchen Gesellschaft und Bewegung, da baute man Ställe, wo an Einzelboxen kleine Paddocks von wenigen Quadratmetern angeschlossen, und die Nachbarpferde zu sehen sind. Fertig. Das nannte sich jetzt neu, modern und zeitgemäß.

Diese Beobachtung ist für mich beispielhaft für die Entwicklung im Umgang mit unseren Pferden. Es ist zwar eine Verbesserung in der Haltung, aber weniger als der Tropfen auf dem heißen Stein. Ein Pferd hat immer noch nicht die nötige Bewegung auf wenigen Metern und auch reicht es nicht, Kollegen nur über eine Abgrenzung hin zu sehen. Man hat aus der Erkenntnis heraus gehandelt, das Leben der Pferde verbessern zu wollen, ohne wirkliche Überlegungen anzustellen, was dem Tier tatsächlich gerecht wird, wie gute Pferdehaltung aussehen muss.

Wenn man sich damit zufrieden gibt, etwas besser als vorher zu machen, muss das nicht gut genug sein und kann neuere bessere Veränderungen blockieren, falls darüber schon eine gewisse Zufriedenheit des Menschen eintritt.

Ähnlich ist es mit der Pferdekommunikation gewesen. Jemand hat vom Boden aus mit irgendwelchen Menschengesten Pferde konfrontiert und das wurde Pferdesprache genannt. Niemand hat das hinterfragt und erst jetzt, nach so vielen Jahren,

Sonntagsmorgens reiten ganz junge Kinder auf den Shettys geführt von den Eltern, eine Freude für Groß und Klein.

kommen Menschen dahinter, das kann es nicht gewesen sein, das nutzt gar nichts und es ist auch keine Pferdesprache. Diese frühe, vorauseilende Zufriedenheit mit einer Errungenschaft oder einer Diagnose blockiert also den Fortschritt und die Verbesserung. Es muss eine sogenannte positive Unzufriedenheit bleiben, um Fortschritt zu garantieren oder möglich zu machen. Man muss weitersuchen, das Optimum herstellen wollen, und das geht wieder nur, wenn man die Bedürfnisse der Pferde so gut wie irgend möglich kennt.

***

Wenn am Nachmittag die Mütter mit ihren kleinen Kindern auf unseren Hof zu ihrer Reitstunde kommen oder andere Besucher, die sich einmal umschauen wollen, dann stehen sie nicht selten an unserem Shettygehege, schauen die Ponys an und sagen sowas wie:

„Jaja, die Shettys haben doch auch ihren eigenen Kopf, die sind nicht einfach, ganz schön stur." Dann gehen sie weiter und sehen eine Katze auf dem Hof sitzen. Da heißt es dann eher: „Langsam, vorsichtig, sonst läuft sie weg. Nicht anfassen, vielleicht will sie das nicht."

Fragt man die Leute: „Haben Sie zu Hause Katzen? Oder Erfahrungen damit?", kommt ein Nein und fragt man nach den Erfahrungen mit Shettys, haben sie ebenso keine. Sie haben mit beiden Tierarten keinen Alltagskontakt, aber sie behaupten bei der ersten Begegnung, zu wissen, wie wer ist, wie Ponys sind.

Wenn sie dann das Shetty vom Stall zum Putzplatz führen und das sich umschaut, ob noch jemand mitkommt, oder auf einen Freund warten will, dann heißt es sofort:

„Siehst du, es ist schwierig, es macht, was es will."

Die Erwartung oder eher Forderung an das Tier ist, es soll ohne zu fragen sich von einem unsicheren, ihm unbekannten Menschen wegführen lassen von seinen Freunden und dem vertrauten Stall. Es hat keine eigenen Verlustgefühle zu haben, oder den Wunsch, von jemandem Kompetenterem irgendwohin gebracht zu werden. Diese Mütter sind oft selbst sehr unsicher und zeigen das bei jedem Schritt. Pferde mögen das nicht, sie wollen Sicherheit vermittelt bekommen oder machen tatsächlich lieber das, was sie können und für richtig halten. Das gilt für die Shettys gleichermaßen.

Die Mütter sind freundliche Frauen ohne einen Hintergedanken. Sie meinen es gut, bringen ihr Kind zur Reitstunde und dennoch leben sie mit diesem Vorurteil über die Ponys. Sie finden das auch gar nicht komisch, sie leben mit diesem Urteil genauso wie damit, dass Wasser nass ist. Es ist halt so. Sie revidieren ihr Urteil auch nicht, selbst wenn sie sehen, ihr kleines Mädchen reitet unerfahren auf dem Tier und das bringt ihr Kind sicher durch die Reitstunde ohne Murren und Knurren. Bleibt es aber *einmal* stehen und zögert, dann bekommt es wieder die Ungeduld zu spüren und das Unverständnis, indem die Forderung formuliert wird, dass es wie ein Heiliger völlig fehlerfrei und tadellos sein muss und das am Stück und ohne Unterbrechung.

Die Idee, auch das Tier zu verstehen, sich hineinzuversetzen in die Psyche des Ponys, hinzusehen, ob das Kind vielleicht am Stehenbleiben sogar schuld ist, findet nicht statt.

Das meinte ich mit den Diagnosen. Wenn sie gefällt sind, sucht man nicht mehr nach einer anderen möglichen Ursache für ein Dilemma. Und so kommt es, dass unsere Pferde all die vielen Jahre, in denen sie in unseren Diensten stehen, nicht verstanden wurden, und falsch mit ihnen umgegangen wird und wurde.

✳✳✳

Nach jahrelanger Forschung und Versuch und Irrtum, habe ich mein erstes Lehrbuch über Pferde und ihr Kommunikationssystem geschrieben. Es kam bei recht vielen Pferdeleuten gut an, und wurde nach einem Jahr in einer 2. erweiterten Auflage verlegt.

In meiner Seminar-und Lehrarbeit erkannte ich, es ist noch längst nicht alles gesagt, was nötig ist und ich setzte mich hin, und schrieb ein zweites Buch zur Erweiterung des Wissens um die Pferde, was dann auch im März 2016 erschien.

Ich hatte immer die Vorstellung, wenn ich all mein Wissen in Büchern niederschreibe und in Kursen vermittele, dann ist es für die Menschen einfach, Motiva

*Motiva Seminar.
Theorie im Seminarraum ist genauso wichtig wie später die Praxis in der Reithalle.*

Hier werden Fehler aufgedeckt und neues Wissen weitergegeben.

Um sich das Verhalten der Pferde besser vorstellen zu können, werden Szenen auf dem Tisch nachgestellt und erklärt.

zu lernen. Man braucht nur lesen und lernen und sein Verhalten anpassen, die Regeln anwenden und dann wird das schon.

Jetzt erfahre ich aber, dass das so nicht ist. Es ist offensichtlich sehr schwer für Menschen, sich diesem neuen Wissen zuzuwenden und dafür offen zu sein.

Das Schwerste aber ist, man wird und muss sich verändern, sich und sein Verhalten, die Einstellung zu sich und dem Pferd überprüfen und eventuell korrigieren. Durch meine Bücher begegne ich nicht nur Pferdeleuten sondern auch Therapeuten, Tierärzten, Homöopathen. Interessanterweise „verstehen" die Menschen, die mit der Ausbildung von Pferden gar nichts zu tun haben sofort, was ich sage. Sie erkennen, dass meine Arbeit sich mit der instinktiven und unmittelbaren Sprache und Kommunikation der Pferde untereinander befasst. Es ist ihnen ganz logisch und normal, das merke ich an den gestellten Fragen und der Lernwilligkeit.

Die Pferdetrainer und Halter tun sich da viel schwerer. Sie sind so geprägt darauf, das Pferd verändern zu wollen, schulen zu müssen, zu erziehen, dass sie die Trennung zwischen Sprache und Ausbildungsmethoden nicht ohne weiteres bewältigen. Das Loslassen der Gedanken, man muss doch dem Pferd … was auch immer, gelingt nicht jedem und dauert immer eine gewisse Zeit. Das Gefühl, man kann dem Pferd einfach zuhören und es einmal ganz ausführlich reden lassen, seine Meinung kundtun lassen, ist nicht da.

Es gibt viele Tierkommunikatoren; Menschen, die behaupten, sie kommunizieren in Gedanken mit unterschiedlichen Spezies, das Thema ist ja nicht neu. Allerdings stellte ich fest, dass es dort auch nicht um die angewendeten Vokabeln der Pferde geht, sondern Menschen interpretieren mehr oder weniger wohlwollend, was das Tier möchte. Es beschränkt sich aber auf die Gedanken, die der Mensch sich um das Wohl des Tieres macht und wie er sich vorstellt, was das Pferd wohl sagen und haben will. Das ist eine gutgemeinte Sache, und viele Menschen suchen bei solchen Leuten Zuflucht, wenn sie mit ihrem Pferd nicht weiterkommen. Danach erfahre ich dann allerdings, es hat nicht die Lösung gebracht. Man muss auch in diesem Fall ja bedenken, dass ein Mensch aus seiner Sicht etwas deutet und mit seiner menschlichen Einstellung Interpretationen liefert oder Vorstellungen hat. Eine Pferdebesitzerin erzählte mir, sie habe auf solchem Weg erfahren, ihr Pferd möge ihr blaues T-shirt nicht, sie solle lieber etwas anders tragen.

Eine andere Kundin meinte, sie wisse nun, ihr Pferd wolle nicht in einem bestimmten Wald laufen, es bevorzuge eine andere Wegstrecke. Beide Frauen konnten, nachdem sie Motiva bei mir gelernt hatten, feststellen, ihr Pferd hatte einfach nicht genügend Vertrauen zu den Besitzerinnen, weil sie immer unsicherer geworden waren und somit als Entscheidungsträger für ihr Pferd nicht mehr in Frage kamen. Das blaue Shirt und auch der Wald waren anschließend einfach kein Problem mehr. Wenn man sich wie ein solcher Kommunikator wirklich in ein Pferd versetzt, wird man erfahren, was es will, nämlich verstanden zu werden und niemandem gehorchen zu müssen, der selbst unsicher ist und die Situation nicht im Griff hat. Um das zu ändern, muss man eben mehr können und tun, als ein Pferd zu trainieren. Das leuchtet Menschen, die sowieso kein Training im Sinn haben, sofort ein, den anderen fällt es deutlich schwerer, weil sie alte Kamellen loslassen müssen, um neue nicht immer einfache Wege zu gehen.

Es ist ein hoher Anspruch an den Menschen, tatsächlich so viele Anstrengungen zu unternehmen, um sich dem Pferd nicht nur verständlich zu machen, sondern sich auch selbst so zu entwickeln, dass man dem Pferd gefällt.

Was heißt das nun?

Begegne ich einem Menschen, der mich von früher kennt und jetzt nach Jahren zu mir sagt: „Du hast dich gar nicht verändert", dann empfinde ich das nicht zwingend als Lob. Ich denke, ich verändere mich ständig sehr und darauf bin ich stolz. Ich will mich verändern, ich will lernen und wenn es besser ist, morgen anders zu sein als heute, dann möchte ich das. Ich empfinde es als Ansporn, wenn ich mich verändern soll und kann. Anders als die Werbung uns suggeriert, will ich nicht bleiben, wie ich bin, obwohl ich es darf. Ich will mich jeden Tag entwickeln, entfalten, lernen, verändern.

Ich habe viel über mich von den Pferden gelernt, und bin ihnen dankbar dafür. Sie haben mir konsequent und freundlich gezeigt, wo ich lernen muss, mich abzugrenzen, wo ich vertrauen muss, wo ich durchhalten soll, gleichermaßen wie loslassen, ohne verbissen Ziele zu verfolgen. Sie haben in mir den Mut gestärkt, ehrlich zu sein und zu bleiben und mich nicht anzupassen, wenn es bequemer wäre als standhaft zu bleiben.

Ich habe erfahren, dass ich ohne diplomatische Notlügen gut durchs Leben komme und es dem Gegenüber nutzt, wenn ich ganz klar zu meinen Einstellungen stehe und sie unmissverständlich ausdrücke. Ich muss nicht um den heißen Brei reden, mich nicht hinter Phrasen verstecken.

Ich bin ich, und bin verlässlich. Wer mich kennt, weiß, ich sage, was ich meine und ich meine, was ich sage. Das ist nicht immer bequem weder für mich noch für andere, aber es ist das Verlässlichste, was man bieten kann. Wenn ich etwas bestätige, meine ich es genauso und stehe dafür gerade und wenn ich etwas falsch finde, drücke ich es auch aus.

Nicht jeder mag diese meine Art, sie kann unbequem sein. Ich sehe das an den Rezensionen meiner Bücher (wenn man sie mal so nennen will), da werden mir meine ehrlichen Worte und Kritiken übelgenommen. „Ich mache mir Feinde", heißt es so schön.

Ich denke, ich mache sie mir nicht, sie sind schon da und ich erkenne sie dadurch nur, falls sie den Mut haben, sich nicht hinter einem Pseudonym zu verstecken.

Ich kann nur jeden ermuntern, diesen Weg zu gehen, sich auf Pferde einzulassen und sich von ihnen einen Spiegel vorhalten zu lassen, um sich zu erkennen.

Wenn wir von ihnen verstanden und anerkannt werden wollen, dann müssen wir ein bisschen zum Pferd werden in den Dingen, die sie uns in diesem Sinne voraushaben.

Dazu kann ich einige Beispiel aufzählen, wie ich das meine.

Auf unserem Hof betreuen wir pro Woche etwa einhundert Menschen Groß und Klein, die Reiten lernen wollen. Außerdem stehen neben unseren eigenen Pferden auch etwa zwanzig Pferde als sogenannte Einstellpferde bei uns im Stall.

Es ist immer wieder interessant, wie die Pferde wahrnehmen, mit wem und welcher Kompetenz sie es zu tun haben. Es kam schon mehrmals vor, dass Reitkunden sich in ein Schulpferd verlieben und irgendwann fragten, ob sie das betreffende Pferd kaufen könnten. Sie haben in einem solchem Fall die Sicherheit, das Tier schon lange zu kennen und die Gewissheit, gut mit ihm klarzukommen. Sie können es einfach aus dem Auslauf holen, bürsten und satteln, mit ihm zur Reithalle gehen und es auch versorgen. Es gibt ihnen die Hufe, bleibt stehen, wenn sie auch stehenbleiben und achtet auf den „Reitschüler" mit Sorgfalt. Solch ein Pferd ist bequem und sicher für den Menschen, zumal es in Motivaeinheiten mit uns von Zeit zu Zeit überprüfen kann, dass der Mensch nach wie vor der Entscheidungsträger ist und ihm Sicherheit bietet.

Wenn nun der Kauf stattgefunden hat, dann kommt eine andere Ära auf das Tier zu. Der neue Besitzer verändert sich fast zeitgleich. Er ist kein Reitkunde mehr, sondern ein Einsteller. Er ist jetzt Pferdebesitzer. Er besorgt alles, was er denkt zu brauchen, Halfter und Putzzeug und vielleicht Sattel und Trense, Decken und Zubehör. Alles wird in der Sattelkammer eingerichtet, mit dem Namen versehen und deutlich gemacht, wer man nun ist. Die Welt hat sich verändert. Man nimmt sein Pferd und marschiert über den Hof und zeigt sich. Zunächst bleibt alles gut, aber sehr schnell spürt das Pferd auch diese Veränderung des Menschen, der einerseits stolz ist auf seine Neuerung und seinen Status aber auch ängstlicher, weil jetzt plötzlich auch viel Verantwortung auf ihm lastet.

Zusätzlich schmiedet der Mensch auch schon Pläne, was er dem Pferd alles vermitteln und beibringen will, wie er es erzieht und was er draus macht.

Diese Einstellungsveränderung geht an dem Pferd nicht spurlos vorüber. Es nimmt das alles irgendwie wahr und zieht seine Schlüsse daraus. Zudem ist es jetzt ja kein Schulpferd mehr, wird also auch nur noch von dem neuen Besitzer geritten und ist eventuell weniger ausgelastet und wird weniger korrigiert.

Jetzt kann sich eine Spirale in Gang setzen. Das Pferd merkt die Veränderung, die Unsicherheit und beginnt, Lösungen dafür zu finden. Es redet mehr mit dem neuen Besitzer, fragt Kompetenzen ab. Der aber weiß das nicht und findet es einfach schwieriger oder aufmüpfig. Dadurch glaubt er strenger werden zu müssen und zeitgleich steigt die Unsicherheit des Menschen gegenüber dem Pferd. Schon bald kann sein, dieses geht nicht mehr so einfach mit dem Menschen mit wie zuvor. Dann wird der Mensch im Gegenzug sauer und unwillig, weil er ja weiß, das Pferd kann das alles, hat er ja jahrelang selbst erfahren. Jetzt will es nicht mehr, also wird dem Pferd unterstellt, es sei launisch oder unartig. Das wird zeitnah mit Strenge oder Schimpfen angegangen und genau das aber führt dann zu mehr Widerstand, weil das Pferd diese Veränderung nicht gut findet und sich völlig unsicher ist, was vor sich geht. Es kennt diesen Menschen schließlich auch seit Jahren und plötzlich ist der aber so anders. Es kann das nicht zuordnen und es macht auch keinen Sinn. Nach kurzer Zeit, etwa wenigen Wochen, geht es unter Umständen nicht mehr einfach mit zum Schmied, zum Tierarzt oder auch in die Reithalle. Es wird immer zurückhaltender dem Menschen gegenüber und der immer enttäuschter, er kennt sein Pferd nicht mehr wieder.

Wenn sich jemand bei uns ein Schulpferd kaufen will, erkläre ich das immer im Vorhinein. Ich biete an, mit dem Pferd in einen Motivakurs zu gehen und eine gute Beziehung aufzubauen, die dem Pferd ermöglicht, sein Vertrauen zu bewahren oder zu verbessern. Fast immer erklären mir die Menschen, die davon eben keine Ahnung haben sinngemäß Folgendes:

„Nein, ich will erst einmal mit der neuen Situation klarkommen. Ich habe ja einen guten Draht zu dem Tier, sonst würde ich es nicht kaufen. Also das tut nicht Not, wir verstehen uns gut, ich habe kein Problem mit dem Pferd."

Wenn ich dann sage: „Vielleicht bekommt aber das Pferd mit dir ein Problem, weil es so ist, wie es ist", dann glauben das in der Regel die Käufer nicht. Sie gehen sehr menschlich an die Sache heran und denken nicht aus Sicht des Pferdes. **Sie** kommen klar, **sie** machen das schon! Das Pferd ist außen vor, es geht nicht um das Pferd, es geht dem Menschen um sich und seine Ziele und dadurch geht es auch etwas schief.

Irgendwann hat sich die Situation dann so entwickelt, wie ich beschrieben habe. Das Pferd ist verunsichert und versucht eigene Lösungen zu finden, eigene Wege zu gehen. Die Menschen sind auch verunsichert und außerdem auch noch enttäuscht und verärgert. Sie denken, das Pferd macht das extra, man weiß ja, es kann auch anders.

Erst jetzt wenn „der Karren im Dreck" ist, kommt dann die Frage: „Kannst du mir helfen, das Pferd macht nicht, was ich will." Am liebsten würde ich sagen, du hast auch nicht gemacht, was das Pferd will und das ist dann das Ergebnis, man lebt sich auseinander.

Ich formuliere es dann schon vorsichtiger, aber im Grunde ist es genau das. Ich komme dann auch in den Zwiespalt, den unsere Kultur und Sprachgewohnheit mit sich bringt. Wir sind gewöhnt, normale Dinge oder Probleme vorsichtig zu verharmlosen und zu umschreiben, aus Angst, der andere kommt nicht klar, ist gekränkt. Wir trauen uns und den Mitmenschen nicht mehr zu, dass man einfach verstehen kann, etwas falsch gemacht zu haben und deswegen jetzt eine Erklärung dazu folgt. Jemanden auf Fehler hinzuweisen, wird mit Vorsicht angegangen und in Fragen und zarte Formulierungen verpackt. Auch das Wort BITTE wird sehr oft als Füllwort eingefügt, um den guten Willen des Sprechers zu demonstrieren.

Ist Ihnen einmal aufgefallen, wie oft im Alltag das Wort bitte verwendet wird, ohne dass das, was gesagt wird, eine wirkliche Bitte ist? Häufig werden Aufträge oder Erwartungen an jemanden mit dem Wort bitte im Klang verharmlost.

Mutter zum Kind: „Kommst du bitte?!", „Hallo? Kannst du **bitte jetzt** kommen?" „BITTE (energischer)Sven, komm jetzt …"

Dieser Sven kommt nicht besser oder schneller, weil das Wort – bitte – eingebunden ist. Im Gegenteil, das Wort verliert an Wert und Bedeutung, weil es den ganzen Tag in irgendwelchen banalen Sätzen vorkommt. Wenn man an jemanden eine Bitte heranträgt, muss derjenige sie annehmen oder ablehnen dürfen. Das kann der kleine Sven nicht. Er MUSS kommen, ob er will oder nicht. Dazu würde ihm eine ganz klare Aussage der Mutter helfen: „Ich möchte, dass du jetzt kommst, wir gehen jetzt."

Kinder kommen in der Regel mit solch klaren Sätzen sehr gut zurecht. Inzwischen ist das bei Erwachsenen oft anders.

Ich habe folgende Szene kürzlich im Schwimmbad erlebt:

Eine Mutter ist mit ihrem etwa sieben Jahre alten Sohn, nennen wir ihn hier einmal Michael, in den Umkleidekabinen. Die Mutter ist fertig, föhnt sich die Haare, der Sohn ist noch immer in seiner Kabine. Die Mutter ruft:

„Michael komm jetzt bitte, wir gehen."

„Jaha, ich komm ja schon." Die Mutter wartet, niemand kommt.

„Bitte, komm jetzt, es ist schon spät".

„Jahaaa." Aber es passiert nichts. Nach einigen Minuten: „Michael, bitte schnell jetzt, wir müssen sonst nachzahlen! Sonst gehe ich schon alleine."

„Laß mich, ich komme ja." Aber er kam nicht. Die Mutter bettelte und flehte förmlich, er möge kommen, es vergingen beinahe zwanzig Minuten des Bittens, bis der Sohn sich bequemte, aus der Kabine zu kommen.

„Jetzt müssen wir nachzahlen", meinte die Mutter sichtbar frustriert. Dem Sohn war das egal, er schlenderte zufrieden zum Ausgang, wo der Automat an der Armbandmarke erkannte, dass die Zeit nicht eingehalten worden war und nachgezahlt werden musste und das tat die Mutter dann auch.

Nach meiner Idee von klaren Ansagen wäre das anders gewesen. Hätte die Mutter gleich zu Anfang ohne zu bitten klare Signale gegeben, im Grund wie ein Leittier, und gesagt: „Es ist Zeit, beeil dich, damit wir nicht nachzahlen müssen, ich warte draußen hinter der Sperre", dann hätte sie diesem Michael keine Bühne geboten für seine Spielchen. Wenn er dennoch seine Trödeleien nicht gelassen hätte, dann wäre er an die Schranke gekommen und hätte gemerkt, ohne Nachzahlen lassen sie ihn nicht raus. Er wäre auf die Mutter angewiesen gewesen, er hätte gespürt, dass er ihr Wohlwollen benötigt. Sie allerdings hätte ihn von seinem Taschengeld den Aufpreis entrichten lassen können und dem Michael gezeigt, dass er Verantwortung für seine Entscheidungen zu tragen hat.

So aber hat er die Mutter erzogen und weiß, das hat geklappt, das kann er wiederholen und auch in anderen Alltagssituationen anwenden. Er hat die Macht, Konsequenzen trägt sie!

Eltern habe heutzutage Angst, den Kindern Schranken zu setzen, weil sie anscheinend befürchten, nicht mehr geliebt zu werden.

Hätte die Mutter genau das gemacht, wäre rausgegangen und der Michael hätte an der Schranke gestanden und sein Geld einsetzen müssen, um hinauszugehen, dann hätte er Konsequenzen getragen und auch zeitgleich gesehen, die Mutter ist glaubhaft. Sie tut, was sie sagt. Auf sie ist Verlass, wie es in der Natur bei Vorgesetzten oder Leittieren ist, sie sind authentisch und glaubwürdig.

Diese ängstliche inkonsequente Mutter hat durch falsch eingesetztes Verständnis und Liebe zum Kind ihrem Sohn eher geschadet als genutzt. So konnte er nichts lernen, außer sogar das Fehlverhalten zu wiederholen, weil es vermeintlichen Erfolg gezeigt hatte.

Aber dazu werde ich in einem anderen Buch noch mehr sagen.

***

Ich habe mir durch die Pferdesprache bewusst die Floskeln abgewöhnt. Ich benutze die Bitte, wenn es eine ist, ansonsten nicht. Ich stelle auch keine Frage, wenn ich eine Aufforderung meine.

Zum Beispiel: In der Einkaufswagenschlange im Supermarkt will jemand, der nichts gekauft hat, einfach an allen vorbei durch die Kasse gehen. Üblicherweise wird dann Folgendes gefragt: „Darf ich bitte einmal vorbei?" mit der Betonung auf einmal. Das wird als höflich empfunden, ist aber genau genommen Quatsch. Ich wäre gar nicht befugt, das Vorbeigehen zu verbieten, also kann ich das auch nicht erlauben. Ich kann auch die Bitte nicht verwehren. Es würde reichen und wäre klarer zu zeigen oder zu sagen, dass man vorbeimöchte, fertig. In unserem Alltag stört es vielleicht nicht großartig, wenn wir so reden, aber ich merke es im Zusammenhang mit den Pferden, wie sehr wir von den klaren und damit auch verbindlichen Aussagen abgekommen sind.

„Ich möchte vorbei" ist eine klare Aussage, eine Info an mich, ihr Platz zu machen.

Stellen Sie sich vor, man würde auf die Frage „Darf ich mal einmal vorbei?" antworten: „Nein, das möchte ich nicht, Sie warten bitte schön hinter mir, bis ich an der Kasse durch bin." Es gäbe einen Aufruhr, weil damit niemand rechnet, niemand gesteht mir zu, und das mit Recht, dass ich den Durchgang verweigere.

Sie merken, irgendwas läuft hier schief in der Kommunikation.

Pferde oder Tiere im Allgemeinen sind klar ohne Floskeln und Phrasen. Sie sagen, was sie meinen, kurz und knapp. Bei ihnen sind die Worte nicht die Quelle der Missverständnisse, wie bei den Menschen oft genug.

Dennoch, obwohl es verständlich ist, wie ich rede und auch nicht unhöflich, fällt es manchen Menschen schwer, sich auf meine Ausdrucksweise einzulassen.

Bei der Frau mit dem Schulpferd ist es auch so gekommen. Sie meinte auch zum Pferd: „Komm jetzt bitte." Das Pferd aber kam nicht, weil es gespürt hat, hier stimmt was nicht, hier ist viel Unsicherheit gepaart mit Vorwurf und Ungeduld.

Ich habe nun die Aufgabe, der Frau zu erklären, was hier falsch läuft. In der Wortwahl muss ich aufpassen, dass sie auch zuhören und annehmen kann, und das ohne alles zu verharmlosen. Ich erkläre also, der erste Fehler war schon, dass sie sich das Pferd genommen hat **für sich**, und nur für sich und nicht auch **für das Pferd**. Das, was für das Pferd richtig ist, wurde erst einmal weggeschoben, man will es haben und dann sieht man weiter.

Das nächste war die eigene veränderte Haltung vom Reiter zum Besitzer. Pferde spüren, wenn man sich mit ihnen darstellen will, anstatt einfach mit ihnen zusammensein zu wollen, auch wenn es niemand sehen würde.

Dazu kam die erweiterte Verantwortung für ein solches Tier, der man so einfach im Anfang gar nicht gewachsen ist, sie macht unsicher und teilweise ratlos. Auch das transportiert man gedanklich zum Pferd.

Leider ist es oft so, dass Menschen erst dann, wenn sie einen persönlichen Nachteil durch ihr Unwissen erleben, sich Rat holen oder lernen wollen. Aber das tun sie dann nicht in erster Linie wegen des Tieres, sondern damit sie es als Mensch leichter haben, ihre Probleme mit dem Tier bewältigen zu können. Das Motiv, zu lernen, ist in dem Fall die eigene zu erwartende Erleichterung, nicht die Freude des Pferdes. Das ehrlich zuzugeben ist schwer, wäre aber ein Fortschritt. Denn diese Ehrlichkeit, diese Erkenntnis, hilft in der Zukunft, das Richtige zu tun und seine Gedanken daraufhin zu überprüfen.

Durch meine jahrzehntelange Erfahrung damit finden wir natürlich auch fast immer einen Weg, dass dieses Pferd und dieser Mensch trotzdem zusammenfinden, aber leider geht es meistens nicht, ohne erst diese fehlerhafte Zeit erleben zu müssen. Beiden würde ich gerne den Frust ersparen.

Ich glaube, es hat sich in unserer Welt und unserer Kultur eine Haltung und Einstellung breitgemacht, die uns häufig darin behindert, wirklich zufrieden und glücklich zu sein. So lange man versucht, für sich das Glück herzustellen oder zu sichern, steckt man in einer Falle. Das betrifft nicht nur die Pferdehalter, es ist gleichermaßen zum Beispiel bei Autoren oder bei Eltern so. Wenn ein Autor ein Buch schreibt, um sich darzustellen, oder seine Biographie, um sich auszudrücken, dann läuft er Gefahr, wenige Leser zu begeistern. Wenn er aber in erster Linie ein Dienstleister für die Leser sein will, dann schreibt er das, was sie lesen wollen, das was ihnen Freude macht, spannend ist oder unterhaltsam.

Wenn Eltern ein Kind bekommen nach dem Motto: „Ich will ein Kind", dann kann das auch schwierig werden. Dann ist dieses Kind unter Umständen bald schon ein Grund für Ärger und Probleme. Das kann bis zu Trennungen der Eltern führen, die sich dieses Kind doch gewünscht haben.

Das sage ich nicht, um mir mal wieder „Feinde zu machen", sondern weil ich davon überzeugt bin. Wenn ich ein Kind bekommen will, um seiner selbst willen, weil ich es glücklich machen will oder wie Jean Liedloff sagt, *ihm seine Glücksfä-*

higkeit erhalten will, dann heißt das erst einmal Einschränkung in erheblichem Maße für mich.

Ich als Mutter würde auf jeden Fall zu Hause bleiben, bis das Kind drei Jahre alt ist und stillen nach Verlangen, was auch Anwesenheitspflicht heißen kann. Dadurch schaffe ich für das kleine Wesen eine optimale Bedingung, froh und geborgen aufzuwachsen, seinen Bedürfnissen nach Mutternähe nachzukommen. Den Tragling würde man tragen, bis er krabbelt und ihm die Nähe geben, die die Natur für solche Nesthocker vorgesehen und eingerichtet hat. Mit einer solchen Basis in der Kindheit, kann dieses sich nach außen hin angstfrei entfalten und entwickeln und als Mutter gebe ich ihm alles mit auf diesen seinen erfrischenden und erlebnisreichen Lebensweg.

Wenn der Einsatz FÜR den anderen ist, weil der es braucht, dann wirkt es augenscheinlich selbstlos, ist aber fast der Garant zur Richtigkeit und damit dann auch zur eigenen Zufriedenheit und zum Glück. Der Weg dahin führt also über das Loslassen der eigenen Bedürfnisse letztendlich zur Erfüllung der Bedürfnisse. Insofern ist er nicht einmal selbstlos.

Das gilt auch für den Umgang mit Pferden. Wenn man sich die Mühe macht, sich mit ihrer Sprache und den Regeln zu befassen und sich nicht gegen ihre Natur und Gesetze verhält, dann danken es die Pferde mit wohlwollendem Entgegenkommen und Freundschaftsangeboten. Wir bekommen ihr Vertrauen geschenkt, wofür man andererseits umsonst und erfolglos gekämpft hätte.

Wie sich jetzt in der Umsetzung meiner Lehre zeigt, ist es schwieriger für Menschen, der seelischen Art der Pferde zu entsprechen oder sich ihr anzunähern, als die Technik der Motivavokabeln zu lernen. Auch das ist nicht einfacher als gut Tanzen zu lernen, aber mit Übung und Korrektur kann sich das durchaus jeder erschließen. Die eventuelle Veränderung der inneren Einstellung ist viel schwieriger.

Es gibt ja den Spruch: Du bist, was du isst.

Ich denke man könnte auch sagen: Du bist, was du denkst.*

Als ich anfing über Pferde nachzudenken, davon zu träumen, wie es ist, auf ihnen zu reiten, da war es ein absolutes Privileg, ein Pferd zu besitzen. Inzwischen ist es anders, es ist nicht mehr zwingend ein Traum, der einer bleiben muss, sondern sehr viele Menschen können sich ein Pferd leisten und tun es auch. Dadurch wächst nicht nur die Freude an dem Hobby, sondern es entsteht auch ein Haufen Probleme.

Egal wie sehr man Pferde mag, es sind einfach starke große Tiere, die man handhaben können muss. Sie wurden zum Glück aus der Ständerhaltung der Standardreitschulen befreit und zogen um in bessere Haltung. Auch der Freizeitreitermarkt ist gewachsen, es ist gesellschaftsfähig geworden, in legerer Freizeitkleidung auf dem Pferd zu sitzen und durch Wiesen und Wälder zu streifen. Um das aber auch sicher tun zu können, brauchte man erzogene Pferde, die nicht durchgehen, sich einfach gehorsam reiten ließen. Durch unkontrollierte Massen-

Das Pferd richtig führen.

Hier führt das Pferd und das soll natürlich nicht so sein.

vermehrung, schlechte Haltung, Auslandsimporte wurde der Pferdemarkt mit schwierigen oder seelisch und körperlich kranken Pferden überschwemmt und die Sicherheit, ein gutes Pferd kaufen zu können, einreduziert. Für den Laien war es fast unmöglich, einfach ein Pferd zu erwerben und damit entspannt dem Hobby nachzukommen.

Dadurch bekamen die Reitpferdebesitzer immer mehr Probleme.

So wurden Tür und Tor geöffnet, neue Erziehungsmethoden auf den Markt zu bringen, die dem Freizeitreiter helfen sollten, aus seinem Pferd, wie schwierig es auch war, ein zuverlässiges Reitpferd zu machen.

Logischerweise wurde jede neue vielversprechende Lehre mit offenen Armen empfangen und jeder selbsternannte Guru auch, ging es doch um das Pferd, und das eigene Glück dieser Erde auf dem Rücken seines Pferdes endlich finden zu können. Der Markt dafür war da, und ging an mir auch nicht spurlos vorüber.

1994 traf ich einen der bekanntesten Pferdegurus auf einer Messe und er fragte, ob er auf unserem Hof seine Seminare abhalten dürfe. Ich hatte nichts dagegen und bekam dadurch hautnah mit, was da getan und gesagt wurde. Meine Forschungen waren zu dem Zeitpunkt schon vier Jahre alt und zwar noch lange nicht abgeschlossen, aber ich konnte schon auf ein beträchtliches Vokabular zurückschauen und dachte naiv und freundlich, vielleicht ergänzen wir Pferdeexperten uns untereinander. Schnell war klar, dass ich diesen Gedanken fallenlassen musste. Ich sollte meine Arbeit einstellen zugunsten seiner Methode, was für mich indiskutabel war. Einmal mehr war mir klar, ich bleibe bei meiner Arbeit, meiner Forschung und meiner Einstellung. Das war und ist nicht immer leicht.

Die Pferdeflüsterwelle propagierte in ungezählten Büchern und Artikeln, der Mensch müsse ein Leittier für das Pferd werden. Oder auch gerne wurde da von dem Chef gesprochen, von Dominanz und Natürlichkeit. Es ging wie ein Lauffeuer durch alle Magazine in der Pferdeszene, dominant sein zu müssen, Leittier sein zu müssen und es eröffnete sich ein unglaubliches Geschäft damit. Es gab massenhaft Dominanzseminare, Leittieranweisungen und Vorführungen. Unwissend applaudierte das Volk, man sah Ergebnisse, die man so aus der klassischen Erziehung nicht kannte und der amerikanische Markt mit Cowboystiefeln und Hut rollte über das Pferdeland.

Jetzt konnte man bewundern, wie Pferde in fahrende Pferdehänger reingeritten werden, sich mit Plastikplanen auf der Erde liegend zudecken lassen und wie sie auf Fingerzeig oder Blickkontakt weichen und rückwärtsmarschieren, wie Soldaten, willenlos und widerstandslos. Das wurde gewollt, umjubelt und nachgemacht. Jeder Hinz und Kunz wollte und will Leittier sein, weil es so bequem aussieht, wenn man einfach mit dem Finger schnippt und das große Pferd funktioniert.

Und diese Bilder, die nicht übertrieben dargestellt sind, kreisen auch teilweise in den Gedanken der Pferdebesitzer, sie regieren dort, sie machen das Wunschdenken, was das Pferd soll, wie es sein soll. Und genau das macht es den Menschen schwer, bei meiner Lehre all das zu vergessen und gar nichts vom Pferd zu verlangen.

Der Mensch, der sich als Leittier gibt, was tut er? Er ist ausgestattet mit Hilfsmitteln, die dem Pferd Angst oder Bedenken vor Schmerzen einflößen und fordert bestimmtes Verhalten ein. Der Mensch begreift sich dann als gutes Leittier, wenn er es geschafft hat, den Gehorsam des Pferdes zu erzwingen. Dann hat er sich durchgesetzt, dann war er stark. So wird es ihm auch in den Medien vermittelt:

Setz dich durch, lass dir nichts gefallen, es muss machen, was du willst, es darf seinen eigenen Kopf nicht durchsetzen!

In meinen Seminaren hören sie dann etwas ganz anderes. Wie ist in der Natur ein Leittier? Was tut es? Nämlich nichts von dem, was der Mensch da in den Trainings veranstaltet.

Der Leithengst einer Herde lebt sein Leben, ist souverän und selbstsicher. Er kümmert sich nicht darum, ständig einen Untertan zu dominieren, ihn zu merkwürdigen Verhaltensweisen zu zwingen. Er lässt alle seine Herdenmitglieder einfach in Ruhe, beschützt sie, wenn es sein muss und erwartet Gehorsam, wenn es erforderlich ist. Das kommt selten vor und ist dann aber meistens auch gar kein Problem, weil die einzelnen Herdenmitglieder sich von ihrem Leittier gut beschützt fühlen und es kennen, es ist teilweise ihr Lehrer, bringt ihnen Herdenregeln bei und hält sie vor allem auch selbst ein. Er ist ein zuverlässiger und vertrauenswürdiger Hengst, ohne ihn wäre die Herde unsicher, sie braucht ihn! Solch ein wirkliches Leittier ist von der Herde akzeptiert und genügt sich selbst. Es braucht nicht die permanente Eigendarstellung, es braucht keine Bühne, keine Bewunderer. Es ist da, lebt sein Leben und kommt seinen Pflichten nach.

Menschen, die behaupten, das Leittier sein zu müssen oder zu wollen, werden oft laut, sind unsicher, wollen das Pferd dominieren und es in den Griff kriegen. Sie verlangen Dinge von dem Tier, die es in der Natur niemals tun müsste und haben dadurch auch erheblichen Stress. Sie üben reichlich Druck und Zwang aus, sie wollen beherrschen und nicht beschützen.

Es wird den Menschen sogar Glauben gemacht, wenn das Tier dann nachgibt und tut, was man von ihm verlangt, der Widerstand gebrochen ist, dann nenne man das Vertrauen. Auch hier widerspreche ich und behaupte, dass dieser erzwungene Gehorsam mit Vertrauen nichts zu tun hat, sondern Vertrauen sich auf einer völlig anderen Ebene abspielt.

Es ist wirklich sehr schwer für viele Menschen, einsehen zu müssen, dass sie einem Irrtum aufgesessen sind und ihr Pferd sie respektiert, vielleicht auch mag, aber vertrauen kann es so nicht. Es ändert auch nichts, es dennoch so zu nennen. Ich bekomme dann gesagt: „Bisschen vertrauen tut es schon".

Aber geht denn das, kann ich ein bisschen vertrauen. Kann ich 10 % Vertrauen und 90 % Misstrauen haben einer Person gegenüber? Ist es nicht so, wenn ich vertraue, tue ich das, wenn ich misstraue, dann tue ich das? Ist eine Mischung nicht auszuschließen?

Pferde sind da gar nicht anders als wir Menschen: Um vertrauen zu können, muss sich der Mensch als vertrauenswürdig erwiesen haben, sonst tun sie es nicht.

Solange der Mensch seinem Pferd oder und auch sich selbst misstraut, kann dieses schon nicht vertrauen, weil es das spürt. Die wenigsten Menschen sind aber von Hause aus selbstbewusste und souveräne Wesen, die an sich glauben und deswegen auch vertrauenswürdig und kompetent rüberkommen. Oft muss man das im Leben erst mühsam erwirtschaften, lernen und üben.

Auf diesem Hintergrund lehre ich dennoch, man muss beim Pferd der Entscheidungsträger werden. Wie kann das gehen, wenn der Mensch doch so ist wie gerade beschrieben? Hier schließt sich der Kreis, der Mensch muss sich verändern, er muss lernen, anders zu urteilen, anders zu denken, anders zu sein. Er muss – oder soll ich sagen: darf – sich entwickeln. Er darf so bleiben, wie er ist und besser aber noch, er darf sich verändern und stolz darauf sein, denn das ist schwerer, als so zu bleiben, wie er ist.

Wenn das Pferd und die Liebe des Menschen zu diesem Wesen es schafft, einem auf diesem Weg beizustehen, zu spiegeln, Mut zu machen zur Entwicklung, dann hat es einen großen Verdienst an dieser Mensch-Tier-Freundschaft geleistet.

Ich hatte in meinem Leben mit Pferden das Glück, solche Entstehungsgeschichten von Entwicklung und Freundschaft erleben und begleiten zu dürfen und nicht zuletzt dadurch haben die Pferde mein Leben geprägt und bereichert.

Nun bin ich fast am Ende meiner Biographie und meiner Geschichte mit Pferden angekommen. Ich kann nicht sagen, es sei alles gesagt, sicher nicht. Aber ich finde, vieles was mich geprägt und bewegt hat, habe ich erzählt und verständlich gemacht, warum Pferde mich so faszinieren und mein Leben gewissermaßen in ihrem Bann stand und noch steht. Meine Forschung geht weiter, meine Gedanken enden nicht hier, ich lebe immer noch mit Pferden und habe sogar, so hoffe ich, eine Nachfolgerin gefunden, die meine Gedanken und Ideen weiter in die Welt trägt, wenn ich es nicht mehr kann. Deswegen will ich ihr ein eigenes Kapitel zum Ende dieses Buches widmen.

Franziska wurde in Ellenberg 1993 geboren. Ich habe sie, wie auch die anderen drei Kinder, nach dem oben erwähnten Liedloffmodell aufgezogen, also immer bei mir oder einem Familienmitglied zu sein, stillen nach Verlangen und niemals alleingelassen zu werden, bis sie krabbeln kann und will. Das klappte gut, ich hatte sie viel in einem Tragebeutel vor dem Bauch. Sie erlebte auf diese Weise meinen Alltag hautnah mit. Sie war ein halbes Jahr alt, konnte gerade sitzen, da sah sie Manfred auf der Chipsi reiten. Sie streckte ihre kleinen Ärmchen aus und machte einen Ton „Hmhm".

Manfred setzte sie vor sich auf den Sattel, das Sattelhorn ging ihr fast bis unter das Kinn, sie strahlte und ritt angstfrei mit ihm mit. So begann ihr Reiterleben. Ich nahm sie auch mit in den Stall. Wenn ich die Pferde aus dem Offenstall ausgesperrt hatte, konnte sie bei mir sein beim Saubermachen. Ihr gefiel das alles, sie spielte im Stroh und raffte später die Pferdeäpfel auf, sie fand alles gut. Sie war etwa eineinhalb Jahre, als wir nach Spenge umzogen. Hier war alles schwerer für mich, das alte Haus musste renoviert werden, in Ellenberg hatten wir alles neu installiert und hier fingen wir von vorne an.

Aber was soll's. Sie fügte sich rein und war dabei. Wir waren zusammen im Garten und im Haus, im Stall und auf dem Hof. Sie mistete gerne mit uns Boxen aus. Manfred hatte ihr eigens dafür eine Mistgabel gekürzt, damit sie uns „helfen" könne. Als sie das Ding mit dem kurzen Stiel sah, gab sie es Manfred zurück und meinte, sie brauche ein richtige Gabel, nicht so einen Kinderkram. Da war sie drei bis vier Jahre alt.

Nachdem ich die Ponys angeschafft hatte, bot uns eine Reitkundin ihr Shetlandpony an, welches sie nicht mehr brauchen konnte. Lisa, eine kleine Schimmelstute, wurde nun Franziskas Pony, so wie damals Zilly für Diana.

Franziska lernte sehr früh reiten und konnte schon bald gut auf dem Shetty navigieren und als sie dafür zu groß wurde, ritt sie ein größeres Pony, den Wallach Freitag. Sie hatte regelmäßigen Reitunterricht und legte viel Wert auf Selbständigkeit. Sie wollte die Hufe alleine auskratzen, und hatte großen Ehrgeiz viel zu lernen.

Irgendwann hatte ich meine Motivakurse begonnen und sie war immer dabei. Ich schenkte ihr ein Motivaseil und sie übte und sprang auf dem Reitplatz umher. Sie ließ keine Übungsmöglichkeit aus.

Franziska beim Misten. Die gekürzte Mistgabel wurde verworfen. Sie konnte das auch mit der normalen Gabel wie die Großen. Sie hatte sich ein T-Shirt von mir angezogen und fand das Outfit gut für die Arbeit. Ich hatte schließlich auch so etwas zum Arbeiten an.

Wir redeten oft über die Pferde und deren Sprache, sie lernte zu beobachten und konnte schon als Kind viel in den Pferden lesen und verstehen.

Als sie sechzehn Jahre alt war, fing sie an Reitstunden für Kinder zu geben und inzwischen ist sie als kompetente Reitlehrerin nicht mehr aus dem Betrieb wegzudenken.

Was aber viel wichtiger ist, sie fing vor einigen Jahren an, mir in meinen Motivakursen zu assistieren. Sie konnte mich spürbar entlasten, wenn wir mit den Teilnehmern Seilübungen machten und technische Dinge übten. Sie ist groß geworden, hat lange Beine und gute Kondition.

Sie hatte Spaß daran, mit den Pferden in den Motivadialog zu treten und inzwischen ist es Standard, dass sie in den Seminaren mit den Pferden im Viereck ist und ich mache von der Tribüne aus die Simultanübersetzung.

Diese Methode bewährt sich total. So sehen die Zuschauer einen sehr kompetenten fehlerfreien Dialog einerseits und bekommen die totale Übersetzung andererseits. Bevor sie soweit war, machte ich beides alleine, was viel schwieriger ist. Wenn man sich auf das Gespräch mit dem Pferd konzentriert, kann man schlecht zeitgleich unterrichten und kommentieren. Eines von beiden leidet dann. So wie wir es jetzt machen, ist es perfekt. Besser geht es nicht. Alle Zuschauer kommen voll auf ihre Kosten und können hinterher Franziska auch noch fragen, was sie wollen oder nicht verstanden haben. So ist es optimal und wir beide, Franziska und ich,

Franziska beim Stoppsprungüben früher.   *Franziska bei der gleichen Übung heute.*

sind ein gutes Gespann. Diese Arbeit hat uns sehr zusammengeschmiedet. Wir verstehen uns sehr gut und freuen uns auf die gemeinsame Entwicklung und Arbeit.

Aber nicht nur das. Öfter kommen Pferde zu uns, die durch Menschenhand verdorben worden sind. Viele Ausbildungsmethoden verbieten den Pferden das Maul, unterdrücken das Tier und machen es gefügig. Manch ein Pferd kommt seelisch damit nicht klar und landet dann irgendwo bei einem Händler oder ein Tierschützer findet es und erbarmt sich, kommt aber nicht damit zurecht, weil solche frustrierten Pferde in Menschenhand oft schwierig oder gefährlich werden.

Wir können diese Pferde therapieren. Franziska und ich besprechen dann, was wir sehen und in dem Pferd lesen. Während ich von der Tribüne aus zusehe, spricht sie mit dem Pferd. Jeder kann der anderen dann die eigenen Eindrücke erzählen und so tragen wir zusammen, was wir vermuten und sammeln Ideen, wie und was dem Pferd helfen kann.

So haben wir schon so manchem Pferd wieder ins glückliche Leben verholfen.

Aber wir helfen nicht nur Pferden in dieser Welt wieder zurechtzukommen. Bei uns können auch Menschen, die gar kein Pferd haben, viel über direkte Kommunikation und Konfliktlösung lernen.

Oben: Franziska als Teilnehmerin in einem Motivakinderseminar. Sie holt sich bei mir Rückmeldung.

Unten: Franziska mit Freitag beim Motiva-Training.

Pferde sind sehr soziale Tiere, sie leben in großen Gemeinschaften, Herden oder Gruppen und kommunizieren den ganzen Tag miteinander. Dabei kennen sie ihre Regeln und beachten sie auch. Sie haben Vorgesetzte, die pflichtbewusst ihre Aufgaben wahrnehmen, damit das soziale Gefüge nicht auseinanderfällt.

Auf vielen Arbeitsplätzen in unserer Menschenwelt gibt es ähnliche Konstellationen und Notwendigkeiten. Aber die Kompetenzen dazu die Führungsqualitäten sind vielen Menschen verlorengegangen. Da können Pferde gute Lehrer sein, wieder authentisch zu werden, sich zu erkennen.

Sie sind Spiegel und zeigen jedem Menschen, wann sie ihn als sogenannte Führungskraft empfinden und wann nicht. Sie zeigen aber noch viel mehr. Sie können lehren, wie gut es tut, nicht siegen zu müssen, nachzugeben und zu vertrauen.

Unsere Welt ist geprägt vom Wettbewerb, jeder will der Schnellste, der Stärkste und der Beste sein. So lernen wir es von Kindesbeinen an. Wenn wir verlieren, sind wir enttäuscht oder bedrückt, vielleicht auch verärgert, wollen Revanche.

Wenn das Pferd das Duell um die Kompetenzen verliert, wenn ein anderer sich als besser erweist, dann ist es froh, schnaubt ab und lässt sich gerne beschützen und ordnet sich zufrieden unter. Für Menschen fast undenkbar, neidlos anzuerkennen,

Franziska mit Tamino beim Motiva-Training.

Die Gazellen Kerstin Eggert und Ulrike Hütteman als Stangenpferd in einem Motivakurs, Franziska zeigt die Seilübung.

wenn jemand einfach mal besser ist, und das als gut zu erleben und im Verhalten zu bestätigen. Auch das kann man sich bei Pferden abschauen.

Insofern gehen unsere Seminare weit über die normalen Führungskräftetrainings hinaus. Es ist eine Lebensschule, ein Leben lernen und sich selbst wieder mit neuen Augen sehen können, alte Bewertungen entmachten und erkennen, wie klar das Leben sein kann, wenn man wieder zu den Wurzeln zurückkehrt, zur Wirklichkeit des Lebens.

Wir geben alle Kurse zusammen und Franziska tritt immer mehr in meine Fußstapfen, sodass ich sicherlich eines Tages beruhigt gehen kann, denn da ist jemand, der mit Liebe, Geduld und sehr hoher Kompetenz weiterführt, was einmal vor über sechzig Jahren begonnen hat.

Da wurde vor etwa 15 Jahren das Handling mit dem Seil geübt, was sie heute selbst lehrt.

Die Idee, der Verbindung von Pferd und Reiter nachzuspüren, Pferde verstehen zu wollen und zu können, und ihnen die Menschenwelt leichter zu machen und näherzubringen.

Dafür bin ich Franziska unendlich dankbar, es gibt mir ein gutes Gefühl, mein Lebenswerk in guten Händen zu wissen, in ihren Händen. Ich kann mir nichts Richtigeres vorstellen.

***

Bis dahin werden wir sicherlich noch schöne gemeinsame Zeiten verbringen, noch mehr entdecken und Ideen umsetzen können. Sie hat sich inzwischen eigene Pferde gekauft. Einen Friesenwallach, der fünf Jahre alt ist, und kürzlich eine Friesenstute mit zweieinhalb Jahren. Es macht mir Freude zu erleben, wie schön

sie mit diesen Pferden umgeht, wie sie unter ihren Händen gedeihen und lernen. Ich bin neugierig, wie das alles wird und habe noch immer viel vor. Mein Leben bleibt spannend und interessant.

Ich bin letzte Woche einem Pferd begegnet, einem kleinen Tinkerwallach, schwarz mit weißen Füßen. Er hat mich förmlich „angefunkt", nicht losgelassen und ich habe ihn gekauft, obwohl ich ihn nicht „brauche". Ich hatte ihn gesehen und musste immerzu an ihn denken. Wir haben ein anders Pferd gekauft, ein Pony für den Schulbetrieb und bei der Aktion ist er mir über den Weg gelaufen. Es war und blieb permanent so in meinem Sinn, dass ich aus der Erfahrung mit Mette und Mark nicht umhin konnte, ihn auch zu kaufen. Er lief nicht entspannt und hinten auch irgendwie eierig. Trotzdem rief ich bei den Verkäufern an und bestellte das Pferd, damit es zeitgleich mit dem bereits gekauften Pony gebracht werden konnte.

Zu Hause sah ich mir sein Laufen genauer an und meldete ihn beim Osteopathen an. Da ging er diese Woche hin. Der Therapeut fand viele Baustellen, sehr viele, Halswirbelsäule, Brustwirbelsäule, Becken beidseitig verschoben, rechts nach vorne und links nach hinten gekippt. Das musste Schmerzen verursacht haben und logischerweise ein merkwürdiges Gangbild. Weil er bei uns ist, wurde und wird er behandelt und es wird noch Behandlungen nach sich ziehen. Es fühlt sich richtig an, ihn gekauft zu haben, ohne zu wissen, ob er ein Reitpferd wird. Er braucht Hilfe, und die bekommt er.

Ob er deswegen gefunkt hat, ob ich Hilferufe gespürt habe?

Was er mir sagen soll und weswegen wir verknüpft zu sein scheinen, das weiß ich heute noch nicht, aber das steht dann vielleicht in einem nächsten Buch.

An dieser Stelle wird es Zeit, etwas zu meiner ältesten Tochter Isabell etwas zu sagen. Sie ist die Erstgeborene und hat all die beschriebenen Dinge hautnah miterlebt. Als zweijähriges Mädchen ritt sie schon gerne im Berliner Zoo auf einem Shetty und hatte als Kind ein Schaukelpferd, welches sie BERLINER genannt hatte, in der Wohnung stehen, was gut und reichlich frequentiert wurde. Als dann die kleine Schwester Diana groß genug war, ritten beide zusammen auf dem Schaukelpferd und Isabell hielt Diana sicher in den Armen, wenn es zu wild herging.

Was aber zu der Zeit auch schon auffiel, dass Isabell immer sehr um das Wohl von Berliner bemüht war. Sie bürstete ihn viel, deckte ihn zum Schlafen zu und stellte ihm Wasser hin. Oft war sie länger und aufwändiger mit der Pflege beschäftigt als mit dem Reiten. Als Diana drei war und sie fünf, änderte sich das Spielverhalten immer mehr. Isabell fand viel Gefallen daran, aus Diana ein Königskind oder eine Fee zu machen, sie schmückte sie mit Tüchern und Gewändern und behängte sie mit glitzerndem Schmuck und Ketten. Sofern Schminkmöglichkeiten vorhanden waren, wurde Diana auch noch geschminkt.

Isabell war und blieb immer ein Mädchen, das sehr fürsorglich nach den Tieren schaute und auch die Freude am Verkleiden und Schminken anderer blieb in ihr. Nachdem wir nach Spenge gezogen waren und Franziska zwei Jahre alt, wurde auch sie oft von Isabell verkleidet, geschmückt und fotografiert.

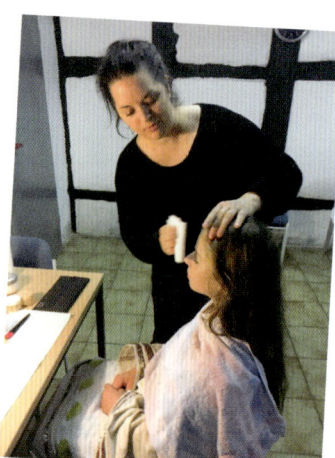

Isabell schminkt ein Mädchen, um es nachhher auf einem Shetty zu fotografieren.

So sah dann das fertige Bild aus.

Nach dem Abitur war bald klar, sie wollte Maskenbildnerin werden und ging für einige Jahre nach Berlin. Nachdem sie erfolgreich das Maskenbildner-Studium bei Hasso von Hugo abgeschlossen hatte, wirkte sie in mehreren namhaften großen Filmen mit.

Dennoch hatte sie die Pferde nicht komplett aus den Augen verloren und irgendwann zog es sie auch wieder nach Hause auf unseren Hof. Wir beide verstanden uns von Beginn an gut und ich war froh, sie wieder mehr um mich zu haben. Wir planten und redeten viel miteinander. Ich erzählte ihr immer wieder von den Fortschritten und neuen Beobachtungen der Pferdesprache und so entstand eines Tages die Idee, unser Können miteinander zu verbinden und ein Theaterstück zu kreieren, wo mein Pferdewissen und ihr Können als Maskenbildnerin zum Tragen kämen. Da uns beide auch schon von Beginn an viel Phantasie und Ideenreichtum verband, schrieben wir ein Märchen, was man in unserer Reithalle mit unseren Begebenheiten sicher aufführen konnte.

Die Vorstellung teilten wir einem Pferdebesitzer mit, der am Stadttheater Bielefeld arbeitete, und schnell war die Idee geboren, ein kurzes Erwachsenenstück auszuprobieren. Er war ja Schauspieler und wollte hauptsächlich einen Monolog spielen, zusammen mit Pferden agieren. Er war seit einiger Zeit bei mir in einem Motivakurs und konnte genug Pferdesprache, um das zu leisten. Also fingen wir unmittelbar mit den Proben an, ein Freund von ihm war Musiker, der dazu die Livemusik liefern wollte, und mein Mann spielte eine kleine Nebenrolle. Gesagt, getan – nach wenigen Proben stand das Stück und drei unserer Pferde spielten mit. Es war ein umwerfender Erfolg und so waren wir natürlich umso mehr ermutigt, unser Kinderstück zu spielen.

Isabell machte die Maske, die Kostüme, sogar die Musik komponierte sie selbst, so dass man sie vom Band einspielen konnte, und schlussendlich spielte sie auch die Hauptrolle, den Wollank. Bilder dazu sieht man in diesem Buch. Das Stück war so ein Erfolg, dass auch viele Erwachsene mehrmals kamen, um es noch einmal zu erleben. Es spielten sechs Ponys mit, die seitdem auch „die Theaterponys" heißen. Es war grandios und für mich auch noch einmal eine Bestätigung, was Pferde leisten und wie Pferde sind, wenn man sie versteht und sie auch fühlen, dass sie verstanden werden.

Der Wollank gespielt von Isabell.

Isabell blieb dann in Spenge, die Wohnung in Berlin wurde aufgelöst und sie half bei den Kinderreitstunden mit. So kamen sie und ich auch logischerweise auf die Idee, es wäre gut, kleine Pferde zu haben, damit auch kleine Kinder leichter reiten lernen könnten. Die Idee, Shettys zu kaufen, war geboren und wir fuhren zu einem Hof im Emsland, wo man sich unter vielen Tieren welche aussuchen konnte. So kamen innerhalb weniger Wochen achtzehn Tiere zu uns. Zwei kauften wir noch im Internet und damit war eine gute Reitshettyriege zusammen. Ich hatte erst Bedenken, weil der Ruf der Shetlandponys nicht so gut ist, sie gelten als schwierig und „stur". Durch meine Forschung wusste ich ja längst, dass man diese Vorurteile ignorieren kann und es bestätigte sich bald, geht man richtig mit ihnen um, sind sie einfach und wunderbare Reittiere oder auch Lehrer sowie Therapeuten.

Kurz darauf erfuhren wir von jungen Minishettlandhengsten, die in Holland darauf warteten nach Italien transportiert zu werden, wo sie geschlachtet werden sollten. Isabell war beide Male dabei, wenn wir die kleinen, verängstigten Todeskandidaten abholten, um ihnen bei uns ein gutes zu Hause zu geben. Sie kümmerte sich gut um die verwahrlosten Tierchen, und half sie in die Herde zu integrieren.

Parallel zur Pferdebetreuung machte Isabell ihr Hobby zum Beruf und begann Kinder zu verkleiden und zu schminken, um mit den Bildern Fantasiecover für

Isabell mit Shettys.

Isabell mit Holly.

Bücher herzustellen. Außerdem fing sie an, ihr erstes Buch zu schreiben. Das wurde ein Erfolg und viele Leser wünschten sich einen zweiten Teil zu dem Jugendroman und schlussendlich wurden es sechs Bände. Sie hatte Erfolg beim Schreiben und erweiterte ihr Genre. Zusätzlich hatte sie irgendwann angefangen zu lektorieren und inzwischen macht sie Cover auf Bestellung, schreibt Bücher und lektoriert für verschiedene Verlage.

Auch mein letztes Buch und dieses hier lektoriert. Das ist für mich einfach perfekt, sie kennt meine Arbeit ganz genau, sie weiß, was ich meine und worauf es mir ankommt. Deswegen könnte das ein Außenstehender niemals so gut machen. Auch wenn ich inzwischen recht vertraut bin mit meinem PC, gibt es dennoch Situationen, die mich überfordern. Auch dann ist sie da und hilft mir. Ich bin ihr so dankbar für all das. Sie fährt auch mit mir an die See, wenn wir beide in unserem Schreiburlaub an unseren Büchern arbeiten, schwimmt mit mir durch die Wellen, während wir Ideen für unsere Bücher sammeln. Sie bereichert mein Leben ungemein, und ich freue mich jeden Tag daran, dass sie mit mir mein Autorenleben teilt. Geteilte Ideen verdoppeln sich und während ein Buch geschrieben wird, entsteht in der Vorstellung schon das nächste.

Isabell, ich danke dir von ganzem Herzen, dass du da bist, dass du für mich da bist. Ich danke dir auch für unsere gemeinsame Freude, die du uns möglich machst. Ich hoffe auf noch viele Schreiburlaube, Bücher und Gedanken im Wasser und am Land. Es ist mir ein Ehre, dich als Tochter zu haben.

Wie wenn Holz auf Wasser schwimmt

Was ich aber weiß, meine Frage, die ich als Kind hatte:
Wie wenn Holz auf Wasser schwimmt, hat sich als **wahr** herausgestellt.
Ich habe Reiten gelernt, habe viel über Pferde gelernt, aber in erster Linie habe ich viel über mich und Menschen gelernt. Wenn ich ein Fazit ziehen möchte, eine Lebensbilanz, dann muss ich feststellen, ich wäre ohne die Pferde ein anderer Mensch.

Als Kind stellte ich mir vor, wie es wäre zu reiten, auf dem Pferderücken durch die Welt getragen zu werden. Die Antwort auf diese Frage habe ich gefunden und bei der Suche danach, haben sich Welten eröffnet, von denen die kleine Gertrud nicht ahnte, dass es sie gibt. Die kindliche Vorstellung war noch so unverblümt, ungetrübt von den Gedanken der Erwachsenen und voller Gefühl für das Leben.

Auf meiner Suche nach dem wahren Gefühl des Reitens, wurde ich konfrontiert mit der Erwachsenenwelt voller Konkurrenz und Missachtung der Pferdebedürfnisse. Diese ernüchternde Erfahrung brauchte es, um die Suche zu erweitern, mehr zu erfahren über die Spezies Pferd. Es wurde mir bewusst, wenn ich Pferde führen will, muss ich die Führungsqualitäten nicht nur selbst haben, ich muss sie auch darstellen oder beweisen können auf eine Art, die Pferde verstehen. Ich brauche den Zugang zum Pferd ohne den Anspruch, dass das Tier mehr können muss als ich. Die Menschen erwarten, dass Tiere unsere Sprache lernen (jedes Reitpferd versteht ca. zwanzig Kommandos in Menschensprache) und sie sind nicht bereit, umgekehrt das Gleich zu leisten.

In den vielen Jahren meines Lebens dachte ich oft: Menschen gefällt es, die Natur zu bändigen, sie untertan zu machen und sie zurechtzustutzen. Wie viele Vorgärten sind eingezäunt mit viereckig geschnittenen Hecken, die giftig sind. Die Natur wird passend gemacht und darf nicht sein, wie sie will.

Vielen Menschen gefällt das besser als lebendige Sträucher, die vielleicht sogar Früchte tragen und nicht zusammengestutzt sind, quadratisch, praktisch, gut, sondern ihre Äste wohlwollend ausbreiten und Vögeln Platz für Nester bieten und Menschen einladen, Beeren zu naschen.

Auf unserem Hof ist es so. Wir haben Hecken aus Johannisbeersträuchern und Erdbeeren als Bodendecker und Josterhecken als Sichtschutz, Holunder und

Haselnuss, Schlehensträucher und Wildbirne. Sie dürfen so wachsen, wie sie es tun, und erfreuen viele Menschen und Vögel mit den Blüten, den Beeren, ernähren Mensch und Tier. Sie sind ungiftig und wenn ein Pferd einmal ein Maul voll nimmt, ist es auch recht. Meine Kritik bezieht sich nicht nur auf die Verunstaltung von Pflanzen oder Pferden.

Es ist ganz schlimm, was Menschen auch Hunden antun. Es werden je nach Rasse den Welpen die Öhrchen teilabgeschnitten und die Schwänze abgehackt. Irgendwann wurde von Menschen ein Rassestandard festgelegt, was beim Boxer zum Beispiel schöner aussieht, Ohren ab, Schwanz ab und die ganze Welt tut es. Gerade das Schwänze- oder Rutenabschneiden ist bei vielen Rassen Vorschrift.

Wer sich je mit Tierkommunikation befasst hat und etwas von der Sprache der Hunde kennt, der weiß auch, wie wichtig die Rute ist.

Schwanzwedeln, Schwanz senkrecht in die Höhe halten, Schwanz waagerecht abstellen, entspanntes Wedeln oder ruckendes Bewegen, Schwanz einklemmen, Schwanz kreisen – um nur wenige Signale zu nennen, diese „Vokabeln" braucht der Hund unter anderem als Ausdruck, wenn er einem Kollegen begegnet. Der zweite Hund, „liest" an der Schwanzhaltung teilweise die Gedanken des anderen Hundes. Der signalisiert dem Gegenüber, wie ihm zu Mute ist, was er denkt. Diese Signale, alle die mit dem Schwanz zu tun haben, auch Stimmungswechsel in der Begegnung fallen aus der Kommunikation völlig raus, denn alle kupierten Hunde können das, was der Schwanz sagen muss, nicht mehr ausdrücken. Ihnen wurde auch das Maul verboten, wie dem Pferd durch bestimmte Trainingsmethoden, indem man es zu Gehorsam zwingt und es unterdrückt in der Erwartung, seine eigenen Regeln zu verleugnen.

Pferde werden gleichermaßen gestutzt. Sie bekommen die Mähnen handbreit geschnitten, die Nüstern rasiert und sie werden geschoren. Es wird Mähnenhaar ausgerissen, wenn man es dünner schöner findet. Das Pferd soll sich nicht im Matsch wälzen, soll adrett sauber und hygienisch wirken. Ihnen werden unter Umständen auch die Schweifrüben gebrochen oder abgeschnitten, man quält sie im Training mit Gewichten an den Gelenken damit sie die Hufe besser heben oder bringt unterschiedliche Verschnürungen an, um ihnen beim Laufen mit Hebelkraft die Beine hochzuziehen. Es sind eine Art Folterinstrumente entwickelt worden, um ein Pferd so zu bearbeiten, dass es dann auf einer Show toll aussieht und als Statussymbol für den Besitzer fungieren kann.

Mit Metall im Maul und Sporen an den Flanken soll es anmutig zur Musik tänzeln, sich unter Plastik legen lassen und auf Fingerzeig widerstandslos funktionieren. Es wird dressiert und verliert nicht selten dabei seine Würde und den Respekt, der ihm gebührt. *Das Pferd soll …*

***

Als ich dann mit meiner Lehre auf den Markt kam, das Pferd kann bleiben, wie es ist, *der Mensch soll*, ist es logisch, dass ich nicht nur mit offenen Armen empfangen wurde.

In unserer Zeit haben viele Menschen den wahren Zugang zu sich selbst verloren. Sie sind selbst schon Produkte der Aufzucht, der Erziehung und der Umwelt.

Dieses Sein, so wie wir sind, fühlt sich für uns Menschen meist normal an. Man denkt nicht automatisch, man hätte sich vom Natürlichen entfernt, weil man so ist, wie man ist, daran hat man sich langsam gewöhnt und alle Menschen der Lebensumgebung bestätigen einen ja darin.

Erst allmählich taucht ein anders Bewusstsein, ein Erinnern an die Richtigkeit in den Menschen auf. Man sieht an der Massentierhaltung und elenden Qual der Nutztiere, wie alles aus dem Ruder gelaufen ist. Die Bewegung der Vegetarier oder Veganer nimmt zu. Sie möchten Tiere schützen, sie nicht für ihre Zwecke nutzen. Nicht mal den Honig der Bienen wollen sie essen, weil die Tierchen dann für den Menschen gearbeitet haben.

Dürften dann Veganer reiten? Das Pferd für sich arbeiten lassen?

Ich will hier nicht darauf eingehen. Ich glaube nur, es ist ein wohlgemeinter Umbruch in der Bevölkerung, aber er fasst das Übel nicht an der Wurzel an.

Wenn die Menschen in zivilisierten Ländern sich umorientiert haben, wenn Machtbestreben und Geld regieren, wenn es nicht mehr darum geht, zufriedene Kinder aufzuziehen, sondern frühzeitig wieder als Mutter am Arbeitsplatz aufzutauchen, um diesen nicht zu verlieren, dann ist vieles nicht mehr so, wie die Natur es für die Spezies Mensch vorgesehen hat. Es entstehen Defizite in den Menschen, diese werden kompensiert. Seelische Mangelerscheinungen versucht man zu reparieren, der gesunde Selbstwert und die Selbstsicherheit sind häufig schon früh verloren gegangen und jeder schließt die gefühlten Lücken auf seine Weise. Viele Menschen sind nicht mehr authentisch und haben den Eindruck, sich das in dem gesellschaftlichen Leben mit seinen teilweise künstlichen Ritualen auch nicht mehr leisten zu dürfen.

Wenn aber der Selbstwert und die Authentizität in uns Menschen verlorengegangen ist, durch das Leben, durch die Aufzucht, Erziehung und Ausbildung, dann hat das Leben uns zu Wesen gemacht, die sich weit von dem ganz natürlichen Menschenkind entfernt haben. Wir sind nicht mehr wie ein Yequana-Indianerkind, fest mit uns selbst verwurzelt. Wir haben die Glücksfähigkeit verloren, eingetauscht gegen Etikette und Regeln der Industriegesellschaft. Das ist so nebenbei leise geschehen, unmerklich für den Einzelnen. Als solch ein Wesen der zivilisierten Kultur wollen wir nun in Kontakt zu Pferden treten. Auch sie haben wir teilweise an diese Kultur angepasst und versuchen sie maßzuschneidern, so wie wir geschneidert wurden.

Wenn wir die Pferde lassen wie sie sind, und ihnen geben, was sie brauchen, dann erfordert das von uns Menschen auch eine Besinnung und Orientierung an der Richtigkeit. Es ist ein guter und untrüglicher Weg zurück zu unseren Wurzeln, zu unseren Urgefühlen, die wir haben und zu einem Verhalten, was wirklich zufrieden machen kann.

Ich scheue mich nicht, es Therapie zu nennen, weil es seelisch viel bewirkt. Wir können wieder lernen, was wirklich wichtig ist. Pferde sind immer ehrlich und immer authentisch. Sie sind der Scout in den Irrungen und Wirrungen der seelischen Landschaft, der Unsicherheiten und Gefühle. Sie unterstützen und bestätigen die richtigen Entscheidungen des suchenden Menschen und zeigen Wege auf, wie man wieder „einfach" werden kann, wie man wieder ohne Floskeln und Notlügen klar im Ausdruck wird. Ihre Sprache ist unmissverständlich und ohne Ausreden. Sie ist nicht höflich, oder angepasst an menschliche Gesetze der Macht und Wirtschaftlichkeit.

Um mit ihnen in echten tiefen Kontakt zu treten und um von ihnen akzeptiert zu werden, erwarten sie vom Menschen, dass sie in diesem einen ebenbürtigen ehrlichen Kollegen erkennen können. Das ist ein Anspruch an uns, ein Apell und zeitgleich unsere Chance. Sie sind die Messlatte, sie sind unbestechlich in ihrer Wahrnehmung des Menschen.

Sie zeigen unmissverständlich, wenn wir Ihnen als Leittier oder Führungskraft nicht genügen. Dann machen sie nicht, was wir wollen, beziehungsweise befehlen, dann sorgen sie selbst für sich und teilweise sogar für uns mit. Dann sind sie die Entscheidungsträger und bewerten Situationen selbst, um zu sehen, wie gehandelt werden muss.

Menschen, die Pferde halten und das nicht wissen, gehen gegen dieses Verhalten der Selbstbestimmung bei Pferden an. Wenn man nicht versteht, warum es so ist, dann liegt es auf der Hand, dem Tier anzulasten, es sei ungehorsam und böse, stur, was auch immer. Dann setzt als Maßnahme Erziehung ein. Weil das Pferd aber aus dem Selbsterhaltungstrieb und dem Selbstschutz heraus handelt, kann man es nicht so leicht umstimmen, sich dem Menschen zu unterwerfen. Dadurch wird hier ein immenser Druck nötig, um gegen die Natur des Pferdes sein Verhalten zu verändern. Es muss sehr viel eingesetzt werden, meist ist es eine Mischung aus Dressur vom Boden aus, mit Druck, Gewalt oder Konditionierungsprinzipien. Nichts davon hat mit der Natur der Pferde zu tun, sondern es macht sie untertan, passt sie an den Menschen an, wie kupierte, dressierte Hunde. Nichts ist anders.

Erst wenn der Mensch sich besinnt und dem Tier eine ihm angemessenen Position zugesteht, es respektiert und ihm seine Würde erhalten will, erst dann ist ein faires Miteinander möglich. Das aber führt wieder zwangsläufig zur Reflektion des Menschen über sich selbst und bringt in der Regel nötige Verhaltenskorrekturen des Menschen mit sich. Man muss anders werden, als man ist. Das Thema hatten wir schon. Man kann nicht so bleiben, wie man ist, egal was die Werbung uns weismachen will.

Ich kann nur jeden ermuntern, diese Chance zu ergreifen, sich von der Natur leiten zu lassen mit einem perfekten Lehrer Pferd und zu seiner Authentizität zurückzufinden. Denn da findet man dann auch die Lebenskraft, die Freude am Leben, das Glück.

Viele Menschen müssen das Glück eben noch suchen, sie haben es nicht mehr automatisch im Lebensgepäck. Drum wird es einem bei Hochzeiten oder zum Geburtstag standardmäßig gewünscht: Werde glücklich!, was ja voraussetzt, man ist es noch nicht.

Es gibt sicher viele Wege dahin, aber immer beinhaltet es den Weg zu sich selbst und der ist ohne Wegweiser oft nicht zu finden. Wir sind schon so beeinflusst, dass wir uns an falschen Dingen orientieren und kommen nicht auf die Idee, dass der Mensch als Krone der Schöpfung gerade von Tieren lernen sollte. In unseren Köpfen ist es umgekehrt. Wir sind die Lehrer, die Könner, die Bestimmer, weil wir meinen zu wissen.

Es braucht Demut und Bescheidenheit, sich von einem Tier den Weg weisen zu lassen, dem Tier einzugestehen und sich selbst auch, dass es Handlungsbedarf gibt, dass man nicht der Unfehlbare ist, der man sein will oder auch manchmal sein soll.

Einfach werden, ehrlich und angemessen, das ist so schwer für uns, weil wir es nicht gelehrt bekamen und man uns erzählt hat, anders sei es richtig. Wenn wir es schaffen umzudenken, wieder mit offenen Augen hinsehen, bescheiden erkennen, wie fehlbar die Menschen sind, dann sind uns Tür und Tor geöffnet, uns dem Lehrer Pferd anzuvertrauen und wieder das zu finden, wonach wir streben.

Da liegt der Sinn des Lebens, das Glück, die Zufriedenheit.

Da liegt der Frieden.

Ich kann nicht alle Pferde aufzählen, die mir begegnet sind, aber diesen hier will ich einen Platz in diesem Buch geben, sie haben es sich verdient.

Hella

Du warst ein erstes Pferd. Wenn wir es auch nicht geschafft haben, alleine auszureiten, so warst du doch die Impulsgeberin für mich, zu suchen, was du wirklich willst.

Antares und Jamus

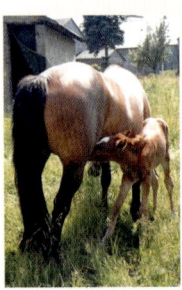

Hellas Söhne, mit euch fing meine Hebammentätigkeit bei Pferden an.

Pandur

Du warst der Starke, der mich im Duell mit den Bauern auf seinem Rücken siegen ließ und mir als reitende Frau im Hunsrück einen Stand verschaffte.

Lady

Leider hatten wir uns nur zu kurz, du warst die sanfte Schönheit, die sich auch von einem Rudel Hirsche nicht erschrecken ließ und mich sicher nach Hause brachte.

Zilly  Du kleines, braunes Gewitter. Du hast das Herz von Diana erobert und meins auch.

Chipsi  Meine erste Knabstruppererfahrung. Mit dir habe ich gelernt, Pferdeschönheit anders zu sehen.

Conchita  Tochter von Chipsi, selbstbewusstes Pferdemädchen, was auch durch Fenster krabbeln kann. Du warst eines der Theaterpferde.

Mette  Du bist und warst mein Jahrhundertpferd. Dir habe ich eine eigene Geschichte geschrieben.

Maja  Mettes erste Tochter, Schönheit und Freude.

Miss Marple  Du warst der Scout für deine Mutter Mette und hast ihr deine Sinne geliehen, als sie blind war, damit sie mit dir zusammen immer noch ihre schönen wilden Galoppaden machen konnte.

Cheyenne  Ohne dich wäre ich vielleicht gar nicht auf den richtigen Weg gekommen, mehr von euch Pferden wissen zu wollen. Hab auch du Dank dafür.

Charis  Cheyenne, deine Tochter, das kleine Reh, was du alleine in der Wiese zur Welt gebracht hast. Danke, dass du mich trotz deiner Biographie nach der Geburt zu euch aufgenommen hast.

Yequana  Du warst die graue Schlichtheit mit dem freundlichen Gesicht und deinem Sohn.

Tempico Der mir gezeigt hat, wie Pferde den Kindern die Regeln der Gesellschaft beibringen.

Tamino, der junge Friese von Franziska, kennt sich noch nicht so recht aus in seinem neuen Leben bei uns.

Angus, der Neue, der mich wohl angefunkt hat. Aufnahme bei Ankunft auf dem Hof.

Angus ein halbes Jahr später. Es geht ihm sichtlich besser.

Der Graue

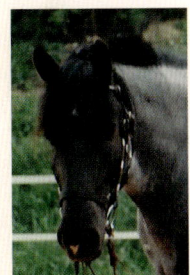

Du warst der Erzieher von Tempico, der Mann, der deutlich machte, was es heißt, Entscheidungsträger zu sein.

Farah

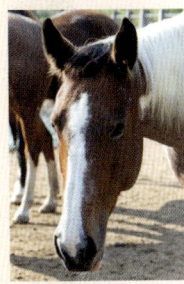

Tochter von Yequana, Pferd von Sandra (Gazelle).

Europa,
Annelie, Tara,
Angelo, Ganti,
Domino,
Freitag

Ihr wart die Theaterponys. Ihr heißt heute noch so. Ihr habt als wichtige und beeindruckende Ponys unser Theater mit Pferden getragen und mitgestaltet.

Calvin

Du bist Manfreds Pferd und hast ihm viel Freude gemacht. Wir beide haben die Geburt deiner Tochter Parvati gemeistert. Du hast mir vertraut und ich dir. Auch du bist ein Theaterpferd.

Amber

Calvins Tochter und Anjas Pferd (Gazellenmitglied)

Parvati 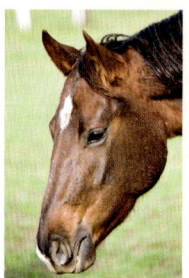 Du hast dich ins Leben gekämpft und mir vertraut, dich auf diese Welt zu holen.

Yuma  Du warst Dianas Traumpferd.

Legolas  Yumas Sohn und Reitpferd von Diana. Mit euch beiden konnte ich viele Erfahrungen im Motiva sammeln.

Holly  Dianas schwarze Perle, mit dir habe ich die emotionale Entscheidung Dianas hautnah miterlebt und wünsche euch beiden weiterhin so viel Freude aneinander.

Mark  Mein Großer, mein tapferes Coverpferd.

Tamino  Franziskas Friesenwallach, du hast uns viel Sorgen gemacht, aber auch gezeigt, wie sehr es sich lohnt, in das Leben zu vertrauen.

Tialda  Du bist die Hoffnung Franziskas, ein tolles Reitpferd. Deinen Namen „Königin des Waldes" trägst du zu Recht. Ich freue mich auf deinem Weg mit den Menschen, sicher noch viel sehen und lernen zu können.

Ihr Shettys  Ich zähle euch vierunddreißig Personen nicht namentlich auf. Ihr seid die Herde, die tolle Gemeinschaft, die perfekten Lehrer für alle, die Motiva lernen wollen. Ihr zeigt, was es heißt, Pferde zu sein, wie man vertrauensvoll im „Schlafsaal" ausruht, ihr lebt euer Herdenleben vor meinen Augen und seid eine Bereicherung für alle. Ihr lasst kleine Kinder ab zwei Jahren auf euch reiten und sie das Glücksgefühl erfahren, wie es ist, getragen zu werden.

Ihr seid die Therapeuten für all die kleinen Kinder, die mit eurer Hilfe lernen, dass man sprechen kann, Tiere streicheln schön ist und Nähe keine Angst machen muss. Euch gilt ein ganz besonderer Dank. Ihr seid die Größten!

Angus  Du bist im Moment die aktuelle und jüngste Herausforderung für mich, herauszufinden, was du mir zu sagen hast und was uns beide verbindet. Ich freue mich drauf. Du hast mich gerufen, ich habe es gehört. Ich will dir helfen gesund und vielleicht ein gutes Reitpferd zu werden. Jetzt schon eroberst du Herzen.

Das Buch ist geschrieben, und mein Leben mit Pferden liegt in Schriftform vor mir.

Es fühlt sich ein wenig wehmütig an, jetzt zuzuklappen und natürlich ist es so, dass man sechzig Jahre mit Pferd nicht in wenige Seiten eines Buches niederschreiben kann. Jetzt, wo es geschrieben ist, denke ich, dies und das hättest du noch sagen müssen und diese Episode erzählen sollen. Aber auch das würde nichts ändern.

Die Pferde haben mein Leben so bereichert und mir so viel gegeben, dass ich es in mehreren laufenden Metern Buch nicht genügend wiedergeben könnte. Wer wollte das alles lesen?

Ich spüre jetzt, das geht gar nicht, man kann gar nicht beschreiben, wie das Leben mit Pferden war, und danach weiß ein Leser, wie es war.

Es ist vielleicht vergleichbar damit, wenn eine Mutter einem anderen Menschen erzählt, wie die Geburt des Kindes war. Auch wenn sie die Kraft der Wehen beschreibt, die Urgewalt der Natur, die das Leben schützt und zeitgleich zur Stärke zwingt, das Gefühl, wie sich das junge Leben vertrauensvoll mit Druck und Enge auf die Welt schiebt, und dort zart und zerbrechlich im Arm der Mutter alles vergessen lässt, was war. Wie sich das Glück anfühlt, plötzlich sein Kind im Arm zu halten, diese wohlige Nähe und Vertrautheit, die Ehrfurcht vor dem Leben und die Dankbarkeit, dann weiß diese Mutter, was sie meint, was sie sagen will. Aber sie spürt auch, diese ihre Gefühle und Wahrnehmung kann man nicht vermitteln, man kann beschreiben was man will, niemand weiß wirklich, wie es sich für sie angefühlt hat, was sie empfunden hat.

Wenn die Gefühle so mächtig sind und so tief, dann fehlen uns Menschen die Worte, um sie zu beschreiben. Vielleicht auch, weil Gefühle nicht zum Beschreiben gemacht sind sondern zum Erleben.

Ich habe so viel mit Pferden erlebt, sie haben mich in Gedanken und auch real durch mein ganzes Leben begleitet, und vielleicht wäre es Hochmut zu sagen, ich habe sie verstanden.

Sie haben mir ihre Sprache erklärt, ich kann mit ihnen reden, mich an ihre Regeln halten und ein Mitglied ihrer sozialen Gemeinschaft sein. Wenn Pferde sagen, *du bist eine von uns*, dann ist es mir eine Ehre, von ihnen auf diese Stufe gestellt zu werden.

Ich bin ihnen von Herzen dankbar dafür, dass sie meine Lehrer waren. In meiner Kindheit, die mir von Erwachsenen oft nicht leicht gemacht wurde, waren sie mein Halt, eine Art Orientierung und Ziel.

Auch wenn ich es damals noch als im Grunde egoistisches Ziel formulierte, wissen zu wollen, wie Reiten ist, so hat diese Frage mich zu ihnen geführt und heutzutage weiß ich, das war nur der Anfang. Heute kann ich sagen, das war der Impuls zu suchen, ohne zu wissen, was ich in Wirklichkeit finden werde. Sie haben mein Leben bereichert, nicht nur auf dem Sektor des Vergnügens, sondern, und das in erster Linie, auf meinem Weg, mich zu entwickeln.

Sie haben mich in meinen Qualitäten bestärkt und mir meine Schwächen liebevoll und konsequent gezeigt und mich ermuntert, sie zu überwinden. An ihnen konnte ich erleben, wie es funktioniert, nicht nachtragend zu sein, zu verzeihen, andere zu verstehen, ohne sich selbst zu verleugnen, Mut zu mir selbst zu entwickeln, mich mit der Wirklichkeit zu konfrontieren, ohne Träume aufzugeben. Lösungen zu finden.

Ich durfte erleben, je authentischer ich wurde, je mehr ich mit mir selbst verwurzelt war, desto natürlicher und leichter wurde der Umgang mit den Pferden. Sie bestätigten mich auf meinem Weg und daraus konnte ich den Mut schöpfen, nicht innezuhalten auf dem Weg zu mir selbst und zu den Menschen.

Auch wenn es nie leicht werden wird, die menschlichen Enttäuschungen wegzustecken, die Enttäuschungen durch vermeintliche Freunde, die Unehrlichkeiten und Unzuverlässigkeiten oder Lügen zu erleben, konnte ich von ihnen lernen, wie sie ein schwieriges Herdenmitglied integrieren, ihm seine Grenzen aufzeigen und ihm die Möglichkeit einräumen, sich zu einzufügen, wenn es die Regeln akzeptiert, es aber auch manchmal zu einer konsequenten Ausgrenzung kommen muss, wenn das entsprechende Pferd nicht lernt und sich für das Außenseitertum und das Alleinsein entscheidet. Auch das ist die Natur, man kann nicht jeden retten.

Sie waren die besten Therapeuten und die besten Lehrer.

In diesem Sinne spreche ich ihnen allen meinen tiefempfundenen Dank aus, dass sie mich in ihrer Mitte aufgenommen haben und mich teilhaben ließen an ihren Geburten, mich mitnahmen auf therapeutische Reisen, auf denen sie mit mir gemeinsam anderen Menschen wertvolle Hilfen an die Hand geben konnten, glücklich und gesund zu werden.

Sie haben mich in ihre Seelen schauen lassen und mir zugetraut, eine von ihnen sein zu können.

Im Gegenzug habe ich verstanden, wenn man Pferde nicht entmündigt, wie die meisten Menschen es tun, sondern sie authentisch bleiben lässt, ihnen die Verantwortung nicht entzieht, dann können wir es an ihrer Seite auch wieder werden, wenn wir nicht zu stolz und hochmütig sind, von Tieren zu lernen.

***

Gertrud Pysall

Was Pferde wollen – Motiva-Training – DVD

ca. 75 Min, Best.-Nr. 14692, € 29.–

Aufnahme im Rahmen des 2. Tierhomöopathie-Kongress vom 19.-21. April 2013 in Badenweiler.

Gertrud Pysall hat die Pferdesprache entschlüsselt und stellt in ihrem Vortrag das von ihr entwickelte Motiva Training® vor.

Im Gegensatz zu Trainingsmethoden für Pferde, lernt der Mensch beim Motiva die „Vokabeln", Gesten und sozialen Regeln des Pferdes, um sie dann in einer effektiven Kommunikation anzuwenden. Das Pferd beherrscht seine Sprache bereits, es muss sie nicht lernen. Und es erwartet vom Menschen, dass er sie auch beherrscht, denn der Mensch begleitet das Pferd durch sein ganzes Leben. Wer diese Erwartung des Kommunizierens einlöst, wird von dem Pferd begeistert als Kommunikationspartner begrüßt.

Gertrud Pysall schildert in ihrem Vortrag die Anfänge des Motiva Trainings, ihre ersten Beobachtungen und Feldversuche. Anhand von Videos zeigt sie beispielhaft einige Vokabeln, Gesten und Kommunikationsverläufe zwischen Pferd und Mensch.

Sie bietet dem Zuhörer ein ganz neues, noch nie gezeigtes Denkmodell, das sich am Pferd orientiert und nicht an der Vorstellung des Menschen bezüglich der Pferde und bereitet so den Weg für eine weltweit einmalige Art mit Pferden umzugehen.

Gertrud Pysall

Die Kommunikation der Pferde – 1 DVD

ca. 60 Min, Best.-Nr. 21334, € 29,–

Aufnahme im Rahmen des Tierhomöopathie-Kongress 2016 – Seminar vom 22.-24. April 2016 in Bad Bellingen.

Für den Pferdeliebhaber ist dieser humorvolle Vortrag wirklich ein (angenehmes) „Muss". Im Sinne einer konstruktiven Kommunikation mit Pferden wäre es wünschenswert, dass sich diese Erkenntnisse weiter verbreiten und die Auffassung im Umgang mit Pferden verändern. So ist diese DVD gleicher maßen auch an den Nicht-Pferdebesitzer gerichtet, der hier ebenfalls voll auf seine Kosten kommt, denn Frau Pysalls Ausführungen haben nicht nur interessanten Informationsgehalt, sondern auch noch hohen Unterhaltungswert.

Gertrud Pysall
Was Pferde wollen
Motiva Training – Über den artspezifischen und intelligenten Umgang mit dem Pferd
272 Seiten, geb., € 34.–

Dieses Buch ist nicht nur für alle Pferdefreunde eine Offenbarung, sondern auch für die Menschen, die schon immer eine unerklärliche Sehnsucht nach Pferden oder Reiten verspürten. In jahrelanger Arbeit erforschte Gertrud Pysall das Wesen und die Verhaltensweisen von domestizierten Pferden, deren Umgang mit Menschen und die Reaktionen auf das Leben in Stallungen anstatt in freier Wildbahn. Sie gibt jedem Leser wertvolle Hilfen an die Hand, zu einem harmonischen und friedlichen Miteinander zu finden.

In diesem Werk sind erstmalig die sozialen Regeln der Pferde dargestellt. Dies umfasst ca. 130 „Vokabeln" der Pferde und auch etwa 40 notwendige Kommunikationsgesten für Menschen. Durch ihren Gebrauch wird der Mensch zu einem anerkannten Sozialpartner des Pferdes. Er schafft damit die Grundvoraussetzung für Pferde, sich für ein Vertrauensverhältnis zum Menschen zu entscheiden.

Die 2. erweiterte und verbesserte Auflage mit neuem übersichtlichen Layout wurde um weitere Pferde-Vokabeln, viele Fotos zur Erläuterung der Motiva-Einheiten und Vokabeln sowie um ein neues Fallbeispiel ergänzt.

Gertrud Pysall
Das Geheimnis der Pferdesprache
Wie gelingt die Kommunikation mit meinem Pferd
304 Seiten, geb., € 29.–

Gertrud Pysall hat die Pferdesprache für den Menschen sprechbar gemacht. Damit gibt sie Pferdebesitzern, aber auch Tierärzten und Therapeuten eine hocheffektive Kommunikationshilfe an die Hand, die sich in allen Situationen des täglichen Umgangs mit Pferden einsetzen lässt.

Die artspezifische Kommunikation mit dem Pferd ermöglicht den echten Zugang zur Pferdeseele – denn viele scheinbar gewaltfreie Ausbildungsmethoden bedeuten Stress für das Tier und sind weder sanft noch artgerecht.

Oft sind es scheinbar unbedeutende Gesten und Handlungen, die aus Pferdesicht aber eine immense Bedeutung haben – denn Pferde reden immer! In der Stallgasse, auf dem Weg zur Weide oder beim Ausritt, Pferde sind richtige Kommunikationstiere und haben dem Menschen gegenüber „Redebedarf". Genau dort setzt das MOTIVA-Training an.

Blumenplatz 2, D-79400 Kandern
Tel: +49 7626-974970-0, Fax: +49 7626-974970-999
info@narayana-verlag.de

In unserer Online Buchhandlung

www.narayana-verlag.de

führen wir eine große Auswahl an deutschen, englischen und französischen Bücher zur Homöopathie und Naturheilkunde. Es gibt zu jedem Titel aussagekräftige Leseproben.

Auf der Webseite gibt es ständig Neuigkeiten zu aktuellen Themen, Studien und Seminaren mit weltweit führenden Homöopathen, sowie einen Erfahrungsaustausch bei Krankheiten und Epidemien.

Ein Gesamtverzeichnis ist kostenlos erhältlich.